溶接構造の疲労

（一社）溶接学会　溶接疲労強度研究委員会　編

はじめに

　国交省の試算によれば，1990年代前半で13～15％であった維持修繕工事の建設マーケット全体に占める割合は，2025年には50％を超えるとされている。また，成熟期に入り経済成長の停滞と少子高齢化が進みつつある現状では，構造物の更新は容易ではない。経産省の試算によれば，現在8,000t/年である建設関係破棄物は，このままだと2035年には4万t/年まで増加するとされている。さらに，地球温暖化抑制のためにはCO_2削減が必要とされている。以上のような経費削減，建設廃棄物の削減，そしてCO_2排出量抑制のためには，適切な設計・製作・維持管理による構造物，特に既設構造物の長寿命化が不可欠である。

　21世紀に入り，立て続けに疲労が原因と考えられる損傷事故が報告されている。わが国でもジェットコースター車軸の疲労破壊による事故，鋼製橋脚隅角部の疲労損傷，I断面橋梁のウエブに生じた1mにも及ぶき裂，標識柱の落下事故など，人命に関わるあるいは関わってもおかしくない事故が起きている。最近では，鋼床版のデッキプレート・トラフリブ溶接のルートから発生してデッキプレートを貫通する疲労き裂が問題となっている。このような疲労による事故を未然に防ぐには，維持管理の果たす役割も大きいが，適切な方法で疲労設計を行うことが不可欠であり，そのためには溶接構造の疲労強度の解明が必要であることは言うまでもない。

　溶接構造物の耐久性・寿命を支配する物理現象は，腐食と疲労といえよう。そのため，溶接構造物の弱点として，疲労損傷を受けやすいことが挙げられることもある。この弱点を克服するためには，溶接構造物の設計，施工，維持管理に関わる技術者が疲労に関して正しい知識を有することが必要不可欠である。また，そのためには力学や溶接に関する基礎知識も必要となる。

　溶接構造の疲労に関する知識を身に付ける手段の一つに書籍を利用して学習することが考えられるが，構造物の安全性と長寿命化を意識した，また基礎から最新の知見，そして関連知識まで網羅した書籍は見当たらないように感じる。そのため，溶接学会「溶接疲労強度研究委員会」のメンバを中心に，疲労の歴史，疲労損傷事例，材料力学や溶接の基礎知識，疲労強度改善法，疲労損傷モニタリングも含めた「溶接構造の疲労」に関する書籍を執筆

することとした．数年にわたり書籍の内容について検討を重ね，この度の出版に至った．この本が，溶接構造の疲労に関心をもつ，あるいは問題に直面している技術者，そしてこれから学びたいと考えている方にとって，役立つことを期待するとともに有用であると確信している．

2015年10月

執筆代表　森　猛
（元・(一社)溶接学会溶接疲労強度研究委員会委員長）

『溶接構造の疲労』執筆・監修
(一社)溶接学会溶接疲労強度研究委員会編

監　修　　森　　猛（法政大学）

執　筆
第1章　　仁瓶　寛太（川重テクノロジー㈱）
第2章　　南　　邦明（(独)鉄道建設・運輸施設整備支援機構）
第3章　　中村　聖三（長崎大学大学院）
第4章　　仁瓶　寛太（前掲）
第5章　　毛利　雅志（㈱IHI）
　　　　　福岡　哲二（(一財)日本船舶技術研究協会）
　　　　　中村　寛（㈱IHI）
第6章　　森　　猛（前掲）
第7章　　大沢　直樹（大阪大学大学院）
第8章　　宇佐美　三郎（㈱日立製作所）
第9章　　小林　佑規（法政大学）
第10章　　舘石　和雄（名古屋大学大学院）
第11章　　仁瓶　寛太（前掲）
第12章　　森　　猛（前掲）
第13章　　大沢　直樹（前掲）
　　　　　森　　猛（前掲）

目　次

はじめに ……………………………………………………………………………………… 1
目　次 ………………………………………………………………………………………… 3

第1章　鋼溶接構造の疲労の歴史的展望 ………………………………………… 9
1.1　疲労破壊研究の歴史的経緯 ………………………………………………… 9
1.2　社会的要求と今後の課題 …………………………………………………… 12

第2章　鋼溶接構造 ………………………………………………………………… 15
2.1　溶接の種類・方法 …………………………………………………………… 15
2.1.1　概論 ……………………………………………………………………… 15
2.1.2　被覆アーク溶接 ………………………………………………………… 16
2.1.3　サブマージアーク溶接 ………………………………………………… 17
2.1.4　マグ溶接（主に炭酸ガス半自動溶接）………………………………… 18
2.2　溶接構造用鋼材 ……………………………………………………………… 19
2.2.1　溶接用鋼材の種類と規格 ……………………………………………… 19
2.2.2　炭素当量 ………………………………………………………………… 20
2.2.3　溶接割れ感受性組成 …………………………………………………… 21
2.3　溶接材料 ……………………………………………………………………… 22
2.3.1　被覆アーク溶接 ………………………………………………………… 22
2.3.2　マグ溶接 ………………………………………………………………… 23
2.3.3　サブマージアーク溶接 ………………………………………………… 24
2.4　溶接部（溶接金属部および鋼材の熱影響部）の組織 …………………… 25
2.4.1　溶接部の組織 …………………………………………………………… 25
2.4.2　溶接部の組織に影響する因子 ………………………………………… 26
2.5　溶接欠陥（溶接きず）……………………………………………………… 27
2.5.1　溶接欠陥の概要 ………………………………………………………… 27
2.5.2　溶接欠陥の発生原因とその対策 ……………………………………… 27
2.6　溶接残留応力 ………………………………………………………………… 31
2.6.1　残留応力の発生機構と分布 …………………………………………… 31
2.6.2　残留応力の除去 ………………………………………………………… 31
2.7　溶接変形 ……………………………………………………………………… 32
2.7.1　溶接変形の種類 ………………………………………………………… 32

2.7.2　溶接変形の防止と除去 ･･･ 33
2.8　溶接継手 ･･･ 33
2.8.1　溶接継手の種類 ･･･ 33
2.8.2　開先形状の種類とその溶接記号 ･････････････････････････････････ 35
2.8.3　溶接継手の種類と疲労強度 ･･････････････････････････････････････ 36
2.9　溶接各因子と疲労強度の関係 ･･･ 39
2.9.1　概論 ･･･ 39
2.9.2　溶接法と疲労強度の関係 ･･ 40
2.9.3　鋼材と疲労強度の関係 ･･ 40
2.9.4　溶接材料と疲労強度の関係 ･････････････････････････････････････ 40
2.9.5　金属組織と疲労強度の関係 ･････････････････････････････････････ 40
2.9.6　溶接欠陥と疲労強度の関係 ･････････････････････････････････････ 41
2.9.7　溶接残留応力と疲労強度の関係 ････････････････････････････････ 41
2.9.8　溶接変形と疲労強度の関係 ･････････････････････････････････････ 41
2.9.9　溶接継手形式と疲労強度の関係 ････････････････････････････････ 41

第3章　材料力学の基礎 ･･ 43
3.1　応力とひずみ ･･ 43
3.1.1　応力とひずみの概念 ･･ 43
3.1.2　応力の一般的な定義 ･･ 44
3.2　弾性体の支配方程式 ･･･ 46
3.2.1　平衡方程式 ･･ 46
3.2.2　変位－ひずみ関係式 ･･ 47
3.2.3　応力－ひずみ関係式 ･･ 48
3.3　主応力と主せん断応力 ･･･ 49
3.4　応力集中 ･･ 51
3.5　はりの曲げ応力 ･･ 54
3.6　数値解析手法 ･･ 56
3.6.1　有限要素法概説 ･･･ 56
3.6.2　有限要素法による応力解析実施時の留意事項 ･･････････････････ 58

第4章　疲労破壊メカニズムと疲労破面 ･････････････････････････････････････ 61
4.1　疲労破壊のメカニズム ･･･ 61
4.2　疲労破壊の巨視的様相 ･･･ 62
4.3　疲労破壊の微視的様相 ･･･ 63

4.4　破面情報の活用 ··· 64

第5章　金属材料の疲労強度 ··· 67

5.1　S-N曲線とパラメータ ·· 67
5.2　疲労試験法 ·· 69
　5.2.1　疲労試験機 ·· 69
　5.2.2　一定振幅応力試験と繰返し硬化・軟化 ························ 70
　5.2.3　疲労試験法に関する規格および基準 ···························· 71
　5.2.4　S-N曲線の統計的性質と整理方法 ······························· 73
5.3　疲労強度に対する影響因子 ·· 75
　5.3.1　材料・組織依存性 ·· 75
　5.3.2　応力集中 ··· 82
　5.3.3　寸法効果 ··· 92
　5.3.4　平均応力 ··· 97
　5.3.5　製造方法および表面状態が疲労強度に与える影響 ········ 101
　5.3.6　組合せ応力 ··· 105
5.4　変動振幅応力 ·· 110
　5.4.1　実働荷重と疲労強度への影響因子 ······························ 110
　5.4.2　応力波形の計数法 ··· 112
　5.4.3　累積損傷則 ··· 116
5.5　低サイクル疲労 ·· 117
5.6　超長寿命疲労（ギガサイクル疲労） ··································· 122
　5.6.1　ODAと$\sqrt{area}$ ··· 122
　5.6.2　周波数依存性（超音波疲労試験） ······························ 124

第6章　溶接継手の疲労強度 ··· 129

6.1　継手の種類・形状と疲労強度 ·· 129
6.2　鋼材と疲労強度 ·· 135
6.3　溶接形状の影響 ·· 136
6.4　継手寸法と疲労強度 ··· 137
6.5　残留応力・平均応力と疲労強度 ··· 141
6.6　溶接きずと疲労強度 ··· 143
6.7　未溶着部と疲労強度 ··· 147
6.8　組み合わせ応力・多軸応力と疲労強度 ······························· 149

第7章 疲労き裂進展解析（破壊力学的アプローチ） ... 155
7.1 応力拡大係数 ... 155
7.1.1 き裂先端の特異応力場と応力拡大係数 ... 156
7.1.2 応力拡大係数の例 ... 158
7.1.3 重ね合わせの原理 ... 162
7.1.4 応力拡大係数に及ぼす残留応力の影響 ... 163
7.2 エネルギー解放率 ... 165
7.3 小規模降伏状態 ... 166
7.3.1 小規模降伏 ... 166
7.3.2 べき乗硬化材に対する解析解 ... 167
7.3.3 Dugdaleモデル ... 167
7.4 弾塑性破壊力学とJ積分 ... 169
7.4.1 弾塑性破壊力学 ... 169
7.4.2 J積分の定義 ... 169
7.5 疲労き裂進展速度および疲労の破壊力学パラメータ ... 170
7.5.1 き裂進展速度と応力拡大係数の関係 ... 170
7.5.2 疲労き裂の開閉口挙動と有効応力拡大係数範囲 ... 172
7.5.3 微小き裂の進展と停留 ... 173
7.5.4 RPG基準 ... 175
7.5.5 弾塑性破壊力学の応用 ... 176
7.6 疲労き裂進展挙動の影響因子 ... 177
7.6.1 試験片およびき裂形状の影響 ... 177
7.6.2 負荷応力条件の影響 ... 177
7.6.3 材料の機械的性質および微視組織の影響 ... 178
7.6.4 残留応力の効果 ... 180
7.6.5 き裂進展抵抗に優れた新型鋼 ... 181
7.7 疲労き裂進展試験法 ... 181
7.7.1 ASTM E647規格の概要 ... 181
7.7.2 き裂長さの測定方法 ... 183
7.8 変動荷重下のき裂進展挙動 ... 183

第8章 高温疲労 ... 193
8.1 高温疲労の特徴 ... 193
8.2 溶接継手の高温強度 ... 196

第9章　腐食疲労　……… 203

9.1　腐食疲労の特徴　……… 203
9.1.1　腐食とは　……… 203
9.1.2　腐食疲労の特徴　……… 204

9.2　材料・環境と腐食疲労　……… 207
9.2.1　腐食疲労に及ぼす負荷速度の影響　……… 208
9.2.2　海水および酸性水溶液中の腐食疲労　……… 208
9.2.3　溶接継手の海水腐食疲労　……… 210

9.3　腐食疲労き裂進展速度の影響因子　……… 212

9.4　腐食疲労防止法　……… 214
9.4.1　材料の選択と設計応力の低下　……… 214
9.4.2　材料表面を腐食環境から遮断　……… 214
9.4.3　腐食環境の制御　……… 215
9.4.4　電気防食　……… 215

第10章　疲労耐久性改善法　……… 217

10.1　溶接継手の疲労強度改善方法と効果　……… 219
10.1.1　グラインダによる止端仕上げ　……… 219
10.1.2　ティグ処理　……… 220
10.1.3　ピーニング処理　……… 221
10.1.4　低変態温度溶接材料　……… 226
10.1.5　高周波誘導加熱による表面処理工法　……… 228
10.1.6　溶接後熱処理　……… 228

10.2　ディテールの改良による疲労耐久性向上　……… 229

10.3　高疲労強度鋼　……… 232

第11章　疲労モニタリング　……… 237

11.1　直接法（疲労損傷の検出）　……… 237
11.1.1　材料劣化　……… 237
11.1.2　き裂損傷　……… 238

11.2　間接法（疲労損傷度の検出）　……… 240
11.2.1　ひずみゲージによる応力計測　……… 240
11.2.2　犠牲試験片（疲労センサ）　……… 240

11.3　将来展望　……… 245

第12章　溶接構造の疲労照査　247

- 12.1　疲労照査の基本的な考え方　247
- 12.2　疲労設計荷重　249
- 12.3　応力と応力変動の計算方法　251
- 12.4　応力範囲頻度分布の求め方　252
- 12.5　溶接継手の$\Delta\sigma-N$関係　253
- 12.6　変動振幅を受ける溶接継手の疲労照査方法　255
  - 12.6.1　線形累積被害則　255
  - 12.6.2　等価応力範囲　256
- 12.7　疲労照査の例　258
- 12.8　その他の構造物の疲労照査　260
- 12.9　ホットスポット応力を用いた疲労照査　260
- 12.10　有効切欠き応力を用いた疲労照査　264

第13章　疲労き裂進展解析を用いた寿命評価　267

- 13.1　疲労き裂進展解析の基本的考え方　267
- 13.2　初期き裂寸法，限界き裂寸法　269
- 13.3　疲労き裂進展寿命評価　270
  - 13.3.1　進展解析の基礎データ　270
  - 13.3.2　応力拡大係数，等価応力拡大係数範囲　270
  - 13.3.3　応力拡大係数範囲をパラメータとする手法　271
  - 13.3.4　有効応力拡大係数範囲をパラメータとする手法　272
- 13.4　疲労寿命解析ソフトの活用　274
- 13.5　ケーススタディ　276

索　引　280

第 1 章
鋼溶接構造の疲労の歴史的展望

本章では鋼構造および鋼溶接構造の"金属疲労"の発見と疲労による事故の歴史を簡単に振り返るとともに，近年の動向と今後の課題を簡単に紹介する。

1.1 疲労破壊研究の歴史的経緯

18世紀後半，英国で始まった産業革命を契機に材料強度の研究も飛躍的に発展した。19世紀には構造物や機械に鉄鋼材料を使用するようになったため，その力学的性質を実験的に調査する必要が生じた。金属材料が繰返し応力を受けると静的な破壊強度よりもはるかに小さい力で破壊する金属疲労の現象もそのころに発見された[1]。

ドイツの鉱山技師Albertは，鉱山の巻上げ機に使用していた鉄製の鎖が

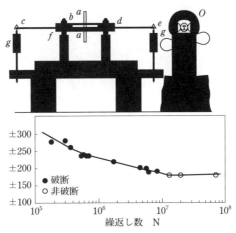

図1.1 Wöhlerによる回転曲げ疲労試験

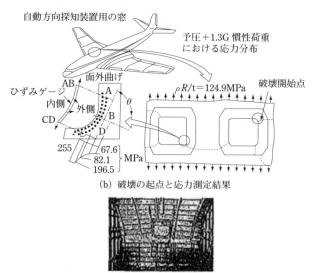

(b) 破壊の起点と応力測定結果

(c) 内圧疲労試験後の窓を内側から撮影

図1.2　コメット機の疲労破壊

図1.3　山添橋に生じた疲労き裂

突然破壊することを何度か経験したことが契機となり，独自に考案した鎖の実体試験機を作成して1829年に試験を行った。その結果，静的な破断力よりも小さい力であっても繰返し作用すれば，鎖は突然破断することが明らかとなった。これが疲労の研究の始まりと言われている。その後，鉄道機関車の車軸で問題となっていた破損の原因が，回転曲げによる疲労であることをWöhlerが明らかにした。さらに，Wöhlerが疲労に関する研究を系統的に行

1.1 疲労破壊研究の歴史的経緯　11

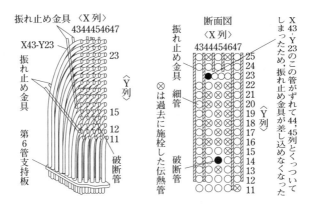

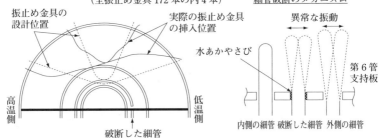

図1.4　美浜2号機蒸気発生器振れ止め金具装着不良による細管破断

い，今日の疲労研究の基礎（S-N線図（**図1.1**）の提案など）を築いたのは有名な話である[1]。

構造物の疲労破壊事故は20世紀・21世紀になっても各分野で起こり続けている。航空機では，英国旅客機コメットの墜落（**図1.2**）が1950年代に，日本航空旅客機の墜落事故が1985年に，またアロハ航空旅客機の機体破損が1988年に起きている[2]。橋梁では，1967年の米国 Silver Bridge（シルバー橋）の落橋[3]，1983年の米国マイアナス橋の崩壊[4]，1994年の韓国聖水大橋の落橋[5] など，多くの人命にかかわる事故が生じている。最近では，2006年に発見された名阪国道の山添橋に生じた1mを超える疲労き裂[6] が有名である（**図1.3**）。原子力発電所では，1991年の関西電力美浜発電所における伝熱管の破損（**図1.4**），1995年の動燃もんじゅ配管内温度計細管部破断（**図1.5**）によるNa漏洩事故などがある[2]。

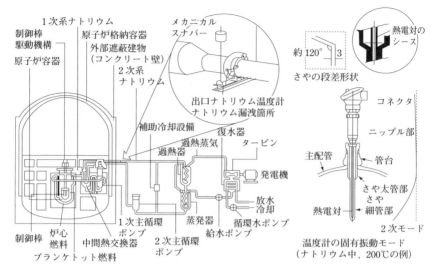

図1.5 高速増殖炉もんじゅ温度計の対称渦共振疲労破壊

1.2 社会的要求と今後の課題

　現在でも，腐食や疲労などの損傷や劣化に起因する鋼溶接構造物の重大な損傷事故の話題は国内外を問わず尽きない．また，そのような事故を防止するための維持管理手法についての検討も数多くなされている．例えば，道路橋については，いわゆる対処療法（疲労の観点では点検によるき裂検出とその補修・補強など）で大事故をある程度未然に防止してきたが，このような方法では損傷を見逃す可能性も危惧され，安全を十分確保できないとされはじめている．このような背景から，管理すべき橋梁の多くが近い将来一斉に更新時期を迎える東京都では，厳しさを増す財政状況の中一時期に架け替えることは困難であるため，その架け替え時期の平準化と総事業費の縮減を課題とした．そして，数年来取組んできた道路アセットマネジメントを活用してこれまでの対処療法型管理から予防保全型管理（疲労き裂の発生時期予測のための計測手法活用など）への転換を図ることを目的に，平成20年に設置された「東京都橋梁長寿命化検討委員会」（委員長：東京工業大学・三木千壽教授）の答申書に基づき，平成21年3月末には「橋梁の管理に関する中長期計画」が策定され，公表されている[7]．

クレーン構造物などでは延命化が課題となっており，船舶，車両などでは軽量化，省エネが課題となっている。いずれも設計寿命を超えて使う要求，あるいは初期の設計時には想定していなかった荷重や頻度の増大に対する対応が迫られている。

以上のように，構造物や機械の疲労耐久性に対する時代の要求は，既存のものに対する先進的な新しいコンセプト（省エネ，軽量化など）の採用による更新だけでなく，老朽化した構造物や機械を経済的に必要最小限の修復を行って再利用することなど，メンテナンス分野についてまで押し寄せている。このように，材料強度学，特に疲労を中心とした分野で，開発・設計技術者のみならず，検査部門やメンテナンス部門の技術者まで，疲労破壊現象について十分に理解し，それに関する技術を活用することが不可欠となっている。その中でも溶接構造に携わる技術者は最も重要な使命を帯びているといっても過言ではない。

参考文献

1) 星出：初心者のための疲労設計法，㈳日本材料学会疲労部門委員会，2004.
2) 宇佐美：歴史的破壊事故例と得られた教訓，㈳日本材料学会第20回材料・構造信頼性シンポジウム講演論文集，2004.
3) John W.Fisher（著），阿部・三木（訳）：鋼橋の疲労と破壊－ケーススタディー－，建設図書，1987.
4) ホール，中尾：マイアナス河にかかるHWY95つり径間の崩壊，失敗知識データベース_失敗事例
5) 國島：韓国ソウル聖水大橋の崩落事故，失敗知識データベース失敗百選，http://www.sydrose.com/case100/
6) 三木：橋梁の疲労と破壊－事例から学ぶ－，朝倉書店，2011.
7) 高木：東京都の戦略的な予防保全型管理の実現に向けた取組み（第1回：管理橋梁の現況と代表的な損傷および劣化），橋梁と基礎，平成21年10月号，2009.

第 2 章 鋼溶接構造

本章では，鋼溶接構造の疲労を理解するために必要な溶接に関する基礎知識について記述する。溶接およびその構造に関する内容は多岐にわたるため，本来であれば1冊のテキストとなる。そのため，多少簡略化した記述となっていることを了承願いたい。詳細については，例えば，「溶接技術の基礎」[1]などの溶接構造の専門書を参照されたい。

2.1 溶接の種類・方法

2.1.1 概論

鋼構造物の接合方法は，機械的接合法と冶金的接合法に大別される。機械的接合法にはボルト接合やリベット接合があり，冶金的接合法の代表が溶接である。接合構造により異なるが，ボルト接合などの機械的接合法と比較して，溶接接合には以下のような利点がある。

・継手形式が自由に選定できる。
・ボルト接合に比べ，鋼重が低減でき経済的である。
・継手効率が高い（ボルト孔などによる断面欠損がない）。

このような利点のため，鋼構造物の製作では溶接接合が主流となっている。一方，溶接接合の留意点として，以下のことが挙げられる。

・溶接熱により，ひずみや残留応力が発生する。
・溶接熱により，鋼材の材質が変化する。
・溶接作業を適切に行わないと，溶接欠陥が発生する。
・鋼材の材質の変化（ぜい化）により，ぜい性破壊に注意する必要がある。
・溶接止端部の応力集中や残留応力により，疲労破壊に注意する必要がある。

16　第2章　鋼溶接構造

図2.1　融接法による溶接の種類

　溶接をさらに分類すると，融接，圧接，ろう接に別けられる。一般に，鋼構造物の製作では，融接法が用いられている。**図2.1**に融接法の種類を示す。
　図2.1の中で，多くの鋼構造物の製作で使用されている溶接法は，被覆アーク溶接，サブマージアーク溶接およびマグ溶接である。

2.1.2　被覆アーク溶接

　被覆アーク溶接は，我が国で用いられている溶接法の中で最も歴史が古く，1914年にスウェーデンの溶接技術が導入されて，1920年に造船で用いられたことに始まる。その後，我が国の溶接法として，1980年前後までは被覆アーク溶接が工場製作の主流であった。
　被覆アーク溶接は，**写真2.1**と**図2.2**に示すように，溶接装置が単純であり，扱いが容易である。また，風の影響を受けにくいので，現在でも架設現場や工場製作でのヤードで使用されている。ただし，拡散性水素量が多く，また溶接欠陥も発生しやすい。また，その品質は溶接施工者の技量に左右される，作業効率が低いなどの欠点もあり，工場製作で使用されることは少な

写真2.1　被覆アーク溶接の作業状況

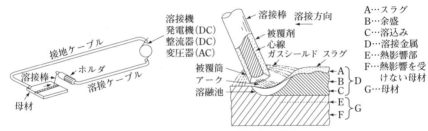

図 2.2　被覆アーク溶接法の説明

くなっている。

2.1.3　サブマージアーク溶接

サブマージアーク溶接（**写真2.2**，**図2.3**）は，1950年に輸入された。サブマージアーク溶接は，橋梁や建築鉄骨のフランジとウェブとのすみ肉溶接や，板継溶接あるいは柱の角溶接などに，現在でも多く使用されている。また，1990年に入って，3電極のサブマージアーク溶接の実用化により，建築

写真 2.2　サブマージアーク溶接の作業状況

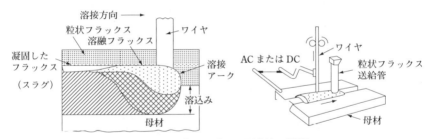

図 2.3　サブマージアーク溶接の説明

鉄骨では70mmの極厚鋼板の角溶接も1ランで施工する技術が開発されている。

サブマージアーク溶接は自動で行なえることに加えて作業効率が高く，さらに溶接欠陥が発生しにくいなどの利点がある。ただし，装置が大型で，作業できる箇所が限定される。

2.1.4 マグ溶接（主に炭酸ガス半自動溶接）

シールドガス溶接は，電極とガスの種類によって分類され，マグ（MAG：Metal Active Gas）溶接およびミグ（MIG：Metal Inert Gas）溶接などがある。各溶接法には，それぞれの特徴があるが，鋼構造物の製作では，一般にマグ溶接が用いられるケースが多い。

マグ溶接（主に炭酸ガス半自動溶接）（写真2.3）は，1960年に技術が導入された。この当時はソリッドワイヤのみであった。1980年にフラックス入りワイヤが実用化され，マグ溶接も被覆アーク溶接と同等のビード外観とすることができるようになった。さらに，1985年にはメタル系フラックス入りワイヤも実用化され始めた。多くの橋梁製作工場や鉄骨製作工場では，1980年代に入り溶接法の主流は被覆アーク溶接からマグ溶接へと移行した。また，1990年前後には，マグ溶接を適用した自動機やロボット溶接が使用され始めている。

マグ溶接は，被覆アーク溶接と比べ，拡散性水素量が少なく，溶接割れが発生しにくい溶接方法である。また，溶接ワイヤを自動で送給することができ，作業効率が高いなどの利点がある。さらに，自動化・ロボット化が可能

写真2.3　炭酸ガス半自動溶接の作業状況

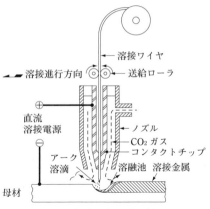

図 2.4　炭酸ガス半自動溶接の説明

である。しかし，風の影響を受けやすいので，野外での作業では，防風対策を講じる必要がある。

2.2　溶接構造用鋼材

2.2.1　溶接用鋼材の種類と規格

鋼構造物の製作で一般に用いられるJIS規格鋼材を**表2.1**に示す。JIS規格鋼材の中で代表的な溶接構造用の鋼材は，溶接構造用圧延鋼材（JIS G 3106）である。溶接構造用圧延鋼材は，1952年から規定され，1959年にはSM41（現SM400），SM50（現SM490）のB,C規格が追加された。1966年にはSM50Y（現SM490Y），SM53（現SM520），SM58（現SM570）が追加さ

表 2.1　代表的な JIS 規格鋼材

名称	規格番号	記号
一般構造用圧延鋼材	JIS G 3101	SS
溶接構造用圧延鋼材	JIS G 3106	SM
鉄筋コンクリート用棒鋼	JIS G 3112	SR,SD
圧力容器用鋼材	JIS G 3115	SPV
溶接構造用耐候性熱間圧延鋼板	JIS G 3114	SMA
鉄塔用高張力鋼鋼材	JIS G 3129	SH
建築構造用圧延鋼材	JIS G 3136	SN
橋梁用高降伏点鋼板	JIS G 3140	SBHS
一般構造用軽量形鋼	JIS G 3150	SSC
一般構造用溶接軽量H形鋼	JIS G 3153	SWH
一般構造用炭素鋼鋼管	JIS G 3344	STK

表2.2 溶接構造用圧延鋼材（JIS G 3106）の機械的性質の基準値

鋼種	降伏強度（N/mm²）						引張強度（N/mm²）	シャルピー衝撃値（J）（0℃）
	板厚（mm）							
	t≦16	16<t≦40	40<t≦75	75<t≦100	100<t≦160	160<t≦200		
SM400A	245以上	235以上	215以上	215以上	205以上	195以上	400〜510	−
SM400B								27以上
SM400C					−	−		47以上
SM490A	325以上	315以上	295以上	295以上	285以上	275以上	490〜610	−
SM490B								27以上
SM490C					−	−		47以上
SM490YA	365以上	355以上	335以上	325以上	−	−	490〜610	−
SM490YB								27以上
SM520B							520〜640	27以上
SM520C								47以上
SM570	460以上	450以上	430以上	420以上	−	−	570〜720	47以上（−5℃）

表2.3 溶接構造用圧延鋼材（JIS G 3106）の化学成分の基準値

鋼種	化学成分（％）				
	C	Si	Mn	P	S
SM400A	0.23以下	−	0.25xC以上	0.035以下	0.035以下
SM400B	0.20以下	0.35以下	0.60〜1.40		
SM400C	0.18以下	0.35以下	1.40以下		
SM490A	0.20以下	0.35以下	1.60以下		
SM490（B,C）	0.18以下	0.55以下	1.60以下		
SM490Y（A,B）	0.20以下	0.55以下	1.60以下		
SM520（B,C）					
SM570	0.18以下	0.55以下	1.60以下		

れ，さらに，1991年にはSI単位化されて，現在の鋼材規格に至った．現在のJIS規格鋼材の機械的性質の基準値を**表2.2**，化学成分の基準値を**表2.3**に示す．

1980年初め頃から，厚板の新制御圧延技術としてTMCP（Thermo Mechanical Control Process）技術が開発され，鋼材の性能は格段に向上した．TMCP鋼は，これまでの従来鋼に比べ，結晶組織の微細化，炭素量の低減などにより，溶接性の著しい向上が計られた鋼材である．

2.2.2 炭素当量

炭素当量（Carbon equivalent）は，鋼材の化学成分を示す1つの指標で，鋼材検査証明書（ミルシート）に記載されている．一般に，炭素当量（Ceq）

は，溶接による硬化性の影響を示す指標として用いられ，硬化性（最高硬さ）が大きくなると低温割れが発生し易くなる。この炭素当量は，1940年にJ.Dearden[2]らが提案し，その後，様々な改良が行われ，現在のJISの炭素当量（Ceq）は，式（2.1）から求められている。

$$Ceq = C + \frac{Si}{24} + \frac{Mn}{6} + \frac{Ni}{40} + \frac{Cr}{5} + \frac{Mo}{4} + \frac{V}{14} \quad (\%) \quad \cdots\cdots\cdots\cdots\cdots \quad (2.1)$$

JISには，SM570におけるCeqは0.44以下とするという基準が示されている。

2.2.3 溶接割れ感受性組成

伊藤[3]らは，炭素当量は鋼材の硬化性を示すものであるため，必ずしも溶接割れ感受性を的確に示し得ない。また，低温割れ感受性を単純に溶接部の最高硬さのみで推定することは困難であるとの考えから，1968年に式（2.2）に示す溶接割れ感受性指数P_cを提案した。

$$P_C = C + \frac{Si}{30} + \frac{Mn}{20} + \frac{Cu}{20} + \frac{Ni}{60} + \frac{Cr}{20} + \frac{Mo}{15} + \frac{V}{10} + 5B + \frac{t}{600} + \frac{H}{60} \cdots \quad (2.2)$$

t：母板の板厚，H：拡散性水素量

P_Cでは化学成分の他に，冷却速度に影響する板厚（t）および拡散性水素量（H）も考慮したものである。また，実験結果から，溶接部の最高硬さが350Hv以下でも割れが生じる場合，逆に400Hv近くでも割れが生じない場合もあるので，硬さと割れの相関性は必ずしも高いとは言えないとしている。式（2.2）の化学成分の項が，溶接割れ感受性組成P_{CM}（Cracking Parameter of Material）であり（式（2.3）），実験結果から必要な予熱温度（T）を算定する（2.4）式を導き出している。

$$P_{CM} = C + \frac{Si}{30} + \frac{Mn}{20} + \frac{Cu}{20} + \frac{Ni}{60} + \frac{Cr}{20} + \frac{Mo}{15} + \frac{V}{10} + 5B \quad (\%) \quad \cdots\cdots\cdots \quad (2.3)$$

$$T = 1440 \cdot P_C - 392 \quad \{T：予熱温度（℃）\} \quad \cdots\cdots\cdots\cdots\cdots\cdots\cdots\cdots \quad (2.4)$$

伊藤[4]らは，さらに溶接割れに対する影響が大きい，拘束度K（N/mm・mm）を考慮した以下に示す割れ感受性指数P_Wを提案した。

$$P_W = C + \frac{Si}{30} + \frac{Mn}{20} + \frac{Cu}{20} + \frac{Ni}{60} + \frac{Cr}{20} + \frac{Mo}{15} + \frac{V}{10} + 5B + \frac{K}{400000} + \frac{H}{60} \quad (2.5)$$

道路橋示方書[5]では，式（2.4）のP_CをP_Wに置き換え，橋梁における平均的な拘束度をK = 200t（N/mm・mm）として，予熱温度を算定している。

2.3 溶接材料

2.3.1 被覆アーク溶接

図2.2で示したように，被覆アーク溶接棒は，心線の周りを被覆材で覆ったものである。心線と被覆材の組み合わせにより"軟鋼，高張力鋼及び低温用鋼用被覆アーク溶接棒"として，JIS Z 3211 : 2008に規定されている。**表2.4**に被覆アーク溶接用の溶接材料を示す。

一般に使用される溶接材料は，$400N/mm^2$以下の軟鋼ではイルミナイト系である。ただし，イルミナイト系溶接棒は，溶接金属中の拡散性水素量が多くなるので，溶接割れ感受性が高い$490N/mm^2$以上の高張力鋼では，一般に低水素系溶接棒が使用される。

イルミナイト系溶接棒は，被覆材に酸化チタンを40％程度含む砂鉄（イルミナイト）を30％程度含有する溶接棒である。スラグは流動性に富み，除去が容易で波の細かい美しいビードを作り，作業性も良好である。一方，

表2.4 被覆アーク溶接棒規格

被覆材の系統	規格	機械的性質				
		引張試験			衝撃試験	
		引張強度 N/mm^2	降伏強度 N/mm^2	伸び %	試験温度 ℃	衝撃値 J
イルミナイト系	E4319(U)	430以上	330以上	20以上	−20	27(47)以上
	E4919(U)	490以上	400以上	20以上	−20	27(47)以上
ライムチタニア系	E4303	430以上	330以上	20以上	0	27以上
	E4903U	490以上	400以上	20以上	0	47以上
高セルロース系	E4311	430以上	330以上	20以上	−30	27以上
高酸化チタン系	E4312, E4313	430以上	330以上	16以上	−	−
低水素系	E4316(U)H15	430以上	330以上	20以上	−30	27(47)以上
	E4916(U)H15	490以上	400以上	20以上	−30	27(47)以上
	E5716(U)H10	570以上	490以上	16以上	−20	27(47)以上
鉄粉酸化チタン系	E4324	430以上	330以上	16以上	−	−
鉄粉低水素系	E4928(U)H15	490以上	400以上	20以上	−30	27(47)以上
	E5728(U)H10	570以上	490以上	16以上	−20	27(47)以上
鉄粉酸化鉄系	E4327	430以上	330以上	20以上	−30	27以上
特殊系	E4340	430以上	330以上	20以上	0	27以上

（備考）
E○○△△
○○：強度レベル。例えばE4303の43は，$430N/mm^2$の強度が保証された溶接棒を意味する。E4919であれば，$490N/mm^2$の強度を有するイルミナイト系溶接棒。
△△：被覆材の系統。03はライムチタニア系，13は高酸化チタンを意味する。
U：Uが付いている場合は衝撃値47Jが要求される。
H：溶接金属の水素量。H10は溶接金属100gあたり10ml以下，H15は15ml以下を意味する。

低水素系溶接棒の被覆材の主成分は炭酸石灰などの炭酸塩である。アークが不安定になる，あるいは凸型ビードになり易くなるなど，作業性は必ずしも良いとは言えない。

2.3.2 マグ溶接

マグ溶接のワイヤには，ソリッドワイヤ（JIS Z 3312：2009）と，ワイヤの内部に粉末状フラックスを充填したフラックス入りワイヤ（JIS Z 3313：2009）がある。表2.5，2.6にそれぞれのワイヤの規格を示すが，それらの機械的性質に大きな違いはない。

表2.5 軟鋼および高張力鋼マグ溶接ソリッドワイヤの規格（JIS Z 3312）

ワイヤの種類	シールドガス	機械的性質				
		引張試験			衝撃試験	
		引張強度 (N/mm^2)	降伏強度 (N/mm^2)	伸び (%)	試験温度 (℃)	衝撃値 (J)
YGW11	炭酸ガス	490〜670	400以上	18以上	0	47以上
YGW12			390以上	18以上	0	27以上
YGW13					0	27以上
YGW14		430〜600	330以上	20以上	0	27以上
YGW15	混合ガス	490〜670	400以上	18以上	-20	47以上
YGW16			390以上	18以上	-20	27以上
YGW17		430〜600	330以上	20以上	-20	27以上
YGW18	炭酸ガス	550〜740	460以上	17以上	0	70以上
YGW19	混合ガス				0	47以上

(注)
JIS Z 3312-2009では，記号の付け方は2種類あり，570N/mm^2未満では表2.5によることが多い。570N/mm^2以上では，JIS Z 3312-1993ではYGW 21, 22, 23, 24があったが，JIS Z 3312：2009では，例えば，旧YGW21に相当する材料は，G59JA1UC3MITという記号の付け方をする。

表2.6 軟鋼および高張力鋼マグ溶接フラックス入りワイヤの規格の1例（JIS Z 3313）

ワイヤの種類	機械的性質				
	引張試験			衝撃試験	
	引張強度 (N/mm^2)	降伏強度 (N/mm^2)	伸び (%)	試験温度 (℃)	衝撃値 (J)
T49J0T1-0CA-U	490〜670	400以上	18以上	0	47以上
T492T1-1MA-UH5		390以上		-20	47以上
T550T1-1CA-G-UH5	550〜740	460以上	17以上	0	47以上
T59J1T1-1CA-N2M1-U	590〜790	500以上	16以上	-5	47以上

(注）記号の意味
T49J0T1：49は490N/mm^2，Jが付くと高降伏特性を現わし，15分類されている。0は衝撃試験温度0℃であり，1の場合は-5℃，2は-20℃を示し，13分類されている。T1は使用特性を示し，12分類されている。
0CA：0は下向き及び水平姿勢を示し，1の場合は全姿勢でこの2部類のみ。Cは炭酸ガスを示し，Mの場合は混合ガスを現わし，4分類されている。Aはマルチパス溶接で溶接ままと言った溶接種類の記号であり，4分類されている。
N2M1(G)：化学成分を示した記号で23分類されており，代表的（1番目に表示）な成分の場合は記号は付けない。
UH5：Uはシャルピー衝撃値が47J以上，記号がない場合は27J以上。H5は追加できる記号であり，水素量試験を行ったとき，5ml/溶着金属100g以下であることを示したもので，H10およびH15の合わせて3分類されている。

表2.7には，それぞれのワイヤによる溶接性の差異を示す。ソリッドワイヤは溶込みが深く，溶接内部欠陥の発生も少ないので，一般に突合せ溶接など完全溶込み溶接などで広く用いられている。ただし，ビード外観，スラグ剥離性に多少劣り，またアンダカットがやや生じすいなどの理由から，すみ肉溶接ではフラックス入りワイヤを用いるなどの使い分けがなされることもある。

2.3.3 サブマージアーク溶接

サブマージアーク溶接用の溶接ワイヤには，JIS Z3183に適合する材料が使用されている。表2.8にJIS Z 3183（2012）に示されている溶接ワイヤの要求値を示す。サブマージアーク溶接の場合，溶接ワイヤだけではなく，使用フラックスで溶接金属の性質が異なる。フラックスには，溶融フラックスとボンドフラックスがある。これら2つの比較を表2.9に示す。

表 2.7　ソリッドワイヤとフラックス入りワイヤの比較

項目	ソリッドワイヤ	フラックス入りワイヤ
溶込み	深い	やや浅い
内部欠陥の発生	少ない	やや少ない
ビード外観	やや不良	良好
スラグ剥離性	やや不良	良好
アンダカット	やや出やすい	出にくい

表 2.8　軟鋼および高張力鋼（≦ 570N/mm^2）のサブマージアーク溶接ワイヤの要求値

品質区分の記号	機械的性質				
	引張試験			衝撃試験	
	引張強度 (N/mm^2)	降伏強度 (N/mm^2)	伸び (%)	試験温度 (℃)	衝撃値 (J)
S421-S	410以上	300以上	22以上	0	27以上
S422-S					47以上
S501-H	490以上	390以上	20以上	0	27以上
S502-H					47以上
S50J2-H	490以上	400以上	20以上	0	47以上
S531-H	520以上	420以上	19以上	0	27以上
S532-H					47以上
S581-H	570以上	490以上	18以上	−5	27以上
S582-H					47以上
S583-H				−20	27以上
S584-H					47以上
S58J2-H	570以上	500以上	18以上	−5	47以上

表 2.9 サブマージアーク溶接で使用するフラックスの比較

項目	溶融フラックス	ボンドフラックス
高速溶接の作業性	溶接欠陥は生じにくく，適している	溶接欠陥は生じやすく，適していない
大入熱溶接の適応性	スラグが焼きつく傾向があり，適さない	スラグの剥離性が良く，適している
多層盛り溶接でのスラグ剥離性	良好	良くない
吸湿性	しにくい	しやすい

2.4 溶接部(溶接金属部および鋼材の熱影響部)の組織

2.4.1 溶接部の組織

溶接部の組織は，図2.5に示すように溶接金属部（WM：Weld Metal），鋼材熱影響部（HAZ：Heat Affected Zone）および熱影響がない鋼材部（BM：Base Metal）に分けられる。また，溶接金属部と鋼材熱影響接部の境界線をフュージョンライン（Fusion Line）あるいはボンド部（Bond）という。

鋼材熱影響部をさらに細かく分けると，粗粒域，混粒域，細粒域と球状パーライト域になる[1]。各領域の特徴を表2.10に示す。

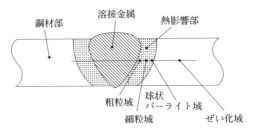

図 2.5　溶接部の詳細

表 2.10　溶接熱影響部の説明

部位	温度（約）	説明
溶接金属	1500℃	デンドライト組織を示す
粗粒域	>1250℃	粗大化し，硬化し易く，割れも生じる
混粒域（中間粒域）	>1100℃	粗粒域と細粒域の中間の性質
細粒域	>900℃	再結晶で微細化組織で，靭性が良好
球状パーライト域	>750℃	パーライトのみが変態し，球状化，靭性劣化
ぜい化域	>200℃	焼入れ，ひずみ時効によりぜい化することがある

2.4.2 溶接部の組織に影響する因子

溶接部の組織に影響する因子はとして，以下の項目が挙げられる。
・冷却速度（冷却時間）
・鋼材の化学成分

　金属組織は，1500℃程度の溶接時からの冷却過程，冷却速度（冷却時間）に影響を受ける。特に，800～500℃の冷却速度の影響が大きく，この温度帯にさらされる時間が長ければ長いほど組織は粗大化し，靭性が低下するなど，溶接継手の性能上の問題が生じる。冷却速度に影響する因子は，溶接入熱，板厚と継手形式である。

　溶接入熱（J/cm）は，溶接電流（A），溶接電圧（V）および溶接速度（v：cm/min）を用いて，次式から算定される。

$$溶接入熱（J/cm） = \frac{溶接電流(I) \times 溶接電圧(V)}{溶接速度(v)} \times 60$$

　この入熱量が高いほど冷却速度が遅くなり，金属組織は粗大化する。このため，金属組織の観点からは，入熱量を小さくすることが望ましい。入熱量は，溶接方法や溶接姿勢により異なり，一般にサブマージアーク溶接＞マグ溶接＞被覆アーク溶接の順となる。ただし，入熱量が小さく，またショートビードになるなど，冷却速度があまりにも速くなると，鋼材熱影響部が硬化する。さらに，水素の拡散が不十分で溶接金属中の水素量が多くなると，水素割れが生じやすくなるなどの問題も生じるので，入熱量を小さくしすぎることにも問題がある。

　同じ入熱量であっても板が厚くなると，熱が分散されやすくなり，冷却速度が速くなる。また，継手形式によっても冷却速度は異なる。例えば，突合せ溶接と比較すると，すみ肉溶接では立て板があるので熱が分散されやすく，冷却速度が速くなる。

　鋼材の化学成分によっても，溶接部の組織は影響を受ける。一般に，炭素当量が高ければ組織は粗大化し，じん性は低くなる傾向がある。最近では，高い入熱でも組織の粗大化を防止できるとされる製鋼技術も開発されている。

2.5 溶接欠陥（溶接きず）

2.5.1 溶接欠陥の概要

　溶接部に存在する不具合を溶接欠陥と呼んでいる。ただし，非破壊検査を適用する場合においては，1995年の「JIS Z 3104鋼溶接継手の放射線透過試験方法」の改訂から溶接きずと呼ぶようになった。これは，実務において，補修の必要性のない不具合をそれ以前は合格欠陥という表現を使用していたこともあり，合格欠陥という表現は不適切である，また鋼構造の製品に欠陥が残存するという表現は誤解を招く等の理由により，溶接きずという表現に変更したものと思われる。溶接工学分野では，溶接欠陥と統一されており，本章においても溶接部の不具合を溶接欠陥と称する。

　溶接欠陥を大別すると，溶接部の内部に発生する内部欠陥と外部に露呈する外部欠陥になる。内部欠陥は，放射線透過試験や超音波探傷試験など非破壊検査により発見される欠陥である。外部欠陥は，一般に目視により発見されるものである。ただし，微細な外部欠陥については，磁粉探傷試験や浸透探傷試験を用いる場合もある。代表的な溶接欠陥を以下に示す。

（外部欠陥）
　ピット：気泡が外部に流失し，溶接金属表面に孔が開いた欠陥
　割れ：溶接割れが外部にも進展した欠陥
　オーバラップ：溶接止端で溶接金属が大きく盛り上がり，鋼材表面に重なりあった状態の欠陥
　アンダカット：溶接止端に沿って生じる溝状の欠陥

（内部欠陥）
　ブローホール：気泡が溶接金属内部に留まった球状の欠陥
　割れ：外部まで進展せず内部に停留した割れ
　融合不良：パス間に存在する未溶着部
　溶込み不良：開先内に残る未溶着部
　スラグ巻込み：スラグが溶接金属内部に残留した欠陥

2.5.2 溶接欠陥の発生原因とその対策

（1）ピット（図2.6（a））

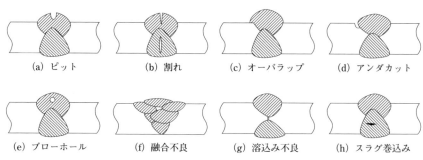

図 2.6　溶接欠陥の種類

　溶接作業時の溶接部にはアーク雰囲気中で酸素や水素などのガス（気泡）が発生する。この気泡の多くは溶接金属外に排出されるが，排出されないで残ったのがピットやブローホールである。ピットは，気泡が外面に露出した欠陥である。

　ピットなどの気泡の原因は，溶接金属中のガスが多くなることである。ガスの発生要因としては，開先内や鋼材面の水分や汚れ，溶接材料の吸湿や施工条件が挙げられる。したがって，これらに配慮した溶接施工管理を行うことで，欠陥の発生を防ぐことができる。具体的な防止対策としては，以下の事項が挙げられる。

・開先内に，水分や汚れがないようする（開先内の清掃）。
・溶接材料が吸湿しない溶接材料の管理（保管場所および適切な乾燥条件の採用）。
・適切なアーク長の保持（施工条件の適切化）
・適切なガスの流量，風の影響の防止（ガスシールド効果の保持）

(2) 割れ（図 2.6 (b)）

　溶接割れは，表面に表れる割れや溶接金属内部の割れ，さらに鋼材熱影響部に沿って発生する割れやクレータ部に発生する割れなど様々である。溶接割れは，その発生時期により高温割れと低温割れに分けられる。

　高温割れは，溶接金属部や鋼材熱影響部が凝固中の延性に乏しい状態の時に外部変形などによりひずみが生じることによって発生する。高温割れ発生対策としては，材料自体を改善することは言うまでもないが，施工面では以下のことが挙げられる。

・なし形のビードとしない（ビード深さと幅の比が大きくならないような

(1.0以下)開先形状の選定)
- 適切な溶接条件の採用(特に,溶接速度を早くしない)

低温割れは,300℃以下で発生する割れで,特に水素拡散が終わる100℃以下になってから,溶接部の冷却に伴って発生するケースが多い。低温割れ発生の支配因子としては,鋼材の化学成分,拘束度,拡散性水素量,冷却速度(溶接入熱量および予熱)が挙げられる。これらのことに配慮した防止対策は,以下の通りである。

- 高いP_{CM},高いCeqの鋼材を使用しない。
- 拘束度の高い継手は,極力採用しない(板厚,開先形状および溶接順序を工夫する)
- 拡散性水素量の低い溶接材料を使用する(低水素系棒の使用,溶接棒の乾燥)。
- 水素拡散が十分なされるように冷却速度を遅くする(低入熱とはしない,適切な予熱温度の採用)

(3) オーバラップ(図2.6(c))

オーバラップは,溶接ビードが大きく盛り上がり,溶接止端部の溶接金属が母板と融合せずに,溶接ビードが鋼材表面と単に重なったものである。オーバラップの原因は,不適切な作業条件であり,その防止策としては以下の対策が考えられる。

- 適切な溶接電流(特に,電流が小さくなり過ぎない)
- 適切な溶接速度
- 適切な運棒(適切なアーク長,適切な角度,適切な狙い位置)
- 適切なウィービング条件(適切な停止時間,適切な幅の採用)

(4) アンダカット(図2.6(d))

アンダカットは,溶接アークにより鋼材がある程度溶かされるが,その部分に溶接金属が供給されないことにより溶接止端に沿って発生する溝状の欠陥である。アンダカットの形状・大きさによっては,疲労強度を著しく低下させることも考えられる。アンダカットの発生原因は,不適切な作業条件であり,その防止対策としては以下のことが考えられる。

- 適切な溶接電流(特に,電流が大きくなり過ぎない)
- 適切な溶接速度
- 適切な運棒(適切なアーク長,適切な角度,適切な狙い位置)

・適切なウィービング条件（適切な停止時間，適切な幅の採用）

(5) ブローホール（図 2.6 (e)）

　ブローホールもピットと同様，気泡状の溶接欠陥であるが，ピットとは違い，気泡が溶接金属内で留まった欠陥である。ブローホール防止対策は，ピットと同じである。

(6) 融合不良（図 2.6 (f)）

　融合不良は，溶接ビード間，あるいは開先と溶接ビード間に生じた隙間である。融合不良の原因は，不適切な作業条件である。以下にその防止対策を示す。

・十分な溶込みが得られる溶接条件の適用（電流や速度を小さくし過ぎない）
・適切な狙い位置での施工
・前パスのビード形状の補正（グラインダやアークエアガウジングなどで狭隘なパス間を除去する）

(7) 溶込み不良（図 2.6 (g)）

　溶込み不良は，開先内のルート面が完全に溶込まない状態の不具合である。溶込み不良の原因も，融合不良と同様に不適切な作業条件であり，その防止対策は以下のとおりである。

・十分な溶込みが得られる溶接条件の適用（電流や速度を小さくし過ぎない）
・適切な狙い位置での施工
・適切な開先形状の適用（ルート間隔や開先角度を小さくし過ぎない，ルートフェイスを大きくし過ぎない）
・ルートフェイスの補正（アークエアガウジングでルートフェイスを削除）

(8) スラグ巻込み（図 2.6 (h)）

　スラグ巻込みは，スラグがビード表面に浮上せず，溶接金属内に停留した溶接欠陥である。欠陥防止対策は，以下の通りである。

・前パスのスラグを撤去後（チッピング作業），次パスの施工を実施
・前パスのビード形状の補正（グラインダやアークエアガウジングなどで狭隘なパス間を除去する）
・適切な運棒での溶接作業の実施

2.6 溶接残留応力

2.6.1 残留応力の発生機構と分布

　溶接部には，溶接金属の凝固冷却過程で降伏点に達する大きさの残留応力が生じる。この残留応力の発生機構は，以下の通りである。

　溶接熱により溶接金属部近傍の部分は熱膨張し，溶接線方向に伸びようとする。しかし，それをとりまく部分はさほど高温とはならないため，溶接金属部近傍に比べて伸び量が小さく，溶接金属近傍は自由に膨張できない。この時点（高温）では，溶接金属部近傍は圧縮応力，その周りは伸びようとする変形に引きずられ引張応力が生じる。冷却過程では，逆に溶接金属が縮もうとするが，それを周りの鋼材が拘束することになる。そのため，最終的には溶接金属部が引張の残留応力，その周りは圧縮の残留応力となる。

　一般の広幅板の突合せ溶接では，図2.7に示すような残留応力分布となる。残留応力分布は構造詳細によって多少異なるが，残留応力レベルについては，大きな差異はなく降伏応力レベルである。ただし，オーステナイトなどの溶接材料では，冷却中に変態を起こし体積膨張が生じる場合には，降伏応力に至らない場合もある。さらに，低変態点温度溶接材料を用いた場合には，変態膨張により，溶接部には圧縮の残留応力が生じる。

2.6.2 残留応力の除去

　残留応力を除去あるいは低減する方法には，熱処理による方法と機械的に

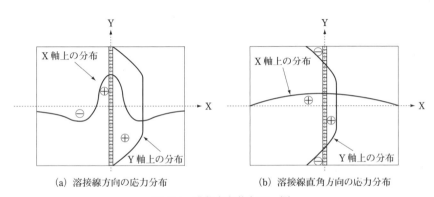

(a) 溶接線方向の応力分布　　　(b) 溶接線直角方向の応力分布

図2.7　残留応力分布の一例

局部を塑性変形させる方法がある．

熱処理による方法の一つに溶接後熱処理（PWHT）がある．これは，以下のようなメカニズムを利用した方法である．溶接により引張残留応力と圧縮残留応力が釣り合った状態にある溶接部材を適当な高い温度で保持すれば，降伏応力は低くなるために塑性変形が生じ，またクリープひずみにより溶接金属部とその周囲のひずみの相違が小さくなる．そのため，冷却後の残留応力は軽減されることになる．その効果は，温度が高ければ，保持時間が長ければ長いほど顕著である．一般に，軟鋼では540℃または600℃以上に，板厚25mmあたり1時間保持するとされている．

機械的な方法の一つにピーニングがある．これは，溶接部を打撃し局部的に塑性変形させることにより，溶接部に圧縮の残留応力を導入するものである．ピーニング法には，ハンマピーニングや超音波ピーニングなどがある．

2.7　溶接変形

2.7.2　溶接変形の種類

溶接を行えば，溶接熱による不均一な膨張と冷却過程での収縮により，溶接部は変形する．代表的な溶接変形を**図2.8**に示す．収縮には，縦収縮と横収縮があり，縦収縮は溶接部の局部的なものである．一般に縦収縮に配慮し

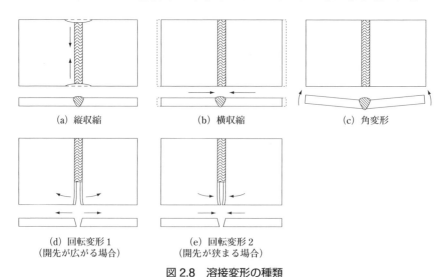

(a) 縦収縮　　(b) 横収縮　　(c) 角変形

(d) 回転変形1　　(e) 回転変形2
（開先が広がる場合）　（開先が狭まる場合）

図2.8　溶接変形の種類

た製作の管理は行われない．部材の製作精度に大きく影響するのは横収縮である．横収縮量は，溶着量に応じて変化する．すなわち，板が厚く，開先角度が大きく，ルート間隔が広いほど収縮量も大きくなる．

角変形は，突合せ溶接では，鋼材の表面側と裏面側の溶着量の違いにより，加熱・冷却過程で生じる変形である．このため，V形開先のように，表面と裏面の溶着量の違いが大きい場合には角変形も大きくなる．また，すみ肉溶接では，片側の溶接のみによることが発生原因であり，溶接脚長が大きくなれば角変形も大きくなる．

回転変形については，図2.8に示すように，開先が広がろうとする場合と，逆に狭めようとする変形が生じる場合がある．一般に，どちらの変形が生じるかは溶接入熱量によって異なる．例えば，被覆アーク溶接のように，低入熱で溶接速度が遅い場合には，溶接熱で開先が広がろうとするより，溶融地のすぐ後ろで収縮が生じるので開先は縮まる方向に変形する．これに対し，サブマージアーク溶接のように入熱量が大きい場合には，開先が広がる方向へと変形する．

2.7.2　溶接変形の防止と除去

溶接変形に影響する因子としては，溶接入熱，溶着量（開先形状），板厚，拘束状態，溶接順序などが挙げられる．これらに配慮して施工すれば，溶接変形を抑えることができる．例えば，V形開先ではなくX形開先とする，適切な拘束冶具を用いる，溶接順序を工夫するなどである．ただし，溶接変形対策を行ったとしても，溶接変形を完全に防止するのは困難なため，溶接終了後に発生した溶接変形を適切に矯正する必要が生じる場合も多い．横収縮に対しては，溶接収縮を考慮して予め部材を長めにしておく，溶着量が少なくなる開先形状を選定するなどの対策も有効である．

溶接変形を矯正する方法としては，プレスなどで機械的に塑性変形を与えてひずみ矯正する方法や，ガスバーナーなどで加熱矯正する方法などがある．

2.8　溶接継手

2.8.1　溶接継手の種類

溶接継手には様々な形式があり，構造物によっても使用される継手は異な

る。多くの構造物で使用される代表な溶接継手としては、突合せ継手、T継手、十字継手、角継手や重ね継手などがある。

(1) 突合せ継手 (**図2.9**)

突合せ継手は、2つの板材を同一面内で接合する継手である。例えば、同一板厚で長い部材を形成する場合や、板厚変化部などで用いられる。溶接の溶込み状態により、完全溶込み溶接と部分溶込み溶接に分類される。裏当て金や裏当て材を用いて、片面から完全溶込み溶接を行うこともある。

(2) T継手 (**図2.10**)

T継手は、2つの直交する板材を接合する継手である。T継手も溶接の溶込み状態によって完全溶込み溶接と部分溶込み溶接に分類され、すみ肉溶接が用いられることも多い。橋梁や船舶などの構造物では、最も使用頻度の高い継手である。

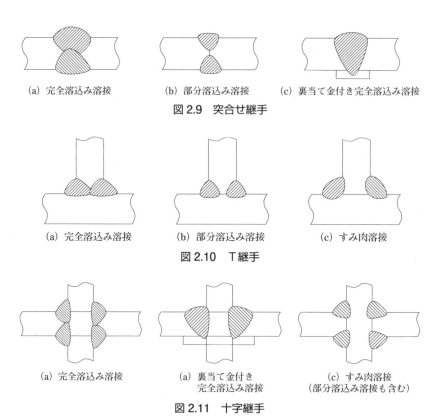

(a) 完全溶込み溶接　　(b) 部分溶込み溶接　　(c) 裏当て金付き完全溶込み溶接

図 2.9　突合せ継手

(a) 完全溶込み溶接　　(b) 部分溶込み溶接　　(c) すみ肉溶接

図 2.10　T継手

(a) 完全溶込み溶接　　(a) 裏当て金付き完全溶込み溶接　　(c) すみ肉溶接（部分溶込み溶接も含む）

図 2.11　十字継手

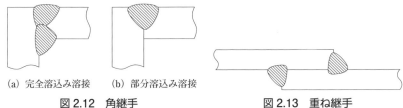

(a) 完全溶込み溶接　　(b) 部分溶込み溶接

図 2.12　角継手　　　　　　　図 2.13　重ね継手

(3) 十字継手（**図2.11**）

十字継手は，同一面内にある2枚の板材と直交する板を接合する継手である。橋梁では主桁と横桁の取合い部などで使用され，建築鉄骨の柱−梁接合部の接合部では，裏当て金付の完全溶込み十字継手が用いられる。

(4) 角継手（**図2.12**）

角継手は，2つの直交する部材を接合する継手であるが，T継手と異なり突出し部が片側のみである。建築鉄骨のBOX柱の縦方向の継手や橋梁の箱断面トラス部材などで用いられている。

(5) 重ね継手（**図2.13**）

重ね継手は，2つの平行な板材を重ね，すみ肉溶接で接合する継手である。主要部材などで荷重を伝達させる継手として採用されるケースは少なく，主に二次部材の接合に用いられている。

2.8.2　開先形状の種類とその溶接記号

溶接継手を形成するには，鋼材の材端を加工して溶接を行う必要がある。この加工部を開先と呼び，様々な形の開先が用いられている。代表的な開先形状を**図2.14**に示す。

開先形状は，継手形式，板厚，溶接姿勢などに応じて選定される。開先内部の詳細は，**図2.15**に示すように開先角度，ルート間隔（ルートギャップ）

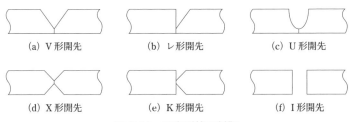

(a) V形開先　　　　(b) レ形開先　　　　(c) U形開先

(d) X形開先　　　　(e) K形開先　　　　(f) I形開先

図 2.14　開先形状の種類

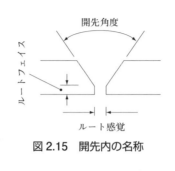

図 2.15　開先内の名称

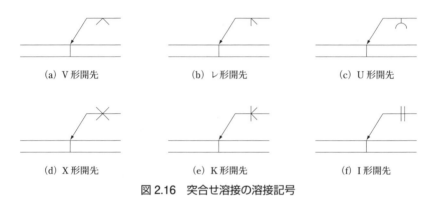

図 2.16　突合せ溶接の溶接記号

およびルートフェイスなどからなる。例えば、同じV形開先であっても、開先角度が違えば溶着量や作業効率および溶接変形量は異なる。

　図2.14で示した開先形状を溶接記号で示すと、**図2.16**のようになる。溶接記号の詳細については、JIS Z3021：2010に示されている。

2.8.3　溶接継手の種類と疲労強度

　我が国の代表的な疲労設計基準類として、日本鋼構造協会（以下，JSSC）の疲労設計指針[6]がある。この指針では、継手ごと疲労強度のランク（疲労強度等級）を設定している。梁部材で一般に使用されている継手形式を**図2.17**に示す。

　JSSC疲労設計指針では、継手ごとに、疲労強度が高い順にA〜I等級に分類されている。これは、継手形式によって幾何学的な形状の違いにより応力集中や応力分布が異なるからである。以下に、図2.17で示した各溶接継手の疲労強度等級について簡単に説明する。なお、ここではグラインダ仕上げ

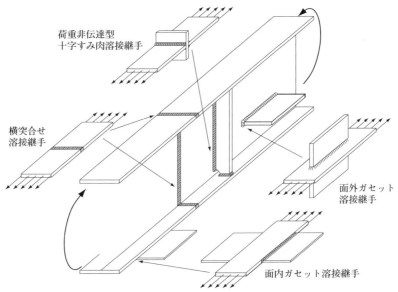

図 2.17 代表的な溶接継手

など疲労強度改善を行ったケースを除くこととし，溶接まま（As-Weld）状態を対象として述べる。

(1) 横突合せ溶接継手（D 等級）

フランジなどの突合せ溶接を横突合せ溶接継手という。これは，溶接線が応力の作用方向に対し直角であることに由来している。応力方向に平行な突合せ溶接継手は，縦突合せ溶接継手と呼ばれ，疲労等級はC等級とされている。横突合せ溶接継手は，開先形状に関わらず疲労等級はD等級である。ただし，図2.9（c）で示した裏当て金付の横突合せ溶接継手はF等級とされている。

(2) 十字すみ肉溶接継手（E，F，H 等級）

ウェブと垂直補剛材のすみ肉溶接のように，応力方向に直角に溶接線がある継手を荷重非伝達型十字すみ肉溶接継手と呼ぶ。この溶接継手は，図2.10（c）で示したすみ肉溶接の十字継手である。

十字継手は，**図2.18**に示すように，応力の伝達機構により荷重非伝達型（以下，非伝達型継手）と荷重伝達型（以下，伝達型継手）に分類される。非伝達型継手の疲労破壊起点は溶接止端であるが，伝達型継手では溶接止端に加えて溶接ルートも疲労き裂起点となることがある。そのため，伝達型継

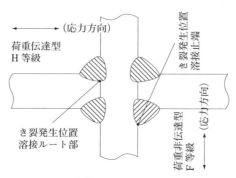

図2.18 疲労強度上の十字継手の違い

手については，止端破壊する場合の強度等級（F等級）とルート破壊する場合の強度等級（H）が与えられている。その際の応力を求める断面は，止端破壊で主板断面，ルート破壊で溶接のど断面である。

溶接止端が疲労き裂の起点となる非伝達型継手の強度等級はE等級と，伝達型継手（F等級）よりも高く設定さている。これは，伝達型継手では溶接のみで力を伝達するのに対し，非伝達型継手では主板と溶接で力を伝達することから，両者で溶接止端の応力集中が異なるためである。

垂直補剛材が片面にしかない場合，図2.10（c）で示したすみ肉溶接のT継手となるが，疲労強度等級分類では，この荷重非伝達型十字すみ肉溶接継手となる。

(3) 面内ガセット溶接継手（H等級）

フランジと同一面内にガセットを突合せ溶接で接合した継手を面内ガセット溶接継手と呼ぶ。この継手は，応力方向に平行に溶接線が作用する突合せ溶接継手であるが，ガセット端部に幾何学的な応力集中が生じ，継手等級もH等級と低い。この幾何学的な応力集中を低減させる方法として，**図2.19**に示すように，フィレットを設けることがあり，その場合の疲労強度等級は

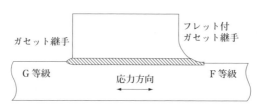

図2.19 ガセット継手の種類

フィレットの大きさに応じてD～F等級と改善される。

(4) 面外ガセット溶接継手（G等級）

平板であるウェブに面外方向に直交してガセット板を完全溶込み溶接，部分溶込み溶接またはすみ肉溶接で接合した継手を面外ガセット溶接継手と呼ぶ（角回し溶接継手とも呼ぶ）。この継手も，応力方向に平行に溶接線が位置する溶接継手であるが，面内ガセット継手と同様に，ガセット端部に幾何学的な応力集中が生じるので継手等級もG等級と低い。この幾何学的な応力集中を低減させる方法として，面内ガセットと同様，フィレットを設けることがある。

2.9 溶接各因子と疲労強度の関係

2.9.1 概論

溶接継手の疲労強度の支配因子は以下の2項目である。
- 溶接止端部などの応力集中
- 引張の残留応力

溶接部の応力集中は，継手形式によって異なる。同じ形式の継手であっても，図2.20に示すフランク角θと曲率半径ρによっても応力集中は異なる。このフランク角および曲率半径が大きくなれば，応力の流れが滑らかとなり，溶接止端部の応力集中が低くなる。ここでは，応力集中と残留応力に着目し，疲労強度と本章で述べてきた各項目との関係について述べる。

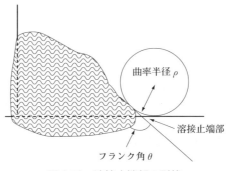

図 2.20　溶接止端部の形状

2.9.2 溶接法と疲労強度の関係

溶接法によって，残留応力や溶接止端部の応力集中が変わるのであれば，溶接法と疲労強度には相関がある。しかし，溶接法により残留応力や溶接止端形状に大きな違いはなく，溶接法と疲労強度の相関はほとんどない。ただし，サブマージアーク溶接を用い，部材を45°傾けて行う下向きすみ肉溶接では，曲率半径 ρ が改善され，疲労強度が向上することはある。また，ティグドレッシング（ティグ溶接法でタングステン電極のみで溶接材料を用いない方法）を用い，溶接止端形状が改善されれば，疲労強度が向上する場合もある。

2.9.3 鋼材と疲労強度の関係

鋼材の降伏強度に比例して，若干であるが疲労強度も上昇する。ただし，これは鋼材としての疲労強度特性であり，溶接継手となると，溶接止端部の応力集中と残留応力の影響で，鋼材の影響はほとんどなくなる。このため，溶接継手とした場合，鋼材と疲労強度の影響はないと考えてよい。なお，HT780材など，高強度材料では，降伏強度が高く残留応力も高くなる，あるいは，ビード形状が凸形となり易いなどの理由により，若干であるが疲労強度は低くなる傾向がみられることもある。最近では，鋼材自身の疲労強度を高くなるとした高疲労強度鋼材も開発されているが，その効果については今後さらに検討されるものと考えられる。

2.9.4 溶接材料と疲労強度の関係

溶接材料によって，残留応力や溶接止端部の応力集中が変わるのであれば，溶接材料と疲労強度には相関がある。しかし，一般の溶接材料では，残留応力や溶接止端形状に大きな違いはなく，溶接材料と疲労強度の関係はないと考えてよい。ただし，圧縮の残留応力を導入できる低変態点温度溶接材料など特殊な溶接材料を用いれば，疲労強度が向上することもある。

2.9.5 金属組織と疲労強度の関係

鋼構造物の溶接金属部において，ミクロ的には，溶接金属組織と疲労強度との相関も否定できないが，マクロ的には溶接金属組織と疲労強度との関係はないと考えてよい。すなわち，金属組織に影響する鋼材の化学成分，入熱

量，冷却速度などの施工条件による疲労強度への影響はないと考えてよい。

2.9.6　溶接欠陥と疲労強度の関係

　溶接欠陥は，疲労強度に大きく影響する。このため，各基準などで許容欠陥寸法が示されている。ピットやブローホールの球状欠陥に比べて，鋭い切欠き状の欠陥は疲労強度への影響度が高く，特に，割れは著しく疲労強度を低下させる。また，溶接欠陥の方向によっても異なり，割れが応力直角方向に存在する場合の影響度は高い。製作管理において，許容欠陥寸法を満足させることが重要である。

2.9.7　溶接残留応力と疲労強度の関係

　引張の残留応力は，疲労強度を低下させる。これは，引張の残留応力が作用することにより，平均応力が上昇するためである。また，圧縮の繰返し荷重では，引張の残留応力がなければ，疲労き裂は発生・進展しにくい。しかし，引張の残留応力が作用することにより，圧縮の荷重下であっても，溶接部では引張応力の繰返しとなるので，疲労き裂は発生・進展しやすくなる。

　疲労強度改善方法の1つに，溶接部の引張残留応力を圧縮残留応力へと変える方法がある。例えば，ハンマピーニングや超音波ピーニングなどを適用し，疲労強度改善を行っているケースも見られる。

2.9.8　溶接変形と疲労強度の関係

　溶接変形は，製作精度に大きく影響されるが，基本的には疲労強度に影響することはない。ただし，角変形が大きい場合，局部的な曲げの影響により溶接止端部の応力は大きくなるために疲労強度は低下する。角変形と疲労強度の定量的な関係については今後の課題の一つである。

2.9.9　溶接継手形式と疲労強度の関係

　溶接継手形式は，疲労強度に大きな影響を及ぼす。このため，JSSC疲労設計指針[6]では，継手形式ごとにA〜I等級の疲労強度等級を定めている。溶接止端のフランク角θと曲率半径ρが同じであっても，継手形式が異なれば，溶接止端の応力集中は異なる。

　同じ継手形式の場合，開先形状が異なっても基本的には，疲労強度は変わ

ることはない。ただし、図2.9（c）で示した裏当て金を用いた場合には、疲労強度が低下する。

（参考文献）

1) 溶接学会編：溶接技術の基礎，産報出版，2007.（再販第2刷）
2) Dearden, H. O'Neill：A Guide to the Selection and Welding of low Alloy Structural steels, Trans. Inst. Weld. (U.K.), Vol.3, No. 10, pp.203-214, 1940.
3) 伊藤，別所清：高張力鋼の溶接割れ感受性指示数について，溶接学会誌第37巻第9号，pp55-63, 1968.
4) 伊藤，別所清：高張力鋼の溶接割れ感受性指数について（第2報），溶接学会誌第38巻第10号，pp60-70, 1969
5) 日本道路協会：道路橋示方書・同解説（鋼橋編），2002.
6) 日本鋼構造協会編：鋼構造物の疲労設計指針・同解説（2012年改定版），2012.

第3章
材料力学の基礎

疲労は繰返し荷重によってき裂が発生，進展する現象であり，疲労破壊するまでの荷重繰り返し数（疲労寿命）により高サイクル疲労と低サイクル疲労に大別される。前者は疲労寿命が10万回程度以上の疲労であり，疲労き裂発生断面におけるマクロな応力状態が弾性領域にあるため弾性疲労とも呼ばれる。疲労寿命は応力範囲の関数として表わされる。一方，後者は疲労寿命が1万回程度以下の疲労であり，疲労破壊が生じる断面がマクロ的にも降伏していることから塑性疲労とも呼ばれ，疲労寿命は弾性ひずみに塑性ひずみを加えたひずみ範囲の関数として表わされる。

以上のように，いずれの疲労現象においても，寿命の推定には着目部位の応力範囲あるいはひずみ範囲を知る必要があるため，材料力学の知識は疲労設計や疲労寿命評価において不可欠である。近年，有限要素法を始めとする数値解析法によって応力やひずみを求めることが多いが，構造や荷重を単純化して材料力学の知識を適用することにより，数値解析で得られた計算結果をチェックすることができる。材料力学に関しては既に多くの良書が出版されているため，本章では主として弾性域における材料力学の基礎的な事項について概説する。

3.1 応力とひずみ

3.1.1 応力とひずみの概念

一般に，物体に何らかの力（外力）が作用すると，その物体は変形し内部に外力に対応して内力が発生する。内力を単位面積当たりの力として表現したものが応力であり，考えている断面に直交する垂直応力と平行なせん断応力がある。一方，変形を単位長さあたりの伸び縮みあるいは角度の変化で表

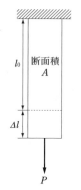
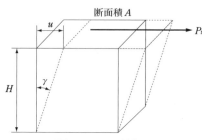

図 3.1 軸方向力による棒の伸び　　図 3.2 せん断変形

現したものがひずみであり，前者を縦ひずみ，後者をせん断ひずみと呼ぶ。垂直応力と縦ひずみに関しては，物体が引張られる方向が正と定義される。

例えば，**図3.1**に示すように，断面積Aの棒に対して，軸方向に外力Pが作用し，Δlだけ伸びたとすると，垂直応力σと縦ひずみεは，それぞれ以下のように表される。

$$\sigma = \frac{P}{A}, \quad \varepsilon = \frac{\Delta l}{l_0} \quad \cdots\cdots\cdots\cdots\cdots\cdots (3.1), (3.2)$$

一方，**図3.2**に示すように，断面積Aの直方体に対して，その上面に外力P_tが作用すると，各辺は伸び縮みせず，角度γだけ変形する。このとき，断面に作用するせん断応力τは次式で表わされる。

$$\tau = \frac{P_t}{A} \quad \cdots\cdots\cdots\cdots\cdots\cdots\cdots\cdots\cdots\cdots\cdots\cdots (3.3)$$

また，変形した角度γをせん断ひずみと呼び，γが十分小さければ，以下のように表わされる。

$$\gamma = \frac{u}{H} \quad \cdots\cdots\cdots\cdots\cdots\cdots\cdots\cdots\cdots\cdots\cdots\cdots (3.4)$$

3.1.2　応力の一般的な定義

外力が作用した際に物体内に生じる応力は，一般に一様ではなく，位置によって変化する。すなわち，応力は位置（着目点の座標）の関数として表わされる。

図3.3に示すような物体中の任意の点(x, y, z)にある微小面積ΔSを考

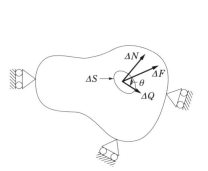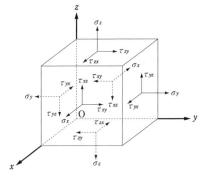

図 3.3 微小面積要素に作用する内力   図 3.4 3次元直交座標系における応力の定義

える。面 ΔS に作用する内力が ΔF であり，ΔF が ΔS に対して θ だけ傾いているとすると，面 ΔS に垂直な垂直応力 σ と面 ΔS に平行なせん断応力 τ は以下のように定義できる。

$$\begin{cases} \sigma = \sigma(x, y, z) = \lim_{\Delta S \to 0} \dfrac{\Delta F}{\Delta S} \sin\theta = \lim_{\Delta S \to 0} \dfrac{\Delta N}{\Delta S} = \dfrac{dN}{dS} & \cdots\cdots (3.5\text{a}) \\ \tau = \tau(x, y, z) = \lim_{\Delta S \to 0} \dfrac{\Delta F}{\Delta S} \cos\theta = \lim_{\Delta S \to 0} \dfrac{\Delta Q}{\Delta S} = \dfrac{dQ}{dS} & \cdots\cdots (3.5\text{b}) \end{cases}$$

$f^2 = \sigma^2 + \tau^2$ で表わされる f を合応力と呼び，垂直応力 σ，せん断応力 τ と同様に次式で定義される。

$$f = f(x, y, z) = \lim_{\Delta S \to 0} \dfrac{\Delta F}{\Delta S} = \dfrac{dF}{dS} \quad \cdots\cdots (3.6)$$

任意の点 (x, y, z) にある微小面積 ΔS の方向は無限に考えられるが，一般に3次元直交座標系のもとで着目点近傍に各面が各軸と直交する**図3.4**に示すような微小直方体を考え，それぞれの面に作用する座標軸方向の垂直応力1つとせん断応力2つ，合計9つの成分（σ_x, σ_y, σ_z, τ_{xy}, τ_{xz}, τ_{yx}, τ_{yz}, τ_{zx}, τ_{zy}）により，応力状態が表現される。せん断応力に付された2つの添字の内，第1添字は応力が作用する面の法線方向を，第2添字は応力の方向を表している。垂直応力については引張を正，圧縮を負とし，せん断応力については外向き法線が座標軸の正方向と一致する面では座標軸の正方向を正，外向き法線が座標軸の負方向と一致する面では座標軸の負方向を正とする。図3.4に示した応力成分は，すべて正の方向を示している。なお，ある点における応力の値は，評価する面の方向によって異なることに注意されたい。

3.2 弾性体の支配方程式

弾性体の挙動を調べる上で基礎となる方程式は以下の3つである。
- 平衡方程式（力のつりあい式）
- 変位－ひずみ関係式（変位とひずみの幾何学的関係式）
- 応力－ひずみ関係式（材料の構成式）

ここでは，対象とする物体が均質かつ等方な線形弾性体であり，変形が微小であるとして以下に3つの方程式を示す。

3.2.1 平衡方程式

座標面に平行な面を持つ微小直方体を考える。この微小直方体に作用する応力成分は図3.5に示すように表現できる。単位体積当たりの物体力として，各座標軸方向にF_x, F_y, F_zが作用する場合について，各軸方向の力のつりあいを考えると次式を得る。

$$\frac{\partial \sigma_x}{\partial x} + \frac{\partial \tau_{yx}}{\partial y} + \frac{\partial \tau_{zx}}{\partial z} + F_x = 0$$

$$\frac{\partial \tau_{xy}}{\partial x} + \frac{\partial \sigma_y}{\partial y} + \frac{\partial \tau_{zy}}{\partial z} + F_y = 0 \quad \cdots\cdots\cdots\cdots\cdots\cdots\cdots\cdots\cdots (3.7)$$

$$\frac{\partial \tau_{xz}}{\partial x} + \frac{\partial \tau_{yz}}{\partial y} + \frac{\partial \sigma_z}{\partial z} + F_z = 0$$

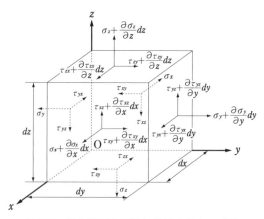

図3.5　微小平行六面体に作用する応力成分

また，各軸周りのモーメントのつりあいを考えると次式を得る。

$$\tau_{yz} = \tau_{zy}, \quad \tau_{zx} = \tau_{xz}, \quad \tau_{xy} = \tau_{yx} \quad \cdots\cdots\cdots\cdots\cdots\cdots\cdots\cdots \quad (3.8)$$

すなわち，9つの応力成分のうち，6つが独立な成分である。

3.2.2 変位－ひずみ関係式

理解を容易にするため，図3.6に示すように，xy平面上のZ面が外力の影響でまずZ'面のように変形し，さらにZ''面のように変形した場合を考える。

点Pの座標を (x, y, z)，そのx軸方向の変位を$u (x, y, z)$とし，Z面→Z'面の変形に対してx軸方向の垂直ひずみ ε_x を求めると，

$$\varepsilon_x = \frac{dx' - dx}{dx} = \frac{(\partial u/\partial x)\,dx + dx - dx}{dx} = \frac{\partial u}{\partial x} \quad \cdots\cdots\cdots \quad (3.9)$$

を得る。

次に，P点のy方向変位を$v (x, y, z)$とし，Z'面→Z''面の変形に対してせん断ひずみ $\gamma_{xy} (= \theta_x + \theta_y)$ を求める。θ_xは微小量であるから，

$$\theta_x \cong \tan \theta_x = \frac{\{y + v(x+dx, y, z)\} - \{y + v(x, y, z)\}}{dx'(\cong dx)} = \frac{\partial v}{\partial x} \cdots\cdots (3.10)$$

となる。同様に $\theta_y = \partial v/\partial y$ となるので，

$$\gamma_{xy} = \frac{\partial v}{\partial x} + \frac{\partial u}{\partial y} \quad \cdots\cdots\cdots\cdots\cdots\cdots\cdots\cdots\cdots\cdots\cdots\cdots\cdots\cdots \quad (3.11)$$

を得る。

3次元空間内の微小直方体について同様の検討を行うと，変位－ひずみ関

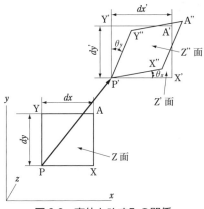

図3.6 変位とひずみの関係

係式として以下の6式が得られる。ただし，$u(x, y, z)$，$v(x, y, z)$，$w(x, y, z)$ はそれぞれ点 (x, y, z) における x, y, z 軸方向の変位である。

$$\varepsilon_x = \frac{\partial u}{\partial x} \quad \gamma_{xy} = \frac{\partial v}{\partial x} + \frac{\partial u}{\partial y}$$

$$\varepsilon_y = \frac{\partial v}{\partial y} \quad \gamma_{yz} = \frac{\partial w}{\partial y} + \frac{\partial v}{\partial z} \quad \cdots\cdots (3.12)$$

$$\varepsilon_z = \frac{\partial w}{\partial z} \quad \gamma_{zx} = \frac{\partial u}{\partial z} + \frac{\partial w}{\partial x}$$

3.2.3 応力－ひずみ関係式

物質の特性を記述する式を構成式と呼ぶ。応力－ひずみ関係は，その代表的なものである。線形弾性体（Hook弾性体）の場合，ヤング率を E，ポアソン比を ν とすると，3つの垂直応力（$\sigma_x, \sigma_y, \sigma_z$）と各軸方向に生じる垂直ひずみ（$\varepsilon_x, \varepsilon_y, \varepsilon_z$）との間には，次式が成立する。

$$\varepsilon_x = \frac{1}{E}\{\sigma_x - \nu(\sigma_y + \sigma_z)\}$$

$$\varepsilon_y = \frac{1}{E}\{\sigma_y - \nu(\sigma_z + \sigma_x)\} \quad \cdots\cdots (3.13)$$

$$\varepsilon_z = \frac{1}{E}\{\sigma_z - \nu(\sigma_x + \sigma_y)\}$$

また，せん断ひずみとせん断応力には，せん断弾性係数 G を介して，次式のような関係が成立する。

$$\gamma_{xy} = \frac{\tau_{xy}}{G}, \quad \gamma_{yz} = \frac{\tau_{yz}}{G}, \quad \gamma_{zx} = \frac{\tau_{zx}}{G} \quad \cdots\cdots (3.14)$$

せん断応力の各成分間やせん断応力・垂直応力間には相互関係がないことに注意されたい。なお，せん断弾性係数 G は，ヤング率 E，ポアソン比 ν を用いて次式から求められる。

$$G = \frac{E}{2(1+\nu)} \quad \cdots\cdots (3.15)$$

3.3 主応力と主せん断応力

3.1.2で述べたように,物体内のある点における応力の値は,評価する面の方向により変化する。物体が破壊するか否かは応力の大きさに依存するため,応力の最大値とその作用方向を知ることは重要である。ここでは,平面応力状態を仮定し,評価する面の方向による応力成分の変化を考える。図3.7に示すような微小三角形ABCにおいて,x軸,y軸それぞれの方向で力のつり合いを考えると,辺AB,ACに作用する応力成分と辺BCに作用する応力成分の関係として,以下の2式を得ることができる。

$$\sigma = \sigma_x \cos^2\phi + \sigma_y \sin^2\phi + 2\tau_{xy} \cos\phi \sin\phi \quad \cdots\cdots\cdots\cdots (3.16a)$$

$$\tau = \tau_{xy}(\cos^2\phi - \sin^2\phi) - (\sigma_x - \sigma_y)\cos\phi \sin\phi \quad \cdots\cdots\cdots (3.16b)$$

両式を三角関数の2倍角の公式を用いて整理すると,以下のようになる。

$$\sigma = \frac{1}{2}(\sigma_x + \sigma_y) + \frac{1}{2}(\sigma_x - \sigma_y)\cos 2\phi + \tau_{xy}\sin 2\phi \quad \cdots\cdots (3.17a)$$

$$\tau = -\frac{1}{2}(\sigma_x - \sigma_y)\sin 2\phi + \tau_{xy}\cos 2\phi \quad \cdots\cdots\cdots\cdots (3.17b)$$

xy座標系において応力成分が与えられているとき,上式から応力σ, τが作用面の傾きϕの関数となることがわかる。したがって,それぞれの1次導関数($d\sigma/d\phi$, $d\tau/d\phi$)をゼロとおくことで,その極値を与える傾きϕを求めることができる。垂直応力について極値を与える傾きをϕ_nとすると,

$$\tan 2\phi_n = \frac{2\tau_{xy}}{\sigma_x - \sigma_y} \quad \cdots\cdots\cdots\cdots\cdots\cdots\cdots\cdots\cdots\cdots\cdots\cdots (3.18)$$

が得られる。式 (3.18) と式 (3.17a) より,垂直応力の極値 σ_1, σ_2(ただ

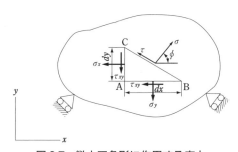

図3.7 微小三角形に作用する応力

し，$\sigma_1 > \sigma_2$）は以下のようになる。

$$\sigma_1 = \frac{1}{2}(\sigma_x + \sigma_y) + \frac{1}{2}\sqrt{(\sigma_x - \sigma_y)^2 + 4\tau_{xy}^2}$$
$$\sigma_2 = \frac{1}{2}(\sigma_x + \sigma_y) - \frac{1}{2}\sqrt{(\sigma_x - \sigma_y)^2 + 4\tau_{xy}^2}$$
.... (3.19)

σ_1は垂直応力の最大値，σ_2は最小値であり，それぞれ最大主応力，最小主応力と呼ばれている。

式（3.18）はϕ_nを（$\phi_n + \pi/2$）と置き換えても成立するため，最大主応力面と最小主応力面は互いに直交することがわかる。また，式（3.18）で与えられるϕ_nを式（3.17b）に代入すると$\tau = 0$となるため，主応力が作用する面においてはせん断応力が作用しないことがわかる。

垂直応力の場合と同様に式（3.17b）の1次導関数$d\tau/d\phi$をゼロとおくことにより，せん断応力τの最大値・最小値が作用する面の傾きϕ_tは次式により与えられる。

$$\tan 2\phi_t = -\frac{\sigma_x - \sigma_y}{2\tau_{xy}}$$ .... (3.20)

式（3.20）と式（3.17b）より，最大せん断応力τ_1，最小せん断応力τ_2は以下のようになる。ただし，両者は以下の式からわかるように，その大きさは等しく作用方向が異なるのみである。

$$\tau_1 = \frac{1}{2}\sqrt{(\sigma_x - \sigma_y)^2 + 4\tau_{xy}^2} = \frac{1}{2}(\sigma_1 - \sigma_2)$$
$$\tau_2 = -\frac{1}{2}\sqrt{(\sigma_x - \sigma_y)^2 + 4\tau_{xy}^2} = -\frac{1}{2}(\sigma_1 - \sigma_2)$$
.... (3.21)

式（3.18）と式（3.20）は$2\phi_n$と$2\phi_t$が直交することを意味している。すなわち，最大・最小せん断応力面は主応力面と45°の傾きをなすことがわかる。また，式（3.20）もϕ_tを（$\phi_t + \pi/2$）と置き換えても成立するため，最大せん断応力面と最小せん断応力面も互いに直交することになる。

誘導の過程は省略するが，3次元応力状態においては，直交座標系xyzに対する6つの独立な応力成分σ_x，σ_y，σ_z，τ_{xy}，τ_{yz}，τ_{zx}が与えられれば，式（3.22）を解くことにより3つの主応力σ_1，σ_2，σ_3が求められる。

$$\begin{vmatrix} \sigma_x - \sigma & \tau_{xy} & \tau_{zx} \\ \tau_{xy} & \sigma_y - \sigma & \tau_{yz} \\ \tau_{zx} & \tau_{yz} & \sigma_z - \sigma \end{vmatrix} = 0 \quad \cdots\cdots\cdots\cdots\cdots\cdots\cdots\cdots\cdots\cdots\cdots (3.22)$$

また，得られた主応力の値を式（3.23）に代入し，式（3.24）と連立して解くことにより，主応力の方向のx, y, z軸に対する方向余弦l, m, nが求められる。

$$\begin{Bmatrix} \sigma_x - \sigma & \tau_{xy} & \tau_{zx} \\ \tau_{xy} & \sigma_y - \sigma & \tau_{yz} \\ \tau_{zx} & \tau_{yz} & \sigma_z - \sigma \end{Bmatrix} \begin{Bmatrix} l \\ m \\ n \end{Bmatrix} = 0 \quad \cdots\cdots\cdots\cdots\cdots\cdots\cdots (3.23)$$

$$l^2 + m^2 + n^2 = 1 \quad \cdots\cdots\cdots\cdots\cdots\cdots\cdots\cdots\cdots\cdots\cdots\cdots\cdots\cdots\cdots (3.24)$$

3.4　応力集中

図3.8に示すように，構造部材に断面形状や寸法の急変，溝，孔などが存在すると，応力状態が乱され，局部的に高い応力が生じる。このような現象を応力集中と呼ぶ。

一般に，応力集中の程度を表わすために，応力集中部で生じる最大応力σ_{max}の基準応力σに対する比が用いられる。この比を応力集中係数αあるいは形状係数K_tと呼ぶ。

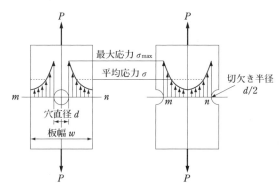

図3.8　円孔や円弧切欠きが存在する場合の応力分布

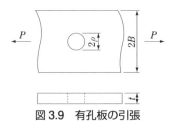

図 3.9　有孔板の引張

$$\alpha\ (\text{または}K_t) = \frac{\sigma_{max}}{\sigma} \quad\cdots\cdots\cdots\cdots\cdots\cdots\cdots\cdots\cdots\cdots\cdots\cdots\cdots\cdots\cdots\cdots\cdots\cdots\cdots\cdots\cdots\cdots (3.25)$$

基準応力としては，部材に存在する孔や切欠きを無視した総断面応力 σ_g あるいはそれらを考慮した純断面応力 σ_n のいずれかが用いられる。例えば，**図3.9**に示す厚さ t，幅 $2B$ でその中央に直径 2ρ の円孔を持つ帯板が引張力 P を受ける場合には，基準応力として

$$\text{総断面応力}：\sigma_g = \frac{P}{2Bt}, \quad \text{または} \quad \text{純断面応力}：\sigma_g = \frac{P}{(2B-2\rho)t}$$

を用いることが考えられる。明確に定められた応力であれば，どちらを用いても問題ない。

比較的単純な形状のものに対しては，応力集中係数の算定式が求められており，それらを取りまとめた書籍もある。代表的な応力集中の算定式を**表3.1**に示す。

鋼材のように塑性変形した後に破断するような材料の場合，外力が増加するにつれて応力集中部から徐々に塑性変形が進行する。塑性化した部分は三軸応力状態となっており，これが材料のくびれを拘束するため，破壊強度が増加する。このように，大きな塑性変形ができる切欠き材（応力集中部を有する部材）の破壊強度が平滑材の強度よりも高くなる現象を切欠き強化現象と呼ぶ。

表 3.1 代表的な応力集中の公式

条件	説明図	応力集中係数
中央に1個の円孔を持つ帯板の引張（圧縮）		$\sigma_0 = \dfrac{P}{(2b-2\rho)t}$ $\alpha = \dfrac{\sigma_{\theta A}}{\sigma_0} \cong 2 + \left(\dfrac{b-\rho}{b}\right)^2$
中央に1個の楕円孔を持つ無限板の引張（圧縮）		$\alpha = \dfrac{\sigma_{xA}}{\sigma_0} = \left(\dfrac{2b}{a}+1\right)$ $= 1 + 2\sqrt{\dfrac{b}{\rho}}$ （厳密解）
両側に深いU型および浅い円弧ノッチを持つ帯板の引張（圧縮）		$\alpha = 1 + \left[\dfrac{\dfrac{B}{b}-1}{\left(1.55\dfrac{B}{b}-1.3\right)}\dfrac{b}{\rho}\right]$ 指数 n は B/b および d/ρ の値によって0.5〜1.0の範囲にあり，次のように置くことができる． $n = \dfrac{\left(\dfrac{B}{b}-1\right)+0.5\sqrt{\dfrac{d}{\rho}}}{\left(\dfrac{B}{b}-1\right)+\sqrt{\dfrac{d}{\rho}}}$ （実験式） 基準応力は最小断面における平均応力とする．
両側にフィレットを持つ帯板の引張（圧縮）		$\alpha = 1 + \left[\dfrac{1}{\left(2.8\dfrac{B}{b}-2\right)}\dfrac{B-b}{\rho}\right]^{0.65}$ $= 1 + \left[\dfrac{1}{\left(2.8\dfrac{B}{b}-2\right)}\dfrac{h}{\rho}\right]^{0.65}$ （実験式）

3.5　はりの曲げ応力

　はりに正の曲げモーメントが作用すると，図3.10に示すように変形するが，これは上側の繊維が圧縮されて縮み，下側の繊維は引張られて伸びるからである。上側の縮む繊維から下側の伸びる繊維への移り変わりの途中には，伸び縮み0の繊維がなければならない。この伸び縮み0の繊維からなる面を中立面と呼び，一つの繊維を中立軸と呼ぶ。

　図3.11（a）に示すように，あるはりにおいて距離dxを隔て互いに平行で

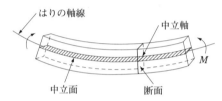

図3.10　はりの曲げ変形と中立面・中立軸

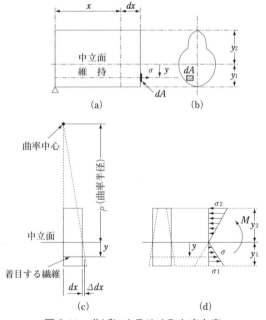

図3.11　曲げによるひずみと応力度

あった2つの断面で切り取られる部分の変形を考える。なお，はりの断面は荷重を受けて変形した後にも平面を保つものと仮定する。この仮定は平面保持の仮定，あるいはBernoulli-Navier（またはBernoulli-Euler）の仮定と呼ばれる。

この部分に曲げモーメントが作用すると，平面保持の仮定から，図3.11 (c) に示すように平面を保ちながら傾斜するとともに，長さ方向の繊維は曲率を持つことになる。ここで，中立軸から距離yの位置にある断面上の1点を考え，この点を通る繊維に生じるひずみεを求めれば，図形の性質から，

$$\varepsilon = \frac{\Delta dx}{dx} = \frac{y}{\rho} \quad \cdots\cdots\cdots (3.27)$$

を得る。繊維を弾性体と仮定すれば，このひずみを生じさせる応力は，フックの法則より，

$$\sigma = E\varepsilon = E\frac{\Delta dx}{dx} = \frac{E}{\rho}y \quad \cdots\cdots\cdots (3.28)$$

となる。一つの断面においてE/ρは定数であるから，断面内の応力は中立軸からの距離yに比例することになる。

図3.11（b）に示す面積要素dAに作用する応力をσとすると，この面積要素にはσdAの力が働くことになるが，この力の中立軸まわりのモーメント$y\sigma dA$を全断面で合成したものが曲げモーメントMであるから，式（3.28）を考慮すると，

$$M = \int y\sigma dA = \frac{E}{\rho}\int y^2 dA \quad \cdots\cdots\cdots (3.29)$$

式（3.29）の積分値は断面の形状・寸法により決まる定数で，断面2次モーメントと呼ばれ，一般に記号Iで表わされる。

式（3.29）の積分値をIで置き換え，式（3.28）を整理すると，曲げモーメントMをうける断面において中立軸からの距離がyである点の応力σは，

$$\sigma = \frac{M}{I}y \quad \cdots\cdots\cdots (3.30)$$

で求められる。

σの最大値は中立軸から最も遠い縁（断面の上下縁）において生じるが，その応力を縁応力（あるいは縁端応力）と呼ぶ。中立軸から上下縁までの距離（縁端距離と呼ぶ）をそれぞれy_1，y_2とすれば，対応する縁応力σ_1，σ_2は

式（3.30）より以下のようになる．

$$\sigma = \frac{M}{I}y_1 \text{（圧縮）}, \quad \sigma = \frac{M}{I}y_2 \text{（引張）} \quad \cdots\cdots (3.31)$$

断面2次モーメントIを縁端距離y_1（あるいはy_2）で除した値は断面係数と呼ばれ，Wで表わされることが多い．断面係数を用いて式（3.31）を書き換えれば，

$$\sigma = \frac{M}{W_1} \text{（圧縮）}, \quad \sigma = \frac{M}{W_2} \text{（引張）} \quad \cdots\cdots (3.31)$$

となる．ここで，$W_1 = I/y_1$，$W_2 = I/y_2$である．

3.6　数値解析手法

近年，計算機の高速化や大容量化に伴って，材料力学，構造力学，地盤力学等の固体力学分野に限らず，流体力学，移動現象論，電磁気学等，様々な分野で数値解析手法が活発に用いられるようになってきている．一般に現象の数理モデルは微分方程式で表わされるため，こうした数値解析手法ではそれを離散化して得られる代数方程式をコンピュータで解くことになる．独立変数が空間と時間の場合には，離散化は両者に対して必要となる．

空間に関する代表的な離散化手法としては，差分法（FDM：Finite Difference Method），有限要素法（FEM：Finite Element Method），境界要素法（BEM：Boundary Element Method）などがある．利用者の立場で各手法の特徴をまとめると，**表3.2**のようになる．一方，時間に関する離散化には，差分法を用いた陽解法や陰解法が一般的である．

3.6.1　有限要素法概説

前述の各種数値解析手法のうち，疲労寿命の評価に際して必要となる応力解析に対してもっとも一般に用いられているのは，有限要素法であろう．現

表3.2　数値解析手法の比較

手法	対象		境界条件		外形形状	入力量	汎用ソフト
	構造	流体	全般	無限領域			
FEM	◎	○	◎	△	◎	○	◎
BEM	○	△	○	◎	◎	○	△
FDM	△	◎	○	△	○	○	○

在ではMARC，ABAQUS，ADINA，ANSYS等，多くの汎用有限要素解析ソフトウェアが市販されており，入出力を効率的に行うためのプリポストプロセッサも整備されてきたため，計算機の性能向上とあいまって，パソコンでもかなり大規模な応力解析が比較的容易に実施できる状況にある。有限要素法は，元来構造（特に航空機）解析の概念として開発されたものであるが，その概念はいまや熱伝導や流体力学など各種の問題に適用されている。

有限要素法に関する書籍は数多く出版されているため，ここでは応力解析における理論，モデル化や解析手順の概要を以下に示す。すなわち，汎用ソフトを用いる場合にも，最低限この程度は知っておく必要があると考えられる事柄を以下に示す。

(1) 連続体である構造を，節点においてのみ結合された有限個の要素の集合と考える。
(2) 変位法では，節点の変位（並進と回転を含む）$\{u\}$ を未知数と置く。
(3) 要素内の変位分布（変位関数）を仮定する。1次要素では変位が座標の1次関数で表わされるため，変位の1次微分で表わされるひずみと応力は要素内で一定となる。したがって，応力変化の大きい部位で分割を密にしなければならない。
(4) 仮想仕事の原理などから，個々の要素の剛性を求める。
(5) 個々の要素剛性の総和として，構造全体の剛性マトリックス $[K]$ を計算する。
(6) 入力荷重を節点に振り分け，荷重ベクトル $\{f\}$ を計算する。
(7) 以上で剛性方程式 $[K]\{u\} = \{f\}$ が定まる。
(8) 剛性方程式に拘束条件を反映させる。単純には，拘束自由度に対応する行と列を削除する。
(9) その結果得られる剛性方程式は，$\{u\}$ を未知数とする多元連立1次方程式となり，適切な数値解法で変位を計算する。入力の拘束条件が不十分であると，ここで解が求められない。これは剛体変位が生じていることを意味する。
(10) 得られた変位から，仮定した変位関数に戻って各要素のひずみと応力を計算する。
(11) さらに，変位を剛性方程式に代入して，拘束された節点の反力を計算する。

3.6.2 有限要素法による応力解析実施時の留意事項

現在では，有限要素法による応力解析の実施には市販の汎用ソフトを用いるのが一般的であろう。汎用ソフトを用いることにより，その操作方法を修得すれば，入力した条件に対して容易に解を得ることが出来る。しかし，当然のことながら，得られる解は入力条件によって変わることを認識しておく必要がある。

汎用ソフトを用いて応力解析を行う場合の具体的な作業は以下のようになる。

(1) 実構造を有限要素に分割（メッシュ分割）する。

この段階で，モデル化の範囲，使用要素，メッシュ分割を決める必要がある。

(2) 用いた各種要素および材料の特性を定義する。

使用する要素のタイプにより入力すべきパラメータは異なる。例えば，はり要素であれば断面積，断面二次モーメント，ねじり定数等であるのに対し，シェル要素であれば板厚である。静的な弾性応力解析であれば，入力が必要な材料定数は弾性係数，ポアソン比の2つである。

(3) モデル化した構造体に境界条件（載荷条件，拘束条件）を設定する。

使用した要素の節点自由度に応じて，設定する必要がある。一般に，節点自由度の最大は6であり，直交座標系ではXYZ各軸方向の変位（並進3自由度），および各軸周りの回転（回転3自由度）である。

(4) 解析を実施する。

各種非線形性を考慮した解析を行う場合には，そのための数値解析手法や収束条件を設定する必要がある。

(5) 解析結果を図や数値で表示する。

変形図，応力やひずみのコンター図等を表示することが多い。

これらの各手順のうち，特に注意が必要な (1) と (3) の内容について，以下に解説する。

＜要素タイプとメッシュ分割について＞

まず，何を求めたいのかを明確にしておく必要がある。例えば，疲労の検討を行いたい部位近傍に発生する公称応力，切欠き等における応力集中度

が考えられる．それに応じて，使用する要素のタイプや寸法（メッシュ分割）を決めなければならない．骨組構造を例に取れば，公称応力を求めることが目的であれば，柱－はり要素でモデル化すれば十分であるが，構造的な応力集中を考慮した応力を求める必要があれば，少なくとも着目部位近傍はシェル要素でモデル化しなければならない．さらに，溶接部の形状を考慮した局部応力を求めたい場合には，ソリッド要素を用いることになる．

　要素分割については，一般に4角形の格子状とし3角形の利用は最小限とすること，要素の縦横比を1：1から1：3程度に，要素寸法変化率が2倍以下の分割パターンとすることが望ましいとされている．それ以外に，経験的あるいは力学的に推奨できる分割の目安を以下に示す．

・骨組構造の要素分割

　最低でも，部材の拘束点，部材と部材の接合点，部材寸法の変化点，集中荷重作用点，分布荷重の両端に節点を設ける．さらに，要素間で長短の差が大きければ長い要素の分割，分布荷重があればその間で4要素以上の分割などを行う．

・板構造や一般3次元体構造の要素分割

　断面内の要素寸法は，主に軸力を受ける断面の場合には板厚の1/1～1/4，主に曲げを受ける断面の場合には板厚の1/3～1/6とする．

・シェル構造の要素分割

　周方向と子午線方向の要素寸法を $(0.1～0.3)\sqrt{R \cdot t}$（ただし，$R$：シェルの半径，$t$：板厚）とする．また，周方向についてはさらに15度以下とする．

・角の丸みをrとする応力集中部の要素分割

　丸みに沿う要素の寸法を$r/5$以下（90度の範囲を8分割以上）とする．さらに，表面から3～4層は格子状に分割する．

・荷重点近傍の要素分割

　荷重点近傍の応力を求める場合，要素寸法は荷重幅の1/5～1/10とする．ただし，荷重点を1点とみなして全体的応力分布を求める場合には1節点でよい．

＜境界条件の設定について＞

　有限要素法で用いられる拘束は，その物理的意味から以下の3つに分類される．いずれの拘束も節点自由度のいくつかを拘束する点は共通である．

表3.3 対称面における拘束自由度

区分	対称性の方向, 座標	変位 X, R	変位 Y, θ	変位 Z, φ	回転 X, R	回転 Y, θ	回転 Z, φ
軸対称問題	$R\theta Z, R\theta\phi$ 座標（軸対称要素を除く）	-	拘束	-	拘束	-	拘束
対称問題	YZ面対称（X軸対称）	拘束	-	-	-	拘束	拘束
対称問題	ZX面対称（Y軸対称）	-	拘束	-	拘束	-	拘束
対称問題	XY面対称（Z軸対称）	-	-	拘束	拘束	拘束	-
逆対称問題	YZ面逆対称（X軸逆対称）	-	拘束	拘束	拘束	-	-
逆対称問題	ZX面逆対称（Y軸逆対称）	拘束	-	拘束	-	拘束	-
逆対称問題	XY面逆対称（Z軸逆対称）	拘束	拘束	-	-	-	拘束

(a) 実構造の境界への設定条件

各種構造物の基礎ボルトによる固定，軸受けやローラー支点による特定方向の固定などがある．また，荷重条件としての変位や回転（強制変位）を境界条件として与えることもある．

(b) 仮想的な境界への設定条件

対称性のある荷重および構造の対称線（面）を境界として適切な拘束条件を与える場合，対象構造の一部を解析する場合の領域端部に拘束条件を与える場合などが対応する．

前者に関しては，問題の種類や対称性の方向等に応じて，**表3.3**に示すような拘束条件を与えればよい．後者に関しては，仮想的な境界にどのような拘束を与えるかについて，力学的な視点から十分な検討を行う必要がある．

(c) 有限要素法に特徴的な設定条件

一般に，構造全体をモデル化する場合には，実構造における拘束をすべて考慮すれば十分である．しかし，空を飛んでいる飛行機，海に浮く船体のように，荷重のみでつり合いを保っている場合には，数値計算上剛体移動が生じ得る．このような場合には，そうした剛体変位や剛体回転を防止するために，付加的な拘束条件を設定する必要がある．

第4章
疲労破壊メカニズムと疲労破面

本章では，疲労破壊が他の破壊（延性的，ぜい性的など）とどのような違いや特徴を有するかについて紹介するとともに，破面（破壊した断面）から得られる定性的あるいは定量的な情報が破損原因調査に重要であることを解説する。

4.1 疲労破壊のメカニズム

疲労破壊の外見上の大きな特徴は，延性材料であっても巨視的な塑性変形を起こすことなく破壊することである。そのため，突然破壊するという印象が強い。以下に鉄鋼など延性金属材料の疲労破壊メカニズムを説明する。

図4.1に示すように，繰返し応力を受けた金属表面には，せん断応力によりすべり帯が発生し，それが繰返し応力とともに発達し，入り込みや突き出しといった微視的な表面凹凸が生じ，き裂が発生じる。一般にき裂がせん断応力により材料内部に進展する過程を第Ⅰ段階のき裂進展，それに続く引張

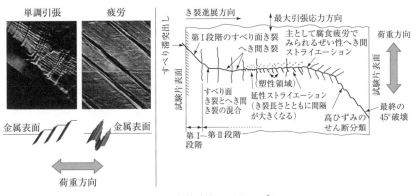

図4.1 疲労破壊のメカニズム

応力に垂直な方向へのき裂進展を第Ⅱ段階のき裂進展という。き裂の発生は必ずしも結晶粒内のみでなく場合によっては粒界に沿って発生・進展することもあるが，いずれにしても第Ⅰ段階のき裂はせん断すべりによるものであり，その大きさは1結晶粒程度である。第Ⅱ段階のき裂進展は材料組織の影響をあまり受けず，力学的因子に支配される。その結果，き裂は荷重にほぼ垂直な方向に進展する。代表的な進展機構は微視的な縞模様として知られるストライエーション（striation）形成による進展機構である。また，巨視的にはビーチマーク（beach mark）或いはシェルマーク（shell mark）と呼ばれる貝殻状模様が破面に見られることがある。

一般に疲労き裂は応力集中部から発生するので切欠き部や欠陥（特に表面欠陥）に注意することが肝要である。具体的には発生応力の変動範囲が大きい部位に切欠きなどの応力集中の要因となるものは，設計段階では避けるようにし，製造段階では応力集中を緩和することが重要である。また，溶接部においてはすみ肉溶接や突合せ溶接の溶接止端部は応力集中源の最たるものであり，疲労強度設計上は発生応力の大きい部位に溶接部を設けることはできるだけ避けるべきである。また，言うまでもないが基本的な疲労強度を確保できなくなるき裂上の溶接欠陥は特に避けるべきである。

応力集中の小さい平滑部から疲労破壊する場合，疲労寿命は疲労き裂が発生するまでにそのほとんどが費やされる。一方，溶接止端部（鋭い切欠き部）からき裂が発生する場合，疲労寿命は疲労き裂が発生するまでよりも発生した疲労き裂が進展して部材が破断に至るまでの方が多く費やされる。これらの特徴は疲労S-N曲線の特性（対数表示S-N曲線の勾配）に影響を及ぼす。

4.2　疲労破壊の巨視的様相

一般に疲労き裂が生じた材料に外観上大きな塑性変形は生じず，き裂だけが進展しているような場合が多い。破面の特徴としては，一般に平滑であり，**図4.2**に示すようにビーチマークと呼ばれる貝殻状模様が見られることである。ビーチマークは，一定期間ごとに平均応力または応力振幅が変動したとき，それに対応してき裂進展速度が変わるために破面に濃淡ができることによって形成される。この模様をたどっていけば疲労き裂の起点を推定できるので，その近傍に疲労強度を低下させる欠陥などがないか調査すれば疲

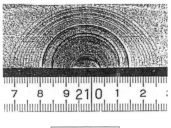

ビーチマーク

マクロ破面の特徴(応力の変動により生じる。)

図 4.2　ビーチマーク

労破壊の原因究明に役立つ。

4.3　疲労破壊の微視的様相

疲労破面を顕微鏡で観察すると図4.3に示すようにストライエーションと呼ぶ縞模様が見える場合がある。このストライエーションの一つの縞は，応力1サイクルごとのき裂先端の鈍化・再鋭化によって形成される。したがって，破壊した部材の破面からストライエーションが検出されれば，それが疲労破壊した証拠となる。しかしながら，その逆は成立せず，疲労破壊した破面には必ずストライエーションが見られるとは限らないので注意を要する。

ストライエーションの縞模様間隔$\varDelta s$は微視的な疲労き裂進展速度と対応

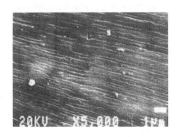

ストライエーション

ミクロ破面の特徴(負荷の繰返し1回ごとのき裂進展の痕跡)

図 4.3　ストライエーション

しているが，巨視的な疲労き裂の進展速度 da/dN とも一致している場合には部材に作用した繰返し応力範囲 $\Delta\sigma$ も推定でき，破損原因を究明する際に貴重な情報となる。

$$da/dN = \Delta s \quad\cdots\cdots\cdots\cdots\cdots\cdots\cdots\cdots\cdots\cdots\cdots\cdots\cdots\cdots\cdots (4.1)$$

$$da/dN = C \cdot (\Delta K)^m \quad\cdots\cdots\cdots\cdots\cdots\cdots\cdots\cdots\cdots\cdots\cdots (4.2)$$

ここで，da/dN：疲労き裂進展速度［m/cycle］
　　　　Δs：ストライエーション間隔［m/cycle］
　　　　ΔK：応力拡大係数範囲［MPa$\sqrt{m}$］
　　　　C, m：材料定数

式（4.1）および式（4.2）より，ΔK は次式となる。

$$\Delta K = (\Delta s/C)^{1/m} \quad\cdots\cdots\cdots\cdots\cdots\cdots\cdots\cdots\cdots\cdots\cdots (4.3)$$

ここで，ΔK は応力範囲 $\Delta\sigma$ を用いて一般に次式で表わされる。

$$\Delta K = \Delta\sigma (\pi a)^{1/2} \cdot f \quad\cdots\cdots\cdots\cdots\cdots\cdots\cdots\cdots\cdots (4.4)$$

ここで，a：き裂長さ（片側き裂）［m］
　　　　f：部材の寸法形状などで決まる係数

式（4.4）を式（4.3）に代入して $\Delta\sigma$ を求めると，

$$\Delta\sigma = \{(\Delta s/C)^{1/m}\} / \{(\pi a)^{1/2} \cdot f\} \quad\cdots\cdots\cdots\cdots (4.5)$$

となり，グローバルに発生していた応力範囲を推定できる。

ただし，式（4.1）が成立する範囲は限られており，実際にその材料で疲労き裂進展試験をして da/dN と Δs との対応関係を確認しておく必要がある。なお目安として通常の延性材料の場合，da/dN が $10^{-7} \sim 10^{-6}$ m/cycle 前後の範囲で Δs とほぼ一致するという調査結果[1]がある。

4.4　破面情報の活用

破面観察により，疲労破壊かどうかを判定できる他，そのビーチマークなどから破壊起点位置がわかり，溶接部の場合には欠陥の有無から溶接品質に問題がなかったかどうかも判断することもできる。さらに，疲労き裂の発生位置や進展状況から，破壊を招いた負荷形式がどのようなものか（軸力，曲げ，せん断など）を推測することもできる。そのため，破面はできる限りそのままの状態で保存するか，少なくとも写真などで記録しておくことが疲労破壊に限らず破壊原因の究明に役立つ。

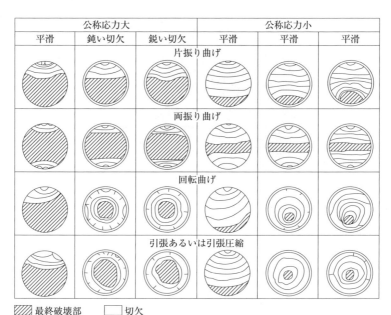

図 4.4 負荷形式と疲労破面の関係

　負荷形式（曲げ，引張圧縮）と疲労破面の関係について丸棒試験片を例として示した模式図[2]を**図4.4**に示す。これらの特徴をまとめると次のようになる。

(1) き裂の発生位置
　・軸力（引張・圧縮）疲労：き裂は外表面の周上どこからでも生じる。
　・曲げ疲労（両振り）：き裂は外表面両側の応力の高い位置から生じる。
　・回転曲げ疲労：き裂は外表面の周上どこからでも生じる。
(2) き裂の進展方向
　・き裂の進展方向は最大主応力に対して垂直な方向である。
　・試験片軸に対してき裂が垂直に進むもの：引張圧縮，曲げ，回転曲げ
(3) 応力の大きさ
　・負荷応力が大きいほど，破面全体の面積に対して最終破断部の面積の占める割合が大きい。
　・き裂発生点の数は負荷応力の大きい方が多い。
(4) 応力集中の影響
　・切欠き等の応力集中があると，低い応力でもき裂が発生・進展するので

図 4.5　ねじり疲労破面の例

最終破断部の面積が小さくなり，破面全体の面積に対する疲労破面の占める面積が大きい。
・切欠き底では応力集中により，公称応力と比較して応力が大きくなっているため，き裂の起点が多くなる傾向がある。

ねじり疲労の破面についても丸棒試験片では次のような特徴がある。
・き裂は外表面の周上どこからでも入る。
・試験片軸に対してき裂は45°方向に進む。

図4.5に軸の切欠き部でねじり疲労破壊した断面の例を示す。破面は菊の花びらのような模様となっているが，軸表面近傍を詳細に観察すると，軸に対して±45°方向に初期き裂が発生している様子が確認される。

参考文献

1) 小寺沢：フラクトグラフィとその応用，日刊工業新聞社，1981.
2) 日本機械学会：技術資料 機械・構造物の破損事例と解析技術，丸善，1984.
3) 中村，堀川：金属疲労の基礎と疲労強度設計への応用，コロナ社，2008.

第 5 章
金属材料の疲労強度

本章では金属材料の疲労に関する基礎知識について記す。5.1節では疲労強度の特性を表すS-N線図（S-N曲線）と疲労強度に関する用語の定義，5.2節では実験室において実施される疲労試験法と試験結果の統計処理方法について記す。さらに5.3節では材料の引張強度や応力集中，平均応力等が疲労強度に及ぼす影響について記すとともに，5.4節では実構造物が受ける不規則な変動荷重の取り扱いについて記した。5.5節では降伏応力を超える繰返し応力が作用し数万回以下の繰返し数で破断する低サイクル疲労の考え方を述べ，5.6節では回転体など1,000万回を超える繰返し荷重を受ける部材の疲労強度特性および損傷のメカニズムについて述べる。

5.1 S-N曲線とパラメータ

材料の疲労強度は図5.1に示すような上限応力 σ_{upp} と下限応力 σ_{low} 間の一定振幅の規則的な繰返し応力を与えた場合の破断に至るまでの繰返し数によって表される。図5.1の σ_a を応力振幅，σ_m を平均応力，$\Delta\sigma$（もしくは σ_R）を応力範囲と称し，σ_a および σ_m は以下の式で与えられる。また下限応力と上限応力の比を応力比 R という。

$\sigma_a = (\sigma_{upp} - \sigma_{low})/2$
$\sigma_m = (\sigma_{upp} + \sigma_{low})/2$
$\Delta\sigma = \sigma_{upp} - \sigma_{low}$
$R = \sigma_{low}/\sigma_{upp}$

図5.2に応力比Rの異なるいくつ

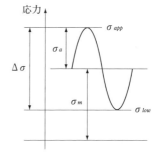

図 5.1　繰返し応力に関する用語の定義

かの応力波形を示す。R＞0の繰返し応力は部分片振，R＝0は完全片振り，R＝−1は完全両振りと呼ばれる。通常，材料の疲労試験はR＝0もしくはR＝−1で行われることが多い。

疲労寿命はσ_aおよびRに依存するが，σ_aの依存性が大きい。応力振幅σ_aと破断繰返し数Nの関係を表す曲線をS-N曲線（またはヴェラー曲線）といい，設計に幅広く用いられている。S-N曲線は縦軸にσ_a（または$\log(\sigma_a)$），横軸に$\log(N)$をとるが，後述するように溶接継手等の試験の場合は，縦軸に応力振幅ではなく応力範囲を取るのが慣例である。各種のデータを利用する際には，縦軸にσ_aあるいは$\Delta\sigma$のどちらが用いられているのかに注意する必要がある。

図5.3に代表的なS-N曲線を示す。なお，図中の実験点に付された右向きの矢印は実験点が記された繰返し数まで未破断であったことを示している。一般に応力振幅σ_aが大きいほど破断までの寿命が短く，S-N曲線は右下がりの曲線となる。図5.3(a)に示すように炭素鋼などの鉄鋼材料では，ある応力振幅以下ではS-N曲線が水平に折れ曲がり，それ以下の応力振幅σ_aをいく

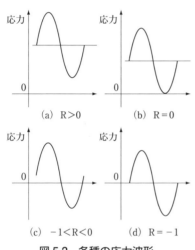

図 5.2　各種の応力波形

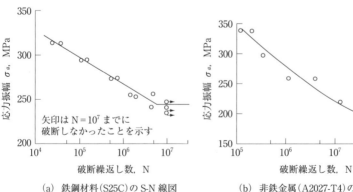

(a) 鉄鋼材料(S25C)のS-N線図　　(b) 非鉄金属(A2027-T4)のS-N線図

図 5.3　代表的な S-N 線図[1]

ら繰返しても破断しなくなる。このような破断が生じなくなる限界の応力振幅σ_aあるいは応力範囲$\Delta \sigma$を疲労限度もしくは耐久限度と称する。通常，折れ曲がりは繰返し数が$10^6 \sim 10^7$回で見られ，傾斜部と水平部の境は限界繰返し数といわれる。一方，図5.3（b）に示すような非鉄金属では明確な折れ曲がりの挙動を示さず，繰返し数が10^7回を超えても，疲労限度は生じない。そのため，このような材料においては特定の時間（繰返し数）に対する強度，例えば2×10^6回疲労強度あるいは10^7回疲労強度が設計に用いられる。

一般に，1×10^4回以下で破断する領域を低サイクル疲労と称し，5.5節にて詳細を説明する。それ以上の繰返し数で破断する領域を高サイクル疲労と称する。さらに10^7回を超える繰返し数において破断する領域を超長寿命疲労として5.6節で説明する。

疲労限度以下の繰返し応力で未破断の試験片の表面を観察すると，すべり帯が発生し微視き裂が観察される場合がある。そのため疲労限度の物理的な意味は微視き裂を発生させない応力ではなく，微視き裂を進展させない限界の応力とされることもある。

5.2 疲労試験法

5.2.1 疲労試験機

材料の繰返し応力下における強度を明らかにするため，疲労試験機を用いて疲労試験が行われる。疲労試験（変位制御を含む）を負荷形態で分類すると軸荷重疲労試験，回転曲げ疲労試験，平板曲げ疲労試験，ねじり疲労試験，多軸疲労試験，超音波疲労試験などになる。また，環境が疲労強度に与える影響を明らかにするため，電気炉等を用いた高温疲労試験や人工海水等に浸漬した状態で繰返し荷重を与える腐食疲労試験もある。回転曲げ試験機やねじり疲労試験機は主として電動モータを動力とし，軸荷重試験機は電気油圧サーボ式が多い。超音波試験機は試験機と試験片の系を共振させることにより，試験片にひずみを生じさせ，高周波数での疲労試験を行うことができるようにした試験機である。

これらの試験の多くは図5.4（a）に示すように振幅が一定の正弦波形による応力（またはひずみ）を一定の周波数で与え，試験片が破断するまでの繰返し数を求める。また図5.4（b）に示すような実構造物の応力変動に対する

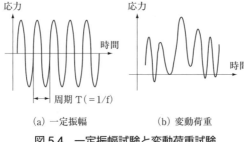

図 5.4　一定振幅試験と変動荷重試験

疲労寿命を求めるための変動荷重疲労試験もある。疲労試験は特に注意書きが無い限り室温大気中にて行われる。通常の疲労試験では試験時間の制約から，繰返し数の上限を 1×10^7 回程度としている。ただし，10^7 回を超える繰返し数において破断する領域を対象とする超高サイクル疲労試験の場合は打ち切り限界を 1×10^9 回程度としている。

　疲労試験の繰返し周波数は試験機や応力条件によって異なる。回転曲げ試験機の場合，速度は電動モータの回転数に依存し，50〜60Hzであることが多い。油圧を用いた軸荷重疲労試験機の繰返し周波数は試験機の油圧源の容量と試験条件に伴うアクチュエータの変位振幅量により決まるが，一般的な試験機では数十Hz程度が限界である。超音波疲労試験機では共振周波数が繰返し周波数となり，試験片の形状や大きさの制限から 2×10^4 Hzであることが多い。また電気油圧サーボ疲労試験機の中には加振速度が 1×10^3 Hz程度で加振することのできる高速な疲労試験機も存在するが，繰返し速度を上げると材料の内部摩擦による発熱が生じ，試験片の温度が上がるため，疲労強度が上昇する傾向にある。そのため疲労試験は発熱が生じない周波数の領域で行うか，試験片を冷却しながら行う必要がある。通常金属材料においては発熱等の現象がない限り，6000Hz程度までは周波数が疲労強度に与える影響は小さいとされている[2]。

5.2.2　一定振幅応力試験と繰返し硬化・軟化

　通常，高サイクル疲労試験は一定の応力振幅下で行われる。図5.5に応力振幅を一定に制御した両振り試験中の材料の応力−ひずみ挙動の一例を示す[3]。上限応力が材料の降伏応力 σ_Y 以下であっても，疲労試験開始直後の応力ひずみ関係は完全な弾性挙動ではなく，わずかな塑性ひずみを伴うこと

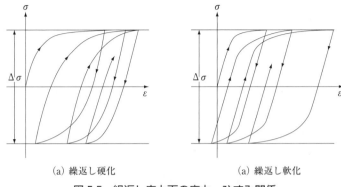

(a) 繰返し硬化　　　　　　　　(a) 繰返し軟化

図 5.5　繰返し応力下の応力—ひずみ関係

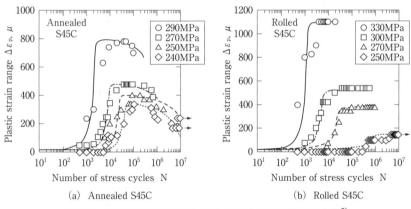

(a) Annealed S45C　　　　　　(b) Rolled S45C

図 5.6　S45C の繰返し軟化に伴う塑性ひずみ範囲の変化[3]

が多い。また繰返しに伴い平均ひずみも徐々に累積して増加する。材料によっては疲労試験の初期に図5.5（a）に示すように応力の繰返しとともに1サイクルのひずみ範囲は次第に減少する。このような挙動を繰返し硬化と称し，焼なまし材などで見られる。一方，図5.5（b）は応力の繰返しとともに1サイクルのひずみ範囲が増加する。このような挙動は繰返し軟化と呼ばれ，熱処理材や冷間加工等による加工硬化した材料に見られる。繰返し硬化もしくは軟化挙動は破断寿命 N_f の20～50％程度の繰返し数までにほぼ飽和する（**図5.6**参照）。

5.2.3　疲労試験法に関する規格および基準

　材料の疲労試験については，JISおよびISO等の規格（関連するものを含

む)として標準化されているものがある。2008年10月現在においては以下の規格等があり，試験片形状や試験方法等が記されている。

JIS Z 2273：1978　金属材料の疲れ試験方法通則
JIS Z 2274：1978　金属材料の回転曲げ疲れ試験方法
JIS Z 2275：1978　金属平板の平面曲げ疲れ試験方法
ISO 1099：2006　金属材料－疲れ試験－軸力制御法
ISO 12106：2003　金属材料－疲れ試験－軸方向ひずみ制御方法
ISO 12107：2003　金属材料－疲れ試験－統計的計画およびデータ分析
ISO 12108：2002　金属材料－疲れ試験—疲労き裂進展試験
ISO 1143：1975　金属－回転曲げ疲れ試験
ISO 1352：1977　鋼－ねじり応力試験
ISO 4965：1979　軸荷重疲れ試験機　動的荷重の校正（ひずみゲージによる方法）

また溶接継手としては以下の規格がある。

JIS Z3103：1987　アーク溶接継手の片振り引張疲れ試験方法
JIS Z3138：1989　スポット溶接継手の疲れ試験方法
ISO 14324：2003　抵抗スポット溶接－溶接部の破壊試験－スポット溶接継手の疲労試験方法

一例としてJIS Z 2274金属材料の回転曲げ疲れ試験方法において示される試験片の形状を図5.7に示す[4]。材料の疲労試験は，材料自体の疲労強度を明らかにする目的から，加工による表面粗さの影響を取り除くため，試験片表面は鏡面仕上げがなされている。また試験片の寸法は，試験機容量の制約

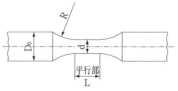

(a) 1号試験片

記号	d (mm)	R	L
1-6	6		
1-8	8	3d以上	2d以上
1-10	10		
1-12	12		

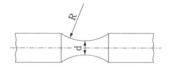

(a) 2号試験片

記号	d (mm)	R
2-6	6	
2-8	8	5d以上
2-10	10	
2-12	12	

図5.7　JIS2274で規定される試験片形状の一例[4]

から直径10mm程度であることが多い。一方，実機や構造物の部材は黒皮のままや切削もしくは研削加工が一般的であり，部材の寸法も数十mm～数百mmである。実際の部材の寸法や表面粗さの状態が材料データを取得した試験片の状態と乖離している場合が多い。そのため実構造物の評価は，材料試験で得られた疲労強度に後述する表面粗さの影響係数や寸法効果を考慮して評価する。また，溶接継手の試験の場合は溶接部を除いて黒皮のままの試験片を用いることが一般的である。

5.2.4 S-N曲線の統計的性質と整理方法

　同一ロットの材料から多数の試験片を製作し，同一条件下の疲労試験を実施しても疲労寿命は大きなバラツキを伴う。図5.8に炭素鋼S25Cの応力レベルごとの疲労寿命のバラつきの例を示す[5]。このように多数の試験片を用いた実験結果から，図5.9に示すような破壊確率Pをパラメータとした P-S-N 曲線[4]を作成することで，材料強度のバラツキを考慮した疲労強度を求めることができる。曲線の折れ曲がり点より高い傾斜部の応力においては，疲労寿命のバラツキは対数正規分布もしくは2母数ワイブル分布に従う。一方，折れ曲がり点付近およびそれ以下の応力においては，疲労寿命が広い範囲でばらつくため，時間強度の分布を正規分布として扱うことが多い。応力レベルごとの疲労寿命の分布あるいは時間強度の分布に基づいて破壊確率に応じた応力と寿命の関係を求め，それらを曲線で結ぶことでP-S-N曲線が得られる。なお図5.9に示す破壊確率10％の曲線における疲労限度は，10個の製品

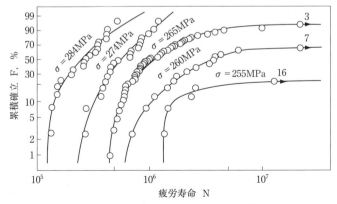

図5.8　疲労試験のばらつきの一例[5]

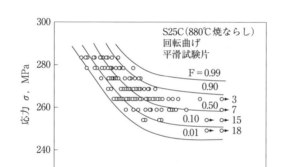

図 5.9　P-S-N 線図[5]

をこの応力で使用した場合に1個の製品が損傷する可能性があることを示している。そのため，製品や部材の重要度に応じて適切な破壊確率の曲線を用いる必要がある。

　P-S-N線図を求める際には実験に供した試験片の本数に応じた信頼度を考慮して破壊確率を求める必要がある。試験本数が少なければ，ばらつきの幅が過小に評価される可能性があり実験結果の信頼性が低い。試験数が少数の場合の信頼度を考慮した破壊確率の求め方については，日本機械学会基準S002「統計的疲労試験方法（改訂版）」等が参考となる。

　設計において必要とされるのは疲労限度の値であることが多い。疲労限度のばらつきの分布も正規分布に従うと考えてよい。疲労試験において疲労限度の分布を求める方法として，プロビット法，ステアケース法等が挙げられる。

　プロビット法は打ち切り限界応力繰返し数（たとえば10^7回）を設定した疲労試験を多数（50本程度）行い，応力レベルごとの破壊確率を求める。その際に試験の応力レベルは既存の実験結果を参考として，疲労限度の平均値の予測値σ_A，標準偏差sの予測値と同程度の応力階差dを仮定して，$\sigma_A \pm 2d$の範囲（階差dの5応力レベル）で疲労試験を行う。打ち切り限界回数に対する時間強度が正規分布に従うと仮定して，応力レベルごとの破壊確率を正規確率紙にプロットし，直線近似で破壊確率を求める。破壊確率Pが0.5に対する応力レベルが，疲労限度の平均値として与えられる。また破壊確率P = 0.841に相当する応力レベルと平均値の差が疲労限度の標準偏差に相当する。これにより破壊確率に応じた疲労限度を求めることができる。

ステアケース法もプロビット法と同様に打ち切り限界回数を設定した疲労試験を以下に記すルールのもとで多数（30本程度）行い，統計的な処理により疲労限度の平均値と標準偏差を求める手法である。なおプロビット法と比べて平均値の推定精度は優れているが，標準偏差の推定精度はプロビット法のほうが優れている。

(i) 疲労限度の平均値の予測値 σ_A にて1回目の疲労試験を行い，打ち切り限界回数までに破壊するか否かを求める
(ii) 前回の試験結果が打ち切り限界までに破壊した場合，応力レベルを階差 d だけ減少させた試験を打ち切り限界回数まで行い，破壊・非破壊を求める。一方，前回の試験が非破壊であった場合，次の疲労試験の応力レベルを階差 d だけ増加した試験を打ち切り限界回数まで行い，破壊・非破壊を求める。
(iii) 2本目以降，同様に(ii)の手順を試験本数分繰返す。破壊試験片数と非破壊試験片数の少ない方を n とする。仮に破壊試験片数が少なかった場合を考えると，応力レベルの低い順に σ_1, σ_2, σ_3, …とし，応力レベルごとの破壊した試験数を n_1, n_2, n_3…とする。この場合，疲労限度の平均値 σ_w と標準偏差 s は以下の式（5.1）で与えられる。

$$\sigma_w = \sigma_1 + d\left(\frac{\sum_{i=1} i \cdot n_i}{n} \pm 0.5\right)$$
$$s = 1.620d\left(\frac{n\sum_{i=1} i^2 \cdot n_i - (\sum_{i=1} i \cdot n_i)^2}{n^2} \pm 0.029\right) \quad \cdots\cdots\cdots(5.1)$$

なお，平均値を求める際の±の符号は非破壊試験を扱う場合は＋，破壊試験を扱う場合は－とする。

5.3 疲労強度に対する影響因子

5.3.1 材料・組織依存性

(1) 材料の引張強度・硬さと疲労限度の関係

材料の引張強さと疲労限度の値はバラツキがあるが，ほぼ比例関係にある。図5.10は炭素鋼の引張強度と疲労限度の関係[6]を示したものであり，負荷様式によって差はあるものの，引張強度の増加に伴い疲労限度が上昇する傾向にある。ただし，引張強度がある程度以上になると疲労限度の上昇は飽

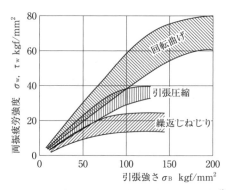

図 5.10 引張強度と材料の疲労限度の関係[6]

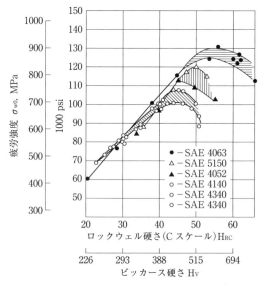

図 5.11 鋼材の硬さと疲労限度の関係[7]

和する傾向を示す．これは，材料の強度の増加に伴い，切欠き感受性が高くなり，材料内部の非金属介在物や欠陥等からき裂が発生・進展するためである．内在欠陥からの疲労き裂の発生については 5.3.8 項で述べる．

図5.11[7] に鋼材の硬さと疲労限度の関係を示す．材料のビッカース硬さ $Hv < 400$ の領域では，硬さ Hv と疲労限度 σ_w は比例関係にあり，以下の実験式により推定することができる[7]．

$$\sigma_w = 1.6 Hv \cdots\cdots\cdots\cdots\cdots\cdots\cdots\cdots\cdots\cdots\cdots\cdots\cdots\cdots\cdots\cdots\cdots\cdots (5.2)$$

ただし σ_w：MPa，Hv：kgf/mm^2

しかし，$Hv > 400$では材料が硬くなるにつれて切欠き感受性が増大し疲労強度が低下する。比例関係にある$Hv < 400$では，表面のすべりを基点として疲労き裂が生じるために硬さの増大とともに疲労強度が増加するが，$Hv > 400$では表面近傍や内在欠陥の微小な欠陥や非金属介在物を起点として疲労き裂が発生するため，疲労強度が飽和もしくは低下する。$Hv > 400$の硬い材料については，以下の式から疲労限度を推定することができる[8),9)]。疲労限度は硬さのみではなく，存在する可能性のある微小欠陥や非金属介在物の応力垂直面への投影面積の平方根が関係する。なお以下の式は鋼材に限らず，アルミ合金，ステンレス鋼，黄銅にも適用できることが確認されている。

$$\sigma_w = 1.43 \frac{Hv + 120}{(\sqrt{area})^{1/6}} \quad \quad (5.3)$$

ただしσ_w：MPa, Hv：kgf/mm^2, $area$：μm^2

溶接継手の200万回疲労強度と鋼材降伏応力の関係を**図5.12**に示す。このように溶接継手においては引張強度と長寿命域における疲労強度の相関は見られない[10)]。一方，低寿命域においては鋼材強度の差が現れ，鋼材強度の増加に伴い疲労強度も上昇する傾向にある。鋼材の強度が上昇しても長寿命域の溶接継手の疲労強度が変わらない理由としては，以下の要因およびそれらの組み合わせが考えられる。

(i) 鋼材強度が上昇しても切欠きを有する部材の疲労強度は切欠き感受性が高くなるために疲労限度が飽和する傾向にある。切欠き感受性については

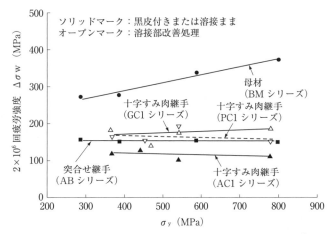

図5.12 鋼材の引張強度と溶接継手の疲労限度の関係[10)]

5.3.2項で述べる。溶接継手の大半は形状不連続に伴う応力集中部が存在するため鋼材強度が上昇しても，応力集中部の切欠き感受性が増加し疲労強度が飽和する。
(ii) 溶接部の疲労き裂発生の起点は，溶接止端部であることが多く，溶接による熱履歴により組織が変化してしまうため，鋼材強度の差が表れない。
(iii) 鋼材強度の上昇に伴い，降伏応力も増加するため溶接に伴う残留応力が増加し，疲労強度が低下する。

(2) 金属組織の影響

鉄鋼材料を含めて工業材料の大半は多結晶材料である。材料の生成過程において加熱温度や冷却時間を制御することで，結晶粒の大きさを制御し強度を高めることができる。一般に結晶粒径が小さいほど鋼の引張強度は高くなることから，それに伴い疲労強度も増加する。一方，疲労き裂の発生過程に着目すると，繰返し外力により材料表面に形成された入込みと突き出しからき裂が発生し，き裂長さが数結晶粒の大きさに成長するまでには微視組織の影響を受けながらせん断により進展する。この際に表面近傍に存在する結晶粒のうち，結晶方位が外力に起因する応力の方向と45度の方向をなした結晶に優先的にせん断変形が進む。この変形は表層の結晶粒界に達するまで継続し，隣の結晶粒の方位が異なっていた場合，き裂の進展が妨げられ，進展方向が湾曲または迂回するまでに時間を要することとなる。図5.13に調質鋼内の微小き裂の進展速度の変化を示す[11]。粒界においてき裂進展速度が低下しており，微細粒の材料はき裂成長を妨げる粒界への遭遇機会が増加することにより，疲労き裂進展に対する抵抗を高めることができる。結晶粒径dが疲労限度σ_wに及ぼす影響としては以下のような式が提案されている[12]。

$$\sigma_w = \sigma_{iw} + K_w d^{-\frac{1}{2}} \quad (\sigma_{iw}, K_w は定数) \quad \cdots\cdots (5.4)$$

鋼材に焼なまし処理を行うと，結晶粒が大きくなるとともに加工による硬化が消失するために疲労強度が低下する。焼ならしを行うと，焼きなましよりも結晶粒が小さくなることから疲労強度が増加する。また，調質鋼の場合，焼入れを行うと，マルテンサイト組織となり，硬さが増加することから疲労限度が増加する。通常，焼入材はじん性を確保するため適当な温度で焼戻しがなされるが，焼戻し温度が低いほど疲労強度は高い。また焼入れした

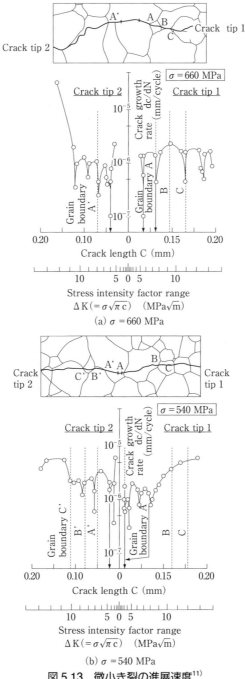

図 5.13 微小き裂の進展速度[11]

中炭素鋼に球状化処理を行うとフェライト中に球状粒子となった微細なセメンタイトが分布し，球状化に伴い応力集中を緩和するため疲労強度は向上する。

近年ではフェライト組織内にベイナイト層もしくはマルテンサイト層といった硬い組織を層状に形成することで，き裂進展に対する抵抗を高めた二層鋼も開発され，実用に供されている。**図5.14**に二層鋼の一例としてフェライト／ベイナイト鋼内のき裂進展メカニズムの模式図を示す[13]。フェライト組織を進むき裂が硬いベイナイト組織に到達した際に，疲労き裂は迂回もしくは硬いベイナイト層を進展する際に，より多くの繰返し数を要することから，疲労き裂の進展抵抗を高めることができるとしている。

溶接継手においては，溶接によって溶けて固まった溶接金属と溶接熱により組織が変化した熱影響部（HAZ）が含まれる。溶接金属と熱影響部の金属組織は母材と異なり，硬度分布も一様ではないことから疲労強度に影響を与える。**図5.15**に溶接部の硬さ分布の一例を示す[14]。図5.15（a）はHT50鋼のビード溶接において図中のA-A'断面とB-B'断面の硬さ分布を示している。HAZ部が母材に比べて硬さが増加している。一般に軟鋼に対してアーク溶接やレーザ溶接等の小入熱溶接を行うと急熱・急冷によりHAZ部は母材に比べて硬くなる。一方，図5.15（b）は細粒鋼の突合せ溶接部の硬さ分布を示しており，HAZ部は母材に比べて硬さが低くなっている[15]。高強度鋼に対して大入熱溶接を行うとHAZ部は軟化する傾向にある。溶接継手の疲労破壊は内部の欠陥等を起点としない限り，その多くは溶接の形状不連続部である溶接止端から生じるため，起点は溶接金属部であるが，その後はHAZ部をき裂が進展することが多い。材料が硬くなると引張強度が増加し

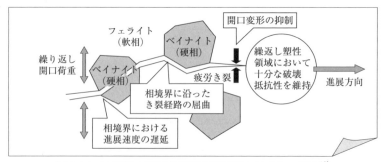

図5.14　二層鋼の疲労き裂進展抵抗向上のメカニズム[13]

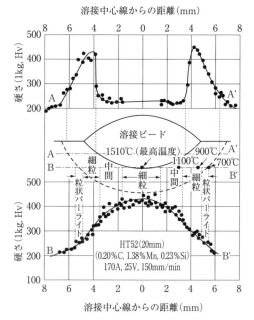

(a) HT50鋼溶接部の硬さ分布 [14]

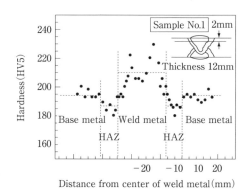

(b) 細粒鋼溶接部の硬さ分布 [15]

図 5.15 溶接部近傍の硬度分布

疲労強度は向上するが，一方で切欠き感受性が増加するため，応力集中部の疲労強度は低下する．溶接継手においては，これらの要因が相殺するために母材強度が向上しても継手の疲労強度は向上しない．細粒鋼もしくは二層鋼は製鋼過程における熱処理により組織を制御することにより，疲労き裂の進展抵抗を高めることができる．しかし，溶接継手等では溶接に伴う急熱・急

冷により溶接部近傍の組織が粗粒化するため，細粒や二層による強化機構が消失してしまい，き裂の発生およびHAZ部でのき裂進展挙動は通常の鋼材と同程度に低下することがある。

5.3.2 応力集中

(1) 応力集中係数 α と応力勾配 χ

機械部品や構造物には，円孔や溝，段差等の形状不連続部が存在するのが通常である。このような形状不連続部を切欠きという。切欠き部を有する部材に外力が働くと，図5.16に示すように周辺に比べて切欠き底には局所的に高い応力が発生する。この現象を応力集中と称する。疲労き裂は，このような応力集中部（切欠き底）を起点として生じる。切欠き底の応力集中の程度を表すパラメータとして，切欠き底の局所的な応力 σ_{max} と平滑部（応力集中のない一般部）の公称応力 σ との比として応力集中係数 α （または K_t）が用いられる。

$$\alpha = \sigma_{max}/\sigma \quad \cdots\cdots\cdots (5.5)$$

α は部材の形状と負荷形式に依存し，種々のハンドブック[16),17)]や便覧[18)]に応力集中係数を求めるための算定式や図表が示されている。一例として，図5.17に示すように無限板に楕円孔が存在し，遠方にて一様の応力 σ が作用した場合の最大応力 σ_{max} は以下の式により求めることができる。

$$\sigma_{max} = (1 + \frac{2a}{b}) \sigma \quad \cdots\cdots\cdots (5.6)$$

円孔の場合には $a = b$ となり，式（5.6）を用いて最大応力は公称応力の3

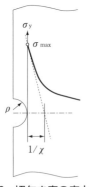

図 5.16 切欠き底の応力分布

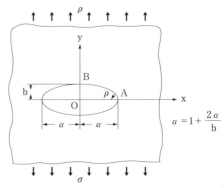

図 5.17 無限板中の楕円孔の応力集中係数[19)]

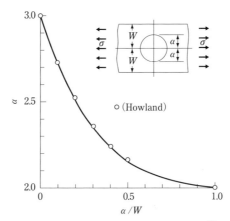

図 5.18 有限板の円孔の応力集中係数[19]

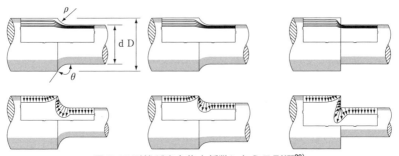

図 5.19 形状が応力集中係数に与える影響[20]

倍となる。ただし，上記の式は円孔に比べて十分大きな平板を対象としており，**図5.18**に示すような有限板における円孔の応力集中係数はa/Wの増加に伴い低下する（ただし$2W$：板幅）。またこのような問題においては，公称応力は最小断面における公称応力σ_n（遠方における公称応力σではない）と最大応力σ_{max}の比が応力集中係数として与えられていることに注意する必要がある。なお，ハンドブックや文献等に掲載されていない形状や負荷様式に対しても，有限要素法を用いた弾性応力解析により応力集中係数αを求めることができる。

図5.19に示すように形状が応力集中係数に与える影響としては，太い部分の径Dと細い部分の径dの比D/dが大きいほど，切欠きの曲率半径との比ρ/dが小さいほど，段差の角度θが小さいほど，応力集中係数αは大きくなる。

一般に疲労強度は切欠き底の応力が高いほど低下するが，切欠き底の最大

表5.1 代表的な形状の応力勾配 χ [21]

荷重	切欠き	χ	切欠き	χ	切欠き	χ
引圧		$\dfrac{2}{\rho}$		$\dfrac{2}{\rho}$		$\dfrac{2}{\rho}$
曲げ		$\dfrac{2}{\rho}+\dfrac{2}{b}$		$\dfrac{2}{\rho}+\dfrac{2}{b}$		$\dfrac{2}{\rho}+\dfrac{4}{D+d}$
ねじり		$\dfrac{1}{\rho}+\dfrac{2}{d}$		$\dfrac{1}{\rho}+\dfrac{2}{d}$		$\dfrac{6}{d}$

応力 σ_{max} だけではなく，周辺の応力分布（応力勾配）も疲労強度に影響をおよぼす。切欠き底の σ_{max} が同じ場合，緩やかに応力が低下する場合は急激に応力が低下する場合を比べて，高応力の領域が広範囲となるため厳しい状態となり疲労強度は低下する。そこで応力集中部の応力分布が疲労強度におよぼすパラメータとして応力集中係数 α とともに応力勾配 χ が用いられる。χ は切欠き底表面における応力分布の勾配として定義される。Siebelらは表5.1に示すように代表的な形状の応力勾配を求めた[21]。

$$\chi = \left|\dfrac{d\sigma^*}{dx}\right|_{x=0} \tag{5.7}$$

ただし $\sigma^* = \sigma_{max}/\sigma$ （σ は一般部公称応力）

また，西谷らは浅い切欠きの丸棒の χ の近似値を精度良く求める式を提案している[22]。

$$\chi = \dfrac{\left(\dfrac{3}{2}+2\sqrt{\dfrac{t}{\rho}}\right)\dfrac{2}{\rho}+\left(1+\sqrt{\dfrac{t}{\rho}}\right)\left(1-\sqrt{\dfrac{t}{\rho}}-\dfrac{2t}{\rho}\right)\dfrac{2}{d+2t}}{\left(1+2\sqrt{\dfrac{t}{\rho}}\right)-\left(1+\sqrt{\dfrac{t}{\rho}}\right)\dfrac{2t}{d+2t}} \tag{5.8}$$

ただし，t は切欠きの深さ，ρ は切欠き底の曲率，d は切欠き断面の径である。

FE解析で応力勾配を求める場合には，切欠き底の要素寸法を細かくする必要がある。

(2) 切欠き係数 β

応力集中係数が増加するほど切欠き材の疲労強度は平滑材に比べ低下する。しかし，切欠き材の疲労強度は母材の疲労強度の必ずしも $1/\alpha$ となるわけではない。その一例を図5.20に示す[1]。図5.20は平滑材と2種類の切欠き材

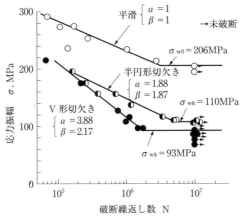

図5.20 切欠き材のS-N線図

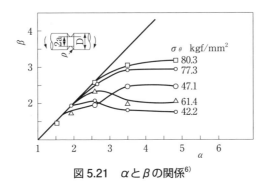

図5.21 αとβの関係[6]

（半円形切欠き，V形切欠き）のS-N線図を示している。平滑材の疲労限度206MPaに対して，$\alpha = 1.8$程度の半円形切欠き試験片の疲労限度は110MPaであり，ほぼ$1/\alpha$となっている。しかし，$\alpha = 3.88$のV形切欠き試験片の疲労限度は93MPaであり，平滑材の疲労限度の$1/\alpha$とはなっていない。疲労限度の物理的な意味は5.1節にも記したように疲労き裂を発生させる限界の応力ではなく，疲労き裂が進展しない限界の応力であるため，局所的な応力集中が高くとも，応力勾配が急であれば，き裂の進展が止まる場合がある。

　以下では，平滑材の疲労限度をσ_{w0}，切欠き材の疲労限度をσ_{wk}とする。ただし，σ_{wk}は疲労破壊を起こさない最大の公称応力範囲である（局所的な最大応力ではないことに注意）。通常，疲労限度に対する切欠きの影響の程度をσ_{w0}とσ_{wk}の比を取り，切欠き係数β（もしくは疲労強度減少係数K_f）で表す。

$$1/\beta = \sigma_{wk}/\sigma_{w0} \quad\quad\quad\quad\quad\quad\quad\quad\quad\quad\quad\quad\quad\quad\quad\quad (5.9)$$

設計上は応力集中係数 α より切欠き係数 β が重要である。通常，図5.20で示したように，$\beta < \alpha$ となる。**図5.21**は5種類の鋼材の α と β の関係を示している。α が小さい領域では材料を問わず，α の増加と共に β も増加し，工学的には $\alpha \fallingdotseq \beta$ として与えられる。しかし，α が限界値 α_0 を超えると，α が増加しても β は一定値に飽和する傾向となる。$\alpha \fallingdotseq \beta$ として与えられる α_0 は材料により異なり，高強度材ほどその限界値は高くなる。このように $\alpha > \alpha_0$ において β が頭打ちになるのは，鋭い切欠き底から疲労き裂が発生しても，応力勾配によりき裂先端の応力が急激に下がることで疲労き裂が停留するためである。このような現象は切欠き底近傍の高い応力により残留引張塑性ひずみがき裂面に誘起された後，き裂先端が高応力領域を抜けた際にき裂閉口現象が生じるためと考えられる[23]。

切欠き底におけるき裂の進展挙動に注目する。鋭い切欠きにおいて，ある応力レベル以下では疲労き裂は発生するが，わずかに進展した後にき裂が停留する領域が存在する。疲労き裂が発生する限界応力レベルを σ_{w1}，疲労き裂が停留する限界応力レベルを σ_{w2} とおく。S20C の σ_{w1} および σ_{w2} と α の関係を**図5.22**に示す[24]。このように，σ_{w2} は α がある値を超えた場合に現れる。

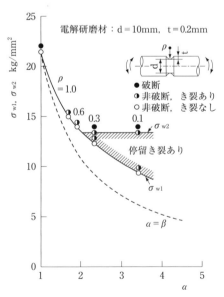

図 5.22　S20C 切欠き材のき裂発生限界応力とき裂進展限界応力[24]

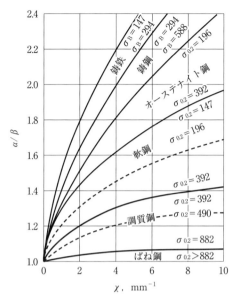

図 5.23　材料毎の応力勾配と α/β の関係[21]

　疲労き裂発生応力が応力集中を含む最大応力 σ_{max} に依存すると考えると，$\sigma_{w1} - \alpha$ 線図は $\alpha = \beta$ の線図に一致するはずである。しかし図5.22から疲労き裂発生限界の応力 σ_{w1} は最大応力 $\sigma_{max} = \alpha\sigma_n$ より高い値である。このことから疲労き裂の発生は表面の最大応力 σ_{max} のみで決まらず，切欠き底からある程度内部の応力によって決まることを意味している。そのため疲労き裂の発生には応力勾配が重要な意味を持つことがわかる。

　Sibelらは切欠き底におけるき裂発生限界応力 σ_{w1} は応力勾配の関数として考え，**図5.23**に示すように材料ごとの応力勾配と α/β の関係を求めた[21]。ただし，この場合の β はき裂進展限界応力 σ_{w2} ではなくき裂発生限界応力 σ_{w1} であることに注意しなければならない。図5.23により形状に起因する応力勾配 χ と材料ごとの線図との交点から α/β を求めることができる。これにより疲労き裂の発生限界応力 σ_{w1} を求めることができる。

　西谷らは $\sigma_{w1} - \alpha$ 線図と $\sigma_{w2} - \alpha$ 線図の分岐点は材料ごとに固有の切欠き半径 ρ_0 に依存することを示した[25]。**表5.2**に材料ごとの ρ_0 を示す。切欠き半径 $\rho_1 < \rho_0$ を有する切欠き材の場合，切欠き半径 ρ_0 の σ_{w1} が σ_{w2} に一致することから σ_{w2} を求めることができる。また切欠き半径 $\rho_1 > \rho_0$ の場合は σ_{w2} が存在しないため，切欠き半径 ρ_1 の σ_{w1} として与えられる。

表 5.2 鋼材毎の ρ [25]

材料		σ_B MPa	σ_S MPa	σ_{w0} MPa	ρ_0 mm
S10C	炭　素　鋼	372	203	181	0.6
S20C	〃	469	279	211	0.5
S25C	〃	494	297	255	0.5
S35C	〃	600	336	274	0.4
S50C	〃	673	347	265	0.25
S50C	炭素鋼調質	1010	858	500	0.1
S50C	〃	1246	1132	617	0.1
SNCM26	ニッケル・クロム・モリブデン鋼	1389	1140	629	0.1

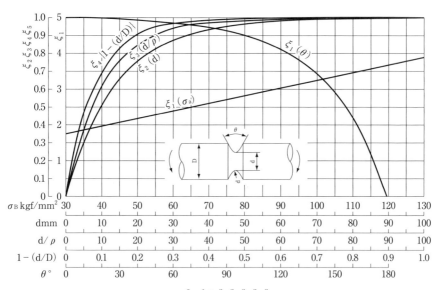

$$\beta = 1 + \xi_1 \xi_2 \xi_3 \xi_4 \xi_5$$

$\xi_1 = c_1 + c_2 \sigma_{CB_2},\ \xi_2 = 1 - e^{-c_3 d},\ \xi_3 = 1 - e^{-c_4 d/\rho},\ \xi_4 = 1 - e^{-c_5 |(d/D)|},\ \xi_5 = 1 - e^{-c_6 (\pi - \theta)}$

$c_1 = 1.1,\ c_2 = 0.022,\ c_3 = 0.070,\ c_4 = 0.095,\ c_5 = 12,\ c_6 = 1.7$

図 5.24　溝つき丸棒の回転曲げに対する切欠き係数計算表[6]

一方，代表的な切欠き形状（Ｖノッチ，段付，円孔）と負荷形態（軸力，曲げ，ねじり）の組み合わせについては，実験結果を元に切欠き係数の算定方法が日本機械学会によって計算図表として示されている．その一例を図 5.24 に示す[6]．材料の引張強度と形状・寸法から一義的に切欠き係数 β を求めることができるため，工業的に広く利用されている．

(3) 溶接継手の応力集中係数と継手依存性

図5.25にすみ肉Ｔ形継手に軸荷重が作用した場合の溶接止端位置におけ

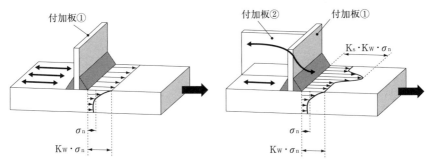

(a) 構造的応力集中係数のない溶接継手　　(b) 構造的応力集中のある溶接継手

図 5.25　溶接継手の応力集中にともなう応力分布の模式図

る応力分布の模式図を示す（ただし簡単化のため面外変形に伴う応力は省略）。図5.25（a）に示すように主板に付加板①のみが溶接された場合，溶接止端に沿う応力はほぼ一様な分布となる。一方板厚方向には溶接ビードの形状不連続に伴う応力集中が存在するため応力勾配が生じる。公称応力を σ_n，溶接ビードに伴う局所的な応力集中係数 K_w とすると，溶接止端位置における最大応力は $K_w \cdot \sigma_n$ で与えられることになる。

また，図5.25（b）に示すように，主板に付加板①および②がすみ肉溶接された部材に軸荷重が作用すると，図中の黒矢印で示すように付加板②の剛性のために応力が集中的に流れる。そのため溶接止端部における応力は付加板②への応力が増加した分だけ板幅中央部に応力が集中する。このように部材への荷重伝達に伴う構造的な応力集中係数を K_s とすると，溶接ビードに伴う局所的な応力集中係数 K_w に K_s が重畳することから最大応力は $K_s \cdot K_w \sigma_n$ となる。

すみ肉溶接継手の溶接止端部における K_t については（5.10）式（記号については**図5.26**参照）のように推定式が後川，辻らにより提案されている[26]。

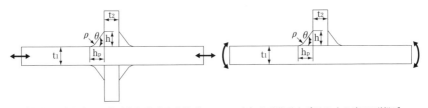

(a) 軸荷重を受ける荷重非伝達形十字継手　　(b) 曲げ荷重を受けるすみ肉 T 形継手

図 5.26　溶接止端部の応力集中係数[26]

また構造的な応力集中係数については付加部材にどの程度の荷重が流入するかは構造に依存するため，応力計測や応力解析により求める必要がある．十字継手やＴ形継手は構造的応力集中を含まない継手であるため，下式で求めたK_tをK_wとして取り扱い，有限要素法等により求めた構造的応力集中係数K_sを乗じることで図5.25（b）に示す継手形状の応力集中係数を求めることができる．

【軸力荷重を受ける十字継手の応力集中係数】

$$K_t = 1 + \left\{ 1.348 + 0.397 \cdot ln\left(\frac{S}{t_1}\right) \right\} Q^{0.467} \cdot f_\theta \quad \cdots\cdots\cdots\cdots (5.10)$$

$$f_\theta = \frac{1 - \exp\left\{-0.90\sqrt{\frac{W}{2h}} \cdot \theta \right\}}{1 - \exp\left\{-0.90\sqrt{\frac{W}{2h}} \cdot \frac{\pi}{2} \right\}},$$

$$W = t + 2h,\ Q = \frac{1}{2.8\left(\frac{W}{t_1}\right) - 2}\left(\frac{h}{\rho}\right),\ S = t_2 + 2h_p$$

【曲げ荷重を受けるＴ形継手の応力集中係数】

$$K_t = 1 + \left\{ 0.629 + 0.058 \cdot \ln\left(\frac{S}{t_1}\right) \right\} \left(\frac{\rho}{t_1}\right)^{-0.431} \cdot \tanh\left(\frac{6h}{t_1}\right) \cdot f_\theta \quad \cdots\cdots\cdots (5.11)$$

しかし，一般に溶接ビードの形状は溶接線に沿って一様ではなく，評価する位置によって応力集中係数は異なる．また溶接継手は継手形式や寸法によって溶接残留応力が異なり，残留応力が平均応力として作用するため疲労強度に影響を与える．さらに構造物では他の部材からの拘束による応力の影響を受けるのが一般的である．個々の継手についてこれらの因子の影響を定量的に評価することは困難であることから，溶接継手においては応力集中部の切欠き係数や疲労限度線図を用いるのではなく，継手のS-N線図を直接用いるのが一般的である．すなわち，溶接継手のS-N線図には応力集中や溶接残留応力の影響が含まれており，S-N線図で疲労強度を容易に評価することができる．ただし，継手形式ごとに応力集中係数や残留応力の影響の程度は異なることから，継手形式ごとの疲労試験が行われ，それぞれの継手形式に応じたS-N線図を整備する必要がある．**図5.27**（a）に十字継手のS-N線図

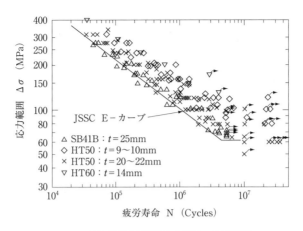

(a) 荷重非伝達形十字継手の S-N 線図

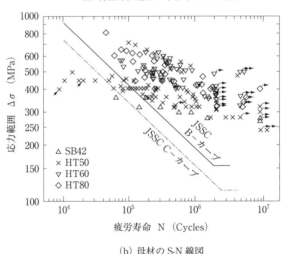

(b) 母材の S-N 線図

図 5.27　溶接継手の S-N 線図の一例[27]

を示す。溶接継手の疲労試験は溶接に伴う面外変形が発生し座屈耐力が低いため，通常は応力比 R＝0 の軸荷重試験もしくは曲げ試験で行われる。そのため，S-N 線図の縦軸は公称応力範囲をとるのが一般的である。また比較のため図 5.27（b）に母材の S-N 線図を示す。母材に比べて溶接継手の疲労強度は応力集中と溶接残留応力に起因して，著しく低いことがわかる。溶接構造物の設計用の S-N 線図としては，実構造物の溶接止端部においては降伏応力程度の引張残留応力が存在するとして，安全側に評価した線図を用いるのが一般的である。

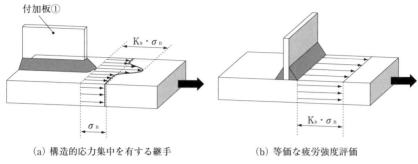

(a) 構造的応力集中を有する継手 　　　(b) 等価な疲労強度評価

図5.28　ホットスポット応力

(4) ホットスポット応力

　構造物の疲労強度を考える場合，梁や柱等の単純な構造物に一方向の繰返し応力が作用するのであれば，部材の公称応力と継手のS-N線図を用いて容易に評価できる。しかし，船体構造や橋梁のように複雑な3次元の板骨構造の場合，評価したい部材の公称応力を定義することが困難なことが多い。このような場合，評価部材の溶接止端部位置における公称応力の代わりに，ホットスポット応力HSSが用いられる。**図5.28**（a）に示すように付加板①によって構造的な応力集中が生じる継手を例として考える。ホットスポット応力HSSは溶接止端位置の応力ではあるが，溶接部の詳細な形状に伴う局所的な応力集中を含まず，構造的な応力集中のみが含まれた応力として定義される。疲労強度評価には，このホットスポット応力$HSS = K_s\sigma_n$を公称応力とみなして，図5.28（b）に示すように$K_s\sigma_n$応力が作用する十字継手に置き換えることで評価する。そのため評価に用いるS-N線図はすみ肉継手であれば，荷重非伝達型十字継手のS-N線図を用いる（主板が付加板によって途切れている場合は荷重伝達型十字継手のS-N線図を用いる）。なお，ホットスポット応力の求め方については12章を参照されたい。

5.3.3　寸法効果

(1) 機械部品の寸法効果

　一般に部材の形状寸法が大きくなると疲労限度は低下する。寸法効果が生じる原因としては，以下の要因が考えられる。

　① 応力勾配の影響
　② 体積・表面積の影響（表面層容量），

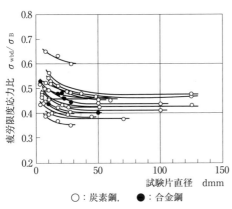
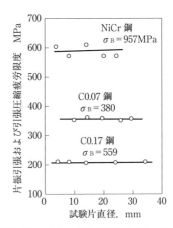

図 5.29 曲げ応力下における寸法が疲労強度に与える影響[6]

図 5.30 軸応力下における寸法が疲労強度に与える影響[19]

③ 加工時の不均一性

曲げ応力を受ける場合の丸棒試験片の疲労限度と試験片直径の関係の例を図5.29に示す。このように、曲げ応力やねじり応力が作用すると、材料の寸法が大きくなるに従って疲労強度が低下する[6]。部材寸法が疲労強度に与える影響度については直径10mmの試験片の疲労限度を基準として、以下の実験式が提案されている[1]。

$$\zeta_b = \sigma_{wbd}/\sigma_{wb10} = 1 - \sigma_{wb10}[0.522\exp(-5.33/d) - 0.306]/\sigma_B \quad \cdots\cdots (5.12)$$

$$\zeta_T = \tau_{wd}/\tau_{w10} = 1 - \sqrt{3}\tau_{w10}[0.522\exp(-5.33/d) - 0.306]/\sigma_B \quad \cdots\cdots (5.13)$$

一方、引張圧縮応力下においては、図5.30に示すように材料の寸法が疲労強度に与える影響は見られない[19]。曲げ応力やねじり応力は平滑材であっても図5.31 (a) に示すように応力勾配が生じるため、材料の寸法が増加に

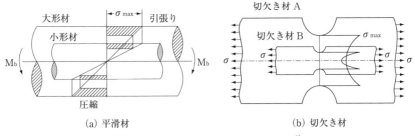

図 5.31 材料寸法と応力勾配の関係[6]

伴い応力勾配 χ が緩やかとなり，疲労強度が低下する[6]。一方，引張圧縮の場合は応力勾配がないため寸法の依存性が無い。また切欠き材においては切欠き底の最大応力が同じでも径の異なる部材を考えると，図5.31（b）に示すように径が大きいほど応力勾配が緩やかとなるため疲労強度は低下する。そのため先述の②と③の影響がほとんど無視できるような場合は，疲労強度の寸法依存性は前項に示した応力勾配の影響として解釈することができる。

寸法が大きくなると材料中に存在する欠陥の確率が増加し，欠陥を起点として疲労き裂の発生・成長により疲労強度が低下する可能性がある。近年の金属材料は清浄度が高まり欠陥の存在確率が低下しているため，疲労強度に与える寸法の影響は低下していると考えられる。しかし，バラツキの大きな材質の場合は寸法に依存して疲労強度が低下する。そのため，材料に応じた統計的な取り扱いによってその効果を見極める必要がある。②および③の要因については部材の径だけでなく長さについても同様に疲労強度に影響を及ぼす。

調質材などを加工後に熱処理する場合，寸法が大きいと加熱または冷却時に温度勾配や不均一な温度分布が生じる可能性があり，残留応力の発生や硬度のバラツキ等が生じて疲労強度に影響を与える。

(2) 溶接構造における板厚効果

機械部品と同様に構造物の溶接継手においても板厚増加に伴う寸法効果がある。**図5.32**に黒皮付き（製造ままの状態）のHT50鋼の母材試験片を用い

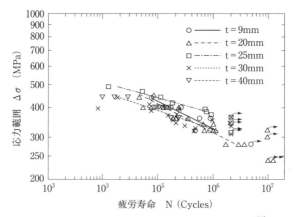

図 5.32　HT50 鋼の母材疲労強度と板厚の関係[27]

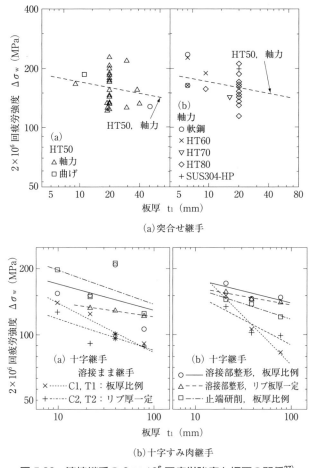

図5.33 溶接継手の 2×10^6 回疲労強度と板厚の関係[27]

て，$R = 0$ の軸荷重疲労試験を行った結果[27]を示す。図中には板厚9mmから40mmの5種類の板厚の試験結果を示しているが，板厚20mmの疲労強度が最も低く，板厚の増加に伴う疲労強度の低下は見られない。**図5.33**に溶接継手の 2×10^6 回疲労強度と試験片板厚の関係を示す[27]。図5.33 (a) は突合せ溶接継手，(b) は十字すみ肉継手の疲労試験結果を示すが，両継手とも板厚の増加に伴い 2×10^6 回疲労強度が低下している。また，突合せ継手に比べて，十字すみ肉継手のほうが板厚増加に伴う疲労強度の低下が顕著となっている。さらに，十字継手においては，主板の増加と共に付加板の板厚を相似的に増加させた場合と付加板の板厚を一定として主板のみを増加させ

た場合では，前者のほうがより板厚増加に伴う疲労強度の低下が顕著である。このように継手形式によって板厚の効果は異なる。

日本鋼構造協会の疲労設計指針[27]においては，継手形式ごとに板厚効果の有無が検討され，十字すみ肉継手，横突合せ継手と重ね継手について，以下の式で表される板厚による疲労強度低下係数Cを用いて，疲労強度を補正することとしている。

$$C_t = \sqrt[4]{25/t} \quad \cdots\cdots\cdots\cdots\cdots\cdots\cdots\cdots\cdots\cdots\cdots\cdots\cdots\cdots\cdots\cdots\cdots\cdots\cdots\cdots\cdots (5.14)$$

ただしtは主板厚（mm）

しかし，IIWの疲労設計指針や船舶の共通構造規則（Common Structure Rule）では，その取扱いが異なっており，適用されるルールや基準によって取り扱いが異なることに注意が必要である。

以上のような疲労強度に対する板厚の影響が生じる原因としては以下のことが考えられる。

(i) 溶接部の応力集中係数は溶接止端半径ρと主板板厚tの比に依存する。板厚tによらず，止端半径ρは変わらないために板厚の増加に伴い応力集中係数が高くなる。また付加板板厚の増加に伴い，形状不連続部が長くなり付加板部への応力流入量が増加するため，応力集中係数は高くなる。

(ii) 局所的な最大応力が同一であっても機械部品と同様に板厚の増加に伴い，応力勾配が緩やかとなるため，広範囲の領域が厳しい応力状態に曝される。

(iii) 板厚の増加に伴い溶接残留応力が増加するため疲労強度が低下する。

その模式図を**図5.34**に示す。平板の中央長手方向に縦ビードがある場合

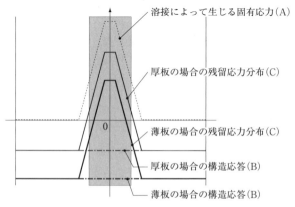

図5.34 溶接残留応力の模式図

を考える．溶接の収縮に伴う固有応力は図中のAのような分布となる．この固有応力に対して，部材にはAの応力の総和に釣り合うようにBで示す圧縮応力が生じる（ここでは単純に一様な圧縮応力が発生すると考える）．最終的な残留応力の分布はAとBの和としてCとなる．板厚が増すとBの圧縮応力は減少するため，残留応力分布Cは増加するため，平均応力として作用し疲労強度が低下する．平均応力の影響については次項で示す．

5.3.4　平均応力

(1) 疲労限度線図

多くの機械部品や構造物には，自重や一定の外力による平均応力が作用した状態で，繰返し荷重による変動応力を受ける．さらに外力による平均応力

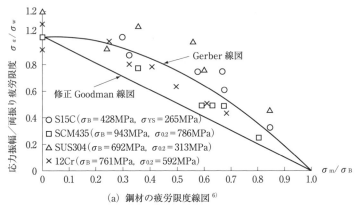

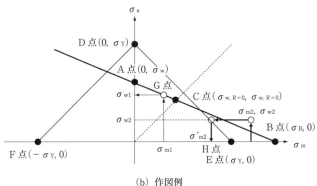

図 5.35　疲労限度線図

以外に溶接や表面処理等に伴う残留応力が平均応力として重畳する場合が多い。そのため図5.2に示したような引張（もしくは圧縮）の平均応力が作用した状態での疲労強度の取り扱いが必要となる。実機と同じ平均応力で試験した線図があれば，直接利用することができるが，通常，疲労試験はR = 0もしくはR = − 1で行われることが多く，必要な平均応力でのデータが存在するとは限らない。そこで既存のS-N線図で得られる疲労強度から，任意の平均応力下での疲労強度を推定するために疲労限度線図が用いられる。

図5.35（a）は4種類の鋼材について疲労限度と平均応力の関係を示したものである[6]。疲労限度線図は横軸に引張を正，圧縮を負として平均応力を引張強度で基準化した値，縦軸に応力振幅を疲労限度で基準化した値をとっている。図中のプロット点が実験結果を表している。一般に引張の平均応力下では疲労強度は低下し，圧縮の平均応力下では疲労強度が上昇する。そのため，疲労限度線図上では右下がりの関係となる。これらの実験結果は，図中の2本の実線上にほぼ載っていることがわかる。図中の直線は修正Goodmans線図，曲線はGerber線図と呼ばれ，以下の式により与えられる。

修正Goodmans線図： $\sigma_a = \sigma_w \left(1 - \dfrac{\sigma_m}{\sigma_B}\right)$ ……………………………… (5.15)

Gerber線図： $\sigma_a = \sigma_w \left\{1 - \left(\dfrac{\sigma_m}{\sigma_B}\right)^2\right\}$ …………………………… (5.16)

修正Goodmans線図のほうがより安全側の評価となり，取り扱いも簡便であることから広く利用されている。任意の材料の修正Goodmans線図を作成する場合は以下の手順で行う。

(i) 図5.35（b）中のA点は平均応力が0であることから，材料の両振り疲労試験（R = − 1）で得られた疲労限度 σ_w である。材料の疲労試験が完全片振（R = 0）で行われた場合は，その疲労限度 σ_w は原点より45度の右上がりの線上（C点）に位置する。

(ii) B点を材料の真の破断応力 σ_T もしくは引張強度 σ_B で与え，AとB（もしくはBとC）を結んだ線が，修正Goodmans線図となる。また結んだ線を圧縮領域まで延長することで，負の平均応力が作用した際の疲労限度を求めることができる。

(iii) 材料の弾塑性挙動を弾完全塑性と考えると，最大応力すなわち平均応

力と応力振幅の和は降伏応力 σ_Y 以下となる。そこで図中のD，EおよびF点に材料の降伏応力を取り，DとE，DとFを結んだ線図と (ii) の線図の小さい方の線図となる。

(iv) 任意の平均応力 σ_{m1} が作用した場合の疲労限度 σ_{w1} は図中のG点により与えられる。なお平均応力が σ_{m2}，応力振幅 σ_{w2} のような繰返しが生じた場合，1回目の載荷時に最大応力が制限された後，除荷後シェイクダウンすることにより平均応力はH点となる。

曲げ応力やねじり応力が作用する場合の平均応力の影響を図5.36に示す。このように，平均応力の影響は，軸応力に比べて小さくなる。

切欠き材の疲労限度線図を図5.37に示す。平均応力が0の場合の各切欠き材の疲労限度をA点，横軸に平滑材と同様に真の破断応力 σ_T をB点とする。A点とB点を結んだ線が切欠き材の修正Goodmans線図となる。切欠き材の場合，平均応力には切欠きによる応力の上昇は考慮せず，疲労限度と同じく公称応力として求めればよい。

(2) 残留応力の取り扱い

溶接継手では，溶接時の温度差および冷却により残留応力が生じる。ま

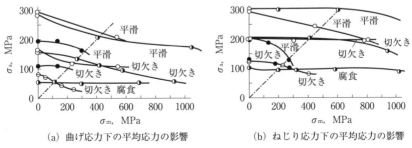

(a) 曲げ応力下の平均応力の影響　　(b) ねじり応力下の平均応力の影響

図 5.36　曲げおよびねじり応力下における平均応力の影響[28]

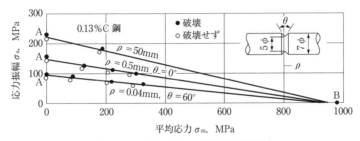

図 5.37　切欠き材の疲労限度線図[29]

た，高周波焼入れやショットピーニングなどの表面処理などにより残留応力が生じる．残留応力は，前項の平均応力と同様に取り扱うことができ，疲労限度線図上で残留応力を横軸にとることで任意の残留応力に対する疲労限度を求めることが可能である．疲労き裂は表面のすべりを起点に物体の表面から発生することから，表面に圧縮の残留応力があれば疲労強度は向上し，逆に引張の残留応力があれば疲労強度は低下する．

　溶接などに伴う残留応力は外力に伴う応力と異なり物体内部で釣合っているので，表面処理により表面に引張残留応力が存在すれば，内部には圧縮の残留応力領域が存在し，総和はゼロとなる．初期の残留応力と外力による応力の和が降伏応力を超えると，最大応力は降伏応力で頭打ちとなる一方，除荷過程では弾性的に応力が低下する（シェイクダウン）ため残留応力が緩和される場合がある．例えば，**図5.38**に示すように，①で示すような初期残留応力を有する部材に外力が作用すると，応力分布は①に外力による応力を加えた②に示す状態となる．このとき，材料の挙動を弾完全塑性と仮定すると降伏応力 σ_Y を超えた AB 間は応力が σ_Y を上限とし，それ以上は増加しない．この状態から除荷されると②から外力分の応力が減少するため，③のようなに応力分布となる．そのため①から③に残留応力が緩和されることになる．

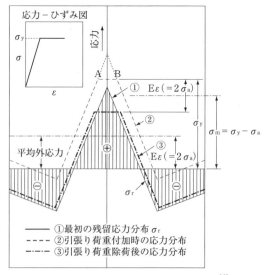

図 5.38　外力による残留応力の緩和[30]

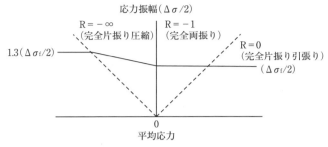

図 5.39 溶接継手の疲労限度線図[27]

溶接継手では①の状態に引張の平均応力が加わり，さらに繰返し荷重が作用しても，最大荷重時の応力の降伏応力が上限となり，繰返し荷重の除荷時に応力分布によって応力の変動が決まるため，残留応力が小さい部材でない限り引張の平均応力の影響は生じにくい。また，圧縮の片振り応力の繰返しであって，引張残留応力が重畳する場合，局所的には平均応力の影響により両振り状態となるため，疲労損傷が生じることがある。日本鋼構造協会の疲労設計指針・同解説では溶接継手の許容応力に対する平均応力の影響を図 5.39 に示すような疲労強度線図を用いて評価することとしている。

5.3.5 製造方法および表面状態が疲労強度に与える影響

(1) 機械加工が疲労強度に与える影響

機械部品を所定の寸法，形状とするために，素材に対して切削や研削等の機械加工がなされる。機械加工によって表面には①冷間加工や局所的な加熱による加工硬化の影響や材質変化②表面の凹凸の形成③残留応力等が多少なりとも生じる。機械加工の方法によって，疲労強度を改善する場合もあれば，逆に低下させる場合もある。それぞれの因子が疲労強度に与える影響について以下に記す。

① 材質変化，硬さ変化

切削加工中の切込み深さの増加に伴い，加工硬化により疲労強度を増すが，最適値を超えると，表面層がぜい化し疲労強度は低下する。加工による硬度の最適値は切削される材料と工具の組み合わせによって異なるが，一例として 0.25% 炭素鋼の切削条件と疲労限度の関係を表 5.3 に示す。

② 表面粗さの影響

外力の作用により材料表面にすべり帯が発生し，さらに繰返し荷重により

表 5.3 切削条件と疲労限度の関係[31]

毎回転送り mm	切込み深さ mm	切削速度 m/min	回転曲げ疲労限界 MPa
0.03	1.0	22 ～ 22.5	270 ～ 310
0.03	1.0	118 ～ 126	324 ～ 338
0.18	0.2	25	279
0.18	0.2	100	255
0.25	0.3	15	275
0.25	0.3	120	255
研磨			343

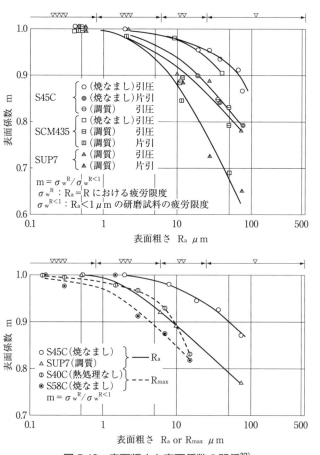

図 5.40 表面粗さと表面係数の関係[32]

入込みと突き出しが形成され，疲労き裂の起点となる。そのため機械加工等により材料表面に凹凸があった場合，この凹凸を起点として疲労き裂が発生しやすくなる。以上のようなメカニズムで表面粗さの程度が疲労強度に影響

を与える．図5.40に表面粗さが疲労強度に与える影響の一例を示す[32]．同図はR_a（算術平均粗さ）あるいはR_{max}（最大高さ粗さ）が1μm以下の状態での疲労限度を基準として，任意の表面粗さの疲労限度の比（表面係数）と表面粗さの関係を示したものである．図5.40（a）は鋼材の引張圧縮荷重における表面係数，図5.40（b）は鋼材の曲げ荷重における表面係数を示している．これらの図に示すように，焼なまし材では4μm以下の粗さは疲労強度に影響を及ぼさず，100μmの表面粗さで疲労限度が約15％程度低下する．一方，焼入れ焼戻し材（調質材）は1μm程度でも影響が生じ，100μm程度の表面粗さの場合，疲労限度は約25％程度低下する．調質材は硬いため，切欠き感受性が増加し表面の応力集中が疲労限度に大きな影響を及ぼす．機械加工時の切削痕の凹凸の方向が繰返し応力の方向に対して直角の場合，平行の場合に比べてその影響が顕著となる．

③ 機械加工に伴う残留応力の影響

切削加工を行う場合，低速で十分な冷却を行えば，機械加工面には圧縮の残留応力が生じる．一方，高速でかつ冷却をしないと，表面には過度な塑性変形にともない引張の残留応力が誘起される．また，研磨加工も加工表面には300〜500MPa程度の圧縮残留応力が生じるので疲労強度上は有利に作用

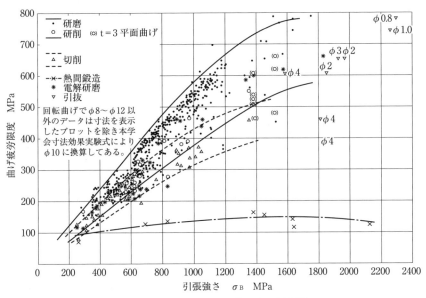

図5.41　加工方法と疲労限度の関係[32]

する。

　機械加工を行わない黒皮表面は表面層下に脱炭に伴う引張残留応力が生じている場合がある。そのため図5.41に示すように黒皮母材の疲労強度（熱間圧延材）は表面粗さの影響が重畳し，機械加工された母材に比べて疲労強度が低い。

(2) 冷間加工が疲労強度に与える影響

　一般に鉄鋼材料に対して，プレス加工のような冷間加工を行うと，加工硬化により引張強度や降伏点，硬度が上昇し，それに伴い疲労強度が増加する。また，加熱しながら加工すると材料はひずみ時効の効果も加わり，さらに疲労強度が増加する。その一例を表5.4に示す。図5.42に400MPa級圧延鋼材の加工ひずみと疲労強度の関係を示す。加工ひずみの増加に伴い疲労強度が上昇していることが分かる。ただし，過度の加工ひずみにより割れ等が発生すると疲労強度が著しく低下するため注意が必要である。析出強化型のHT60鋼の場合，加工ひずみの増加に伴い，疲労強度の低下が見られるため，材料に応じて冷間加工の効果を検討する必要がある。

　表面ロール加工やショットピーニングも一種の冷間加工であり，表面層のみの塑性加工によって，加工硬化およびひずみ時効によるき裂発生耐力の増加と圧縮残留応力の導入によるき裂進展抑制効果をもたらす。いずれの加工法も最適な施工条件があり，過度の処理を行うと表面粗さの増大や微小なき裂が導入されるため疲労強度が低下することに注意しなければならない。これらの加工方法は炭素鋼・高強度材料ほど高い圧縮残留応力が導入できるた

表5.4　冷間加工・時効処理と機械的性質[33]

	Yield strength σ_Y (kg/mm^2)	Tensile strength σ_B (kg/mm^2)	Vickers hardness Hv (20)	Fatigue strength (kg/mm^2) at $N_f = 5 \times 10^6$
Anneal mat.	35.6 *	62.4	160	19.5
5% strained	51.3 **	65.5	188	20.5
10% strained	61.6 **	68.8	199	22.5
5% 100℃ 10min strain aged	51.2 **	65.6	192	20.5
5% 250℃ 10min strain aged			195	23.0
10% 250℃ 20min strain aged	68.7 *	69.3	215	25.0
10% 300℃ 20min strain aged	70.1 *	72.1	220	26.5

*Lower yield point,　**0.2% proof stress

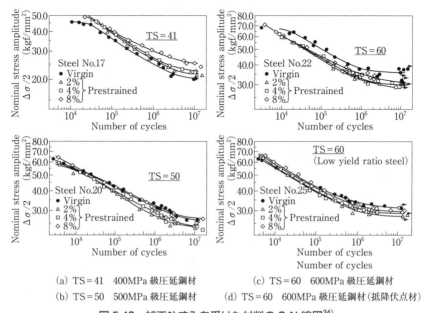

図 5.42 加工ひずみを受けた材料の S-N 線図[34]

め疲労強度の上昇に効果的である。一方，軟鋼に適用するとその後の繰返し荷重により圧縮残留応力が緩和されてしまい，効果が限られたものとなる。

上記の他，表面への圧縮残留応力導入や加工硬化によって疲労強度を改善する方法として，高周波焼入れや浸炭処理，窒化処理等がある。

5.3.6 組合せ応力

実構造物の稼動時，複雑な組合せ応力状態となることが少なくない。図 5.43 に示すように，ガスタービンやプラント配管などに熱応力と機械的応力が組み合わさり多軸負荷状態となる。しかし，実機の負荷履歴を模擬した疲労試験を行うことは困難なため，通常の試験結果を使って多軸負荷下の疲労強度を予測することになる。また，設計者の立場からは材料定数の入手が容易であり，評価手法も簡便であることが望まれる。本節ではそのような観点から多軸負荷下での疲労強度の評価法を説明する。

(1) 組合せ応力下の疲労強度評価法

代表的な評価法として，静的降伏条件を用いる手法がある。この手法の利

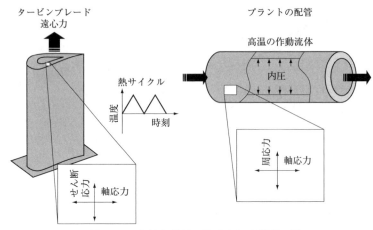

図 5.43　多軸負荷下で運用される機器の例

点は，単純な単軸疲労試験結果から，多軸疲労寿命を評価できる点にある。代表的な静的降伏条件として，最大垂直応力，最大せん断応力，八面体せん断応力の三つがある。

最大垂直応力を用いた寿命評価モデルは，次式で表される。

$$\Delta \sigma_{eq} = \Delta \sigma_1 \quad \cdots \cdots (5.17)$$

最大垂直応力説は，最大主応力 σ_1 がある一定値に達した際に，材料が降伏するという考え方である。この説は，ぜい性材料の破壊面が，最大垂直応力の方向と垂直に形成されるという観察に基づいている。

最大せん断応力を用いた寿命評価モデルは，次式で示される。

$$\Delta \tau = \frac{\Delta \sigma_{eq}}{2} = \frac{\Delta \sigma_1 - \Delta \sigma_3}{2} \quad \cdots \cdots (5.18)$$

最大せん断応力説は，物体内の最大せん断応力がある一定値に達したときに，材料が降伏するという考え方である。この説は，延性材料の降伏が生じる際に，せん断応力によるすべりが観察されることに基づいている。最大せん断応力は，トレスカの相当応力としても知られる。

八面体せん断応力を用いた寿命評価モデルは，次式に示される。

$$\Delta \sigma_{eq} = \frac{1}{\sqrt{2}} [(\Delta \sigma_1 - \Delta \sigma_2)^2 + (\Delta \sigma_2 - \Delta \sigma_3)^2 + (\Delta \sigma_3 - \Delta \sigma_1)^2]^{\frac{1}{2}} \quad \cdots \cdots (5.19)$$

八面体せん断応力説は，物体内のせん断ひずみエネルギーが一定値に達したときに，材料が降伏するという考え方である。この説も，最大せん断応力

説と同様に，材料の降伏に際して，せん断応力によるすべりが観察されたことに基づいている。八面体せん断応力説は，最も一般的な降伏クライテリアであり，ミーゼスの相当応力として知られる。

図5.44に，曲げ応力とせん断応力が作用する組合せ応力下での疲労強度および，前述のクライテリアの推定強度の関係を示す。図のプロットは，後述するGoughの試験結果である[35,36]。八面体せん断応力による推定が，他の評価法と比べ，試験結果とよく一致している。なお，(5.17)～(5.19)式で示した静的降伏条件の応力を，ひずみに入れ替えて評価する場合もある。

組合せ応力下の疲労強度の研究として，Goughらが行った試験結果の評価手法がある[36]。Goughは，数種類の材料に対して，曲げ応力とせん断応力の組合せ負荷下での疲労限度を評価した。**図5.45**に，試験結果とGoughの評価式の結果を示す。図中の線は，次式で求められている。

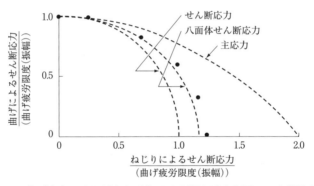

図 5.44 曲げ応力とせん断応力が作用する組合せ応力下での疲労強度[35,36]

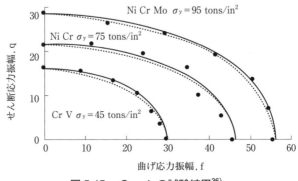

図 5.45 Gough の試験結果[36]

$$\frac{f^2}{b^2} + \frac{q^2}{t^2} = 1 \quad \cdots\cdots\cdots\cdots\cdots\cdots\cdots\cdots\cdots\cdots\cdots\cdots\cdots\cdots\cdots\cdots\cdots\cdots\cdots (5.20)$$

f：曲げ応力，q：せん断応力，b：曲げ負荷の疲労限，t：ねじり負荷の疲労限

図5.45の点線は，次式から求められている．

$$\frac{q^2}{t^2} + \frac{f^2}{b^2}\left(\frac{b}{t} - 1\right) + \frac{f}{b}\left(2 - \frac{b}{t}\right) = 1 \quad \cdots\cdots\cdots\cdots\cdots\cdots (5.21)$$

式（5.20）は延性材料の試験結果と，（5.21）式は鋳鉄のようなぜい性材料やノッチ付シャフト試験片の試験結果と一致する．Goughの評価式の特徴として，材料定数が疲労限のみであるため使いやすいことが挙げられる．

(2) 非比例負荷

主応力や主ひずみ軸の方向が連続して変化する負荷経路は，非比例負荷経

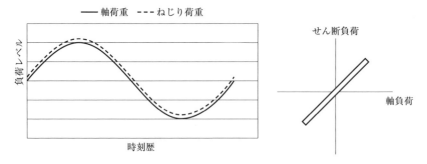

(a) 軸荷重とねじり荷重が同期している時刻歴（比例負荷波形）

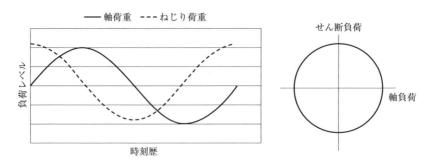

(b) 軸荷重とねじり荷重の位相が90°すれている時刻歴（非比例負荷波形）

図5.46　比例負荷と非比例負荷の負荷波形と経路

路と呼ばれる．このような負荷経路を受けると，疲労寿命は比例負荷に比べて大きく低下する場合があると報告されている[35),37)-39)]．これまでの研究によると，ステンレス鋼などでは，非比例負荷により疲労寿命が低下する場合がある[35),37)-39)]．一方，アルミ合金材では，非比例負荷による寿命低減は認められていない[35),38)]．

図5.46に比例，非比例となる負荷波形と経路を示す．軸荷重とねじり荷重が同期している場合は，比例負荷である．一方，軸荷重とねじり荷重の位相がずれると，主軸が時刻とともに変化するため，非比例負荷となる．

図5.47にSUS316NGとSGV410の比例，非比例負荷疲労試験の結果を示す[39)]．図5.47においてはミーゼスの相当全ひずみ範囲を用いて疲労強度を評価している．非比例負荷では，単軸および比例負荷のときと比べ，寿命が1/5程度に低下している．このような非比例負荷による破損寿命の低下は，繰返し負荷時の応力増加と良い相関があり，それは材料に依存すると報告されている[35),38),39)]．

非比例負荷時の主軸の変化や，繰返し負荷時の応力増加を考慮し，非比例多軸負荷による疲労寿命の低減を評価する方法がこれまでに複数提案されている[38)～41)]．

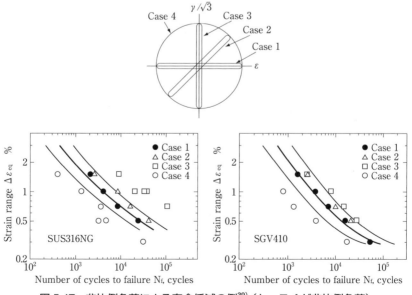

図 5.47 非比例負荷による寿命低減の例[39)]（ケース４が非比例負荷）

5.4 変動振幅応力

実構造物に繰返される荷重の振幅は必ずしも一定ではなく不規則に変動する場合が多い。変動の要因は風や波などの自然現象に起因するものから，積載重量のばらつき，通行する車両重量のばらつきなど様々な要因が考えられる。ここでは，繰返し荷重の振幅が一定でない場合の疲労寿命の評価方法について記述する。

5.4.1 実働荷重と疲労強度への影響因子

荷重振幅が変動するパターンとして，図5.48 (a) に示すように，ある期間の振幅は一定であるが，状態が代わると振幅が変化するパターン（多段多重応力），と (b) のように波形が不規則なパターン（ランダム応力）がある。各図の右側には応力振幅の発現頻度数のグラフを示している。多段多重荷重の場合は間欠的に応力振幅がカウントされている。一方，ランダム荷重の場合には応力振幅は連続的にカウントされている。ランダム荷重に関しては，数学的な統計分布を当てはめて，頻度分布をより一般化した形で取り扱われることが多い。

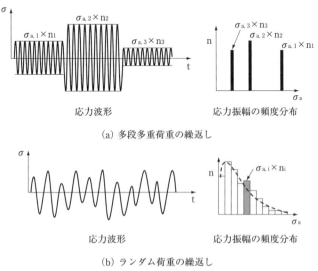

(a) 多段多重荷重の繰返し

(b) ランダム荷重の繰返し

図 5.48　繰返し中の応力波形と応力振幅の頻度分布

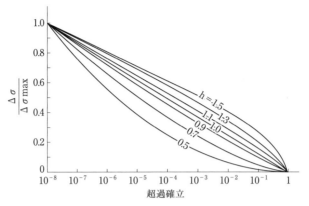

図 5.49 ワイブル分布

以下に典型的な頻度分布と各種構造物における計測例を示す。

(1) ワイブル分布：

応力振幅が値 x を超える確率（超過確率：Q）は次式で表される。

$$Q(x) = \exp\left[-\left(\frac{x}{A}\right)^h\right] \quad \cdots\cdots (5.22)$$

ワイブル分布は船舶や海洋構造物が波の作用によって受ける繰返し応力の頻度分布を表すのに用いられる。**図5.49**に示すように，形状パラメータ h により分

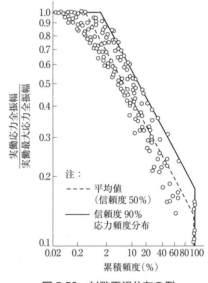

図 5.50 対数正規分布の例

布形状が変化し，最大応力振幅が同じでも，h の値が大きくなるほど応力振幅の大きい領域の頻度が多くなり，疲労強度的には厳しくなる。形状パラメータ $h = 1$ の場合に指数分布，$h = 2$ の場合にレイリー分布となる。

(2) 対数正規分布：

応力振幅の超過確率 Q は次式で表される。

$$Q(x) = 1 - \Phi(x)$$

$$\Phi(x) = \int_0^x \frac{1}{\sqrt{2\pi}A \cdot t} \exp\left[-\frac{1}{2}\left(\frac{\ln t - B}{A}\right)^2\right] dt \quad \cdots\cdots\cdots\cdots (5.23)$$

ここで，Φ は対数正規分布の確率分布

図5.50は油圧ショベルのアームに作用する応力振幅の頻度分布を示している．対数正規分布で整理されている[42]．

(3) ベータ分布

応力振幅の超過確率 Q は次式で表される．

$$Q(x) = 1 F_\beta(x)$$

$$F_\beta(x) = \frac{\Gamma(p)\,\Gamma(p)}{\Gamma(p+q)} \int_0^x t^{p-1}(1-t)\,dt \quad \cdots\cdots\cdots\cdots (5.23)$$

ここで，F_β はベータ分布の確率分布

図5.51は大型アンローダのテンションバーに作用する応力の計測結果であるが，応力範囲の頻度分布がベータ分布で整理されている[43]．

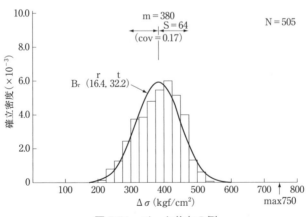

図 5.51　ベータ分布の例

5.4.2　応力波形の計数法

構造物が図5.48 (b) に示したようなランダムな応力波形を受けたときの疲労寿命を評価するためには，応力振幅とその頻度数を計算する必要がある．最も簡単な応力振幅のカウント方法は**図5.52**に示すピーク法（応力波

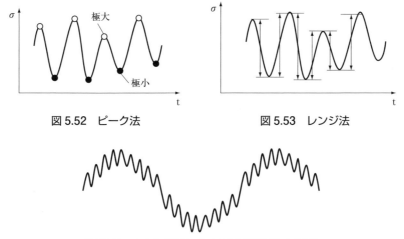

図 5.52 ピーク法   図 5.53 レンジ法

図 5.54 大きな波動に小さな波が重畳した波形

形の極大値または極小値をカウントしその値の分布を求める方法）と**図5.53**のレンジ法（隣り合う極大値と極小値の差を半波として応力範囲をカウントする方法）である。これらの方法は応力波形から直接的に応力振幅あるいは応力範囲を取り出すことができる。しかし，**図5.54**に示すような大きな波に小さな波が重畳したような波形のような場合に，合理的な振幅とその頻度を評価することができないという欠点がある。

疲労寿命は塑性ひずみ挙動と深く関係していることはよく知られており，応力の繰返し中の塑性ひずみ挙動を表すヒステリシスループの形成と対応させたカウント法として，レインフロー法，ヒステリシスループ（HL）法およびレンジペア法について，以下に説明する。いずれの方法も，計算アルゴリズムが明確で，コンピュータ処理が可能である。3つの方法により得られる結果に大きな差異はなく，いずれも実用的な方法といえる。

(1) レインフロー法

図5.55に示すように，水平方向に応力軸を鉛直下向きに時間軸をとり，全ての極値の内側から水を流し，流れは以下のルールに従って流れるとして，流線の長さより応力範囲をカウントする。全ての極値の内側から雨だれが流れ出す。縁に雨だれが来た時は下に落ちて，次の極値からの流れに出会った時，以下のルールに従って止まるか，さらに流れる。今考えている極

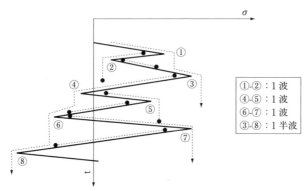

図 5.55 レインフロー法による応力範囲のカウント方法

大値《極小値》からの雨だれが縁から落ちて，次の極大値《極小値》からの流れに出会った場合，次の極大値《極小値》のほうが大きい《小さい》場合は落ちた雨だれは止まり，次の極大値《極小値》からの雨だれがさらに流れる。逆の場合は落ちた雨だれがさらに流れ，次の極大値《極小値》からの雨だれは止まる。

レインフロー法による応力振幅のカウントは，以下のアルゴリズム[44)]に従ってプログラム化することにより，比較的容易に波形処理することが可能である。

今隣り合う極値の差の絶対値を，$r_1, r_2, \cdots r_{i-2}, r_{i-1}, r_i$ で表す。$r_{i-2} \geq r_{i-1} < r_i$ の条件が成立するごとに，r_{i-1} なる全振幅の往復の1組を取り出し，r_{i-2} の始点と r_i の終点の差を新たに r_{i-2}（$i-1$ 以降の番号は順次調整）とする。この操作を繰返すことにより，波形が取り出され，最後に漸増した後，漸減するレンジが残る。すなわち，

$$b_1 < b_2 < \cdots < a_0 \geq a_1 \geq a_2 \cdots \geq a_n$$

これらの残されたレンジは半サイクルとしてカウントする。

(2) ヒステリシスループ（HP）法[45)]

上記のレインフロー法の波形処理アルゴリズムと類似のより簡便なアルゴリズムが以下のように提案されている。

i, j, k を連続したピークとする。相次ぐ2個のピークによって生じる応力範囲である r_{ij}, r_{jk} を比較して，

・$r_{ij} \leq r_{jk}$ となった時，r_{ij} をカウントする。

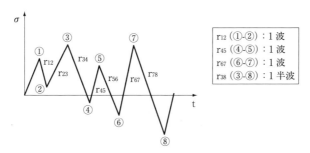

図5.56 ヒステリシスループ法による応力範囲のカウント方法

- カウントされたピークはレジスタから消去し，次のピーク l, m を追加する。図5.56の例ではレインフロー法と同じ結果が得られている。

(3) レンジペア法

あらかじめ，あるレベルの応力

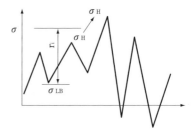

図5.57 レンジペア法によるによる応力範囲のカウント方法

範囲 r_i を設定する。初めの極小値を基準極小値 σ_{LB}，初めの極大値を基準極大値 σ_{HB} とする。まず，極小値より応力の変動が始まる場合を考える。応力 σ が上昇し，$(\sigma - \sigma_{LB})$ が r_i を超えたら計数をする準備状態に入る。さらに応力が上昇すると，初めの極大値 σ_H に達する。その後，応力 σ は減少する。そのとき，$(\sigma_H - \sigma)$ が r_i 以上であれば計数する。$(\sigma_H - \sigma)$ が r_i 以上とはならず，次の極大値が現れ，それが σ_H よりも大きい場合には，それを σ_H に置き直す。計数した後，次に現れる極小値を基準極小値に置き直す。また，計数する前に次の極小値が現れ，それが基準極小値よりも小さい場合にも基準極小値を置き直す。変動振幅応力波形が極大値から始まる場合も計数の方法は同じである。このような計数を行うことにより，r_i を超える応力範囲の数を求めることができる。

応力範囲の頻度分布は，適当な間隔で必要な数の r_i を設定しておき，上述のような計数を行うことにより求められる。このとき，レベル r_i と r_{i+1} の間の応力範囲の数は，両レベルでの計数値の差として求められる。

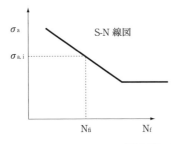
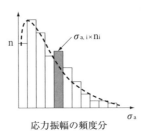

図 5.58　線形疲労被害則

5.4.3　累積損傷則

応力振幅が変動する場合の疲労寿命は，一定振幅応力下の疲労試験により得られるS-N線図を用いて以下のように評価することができる。

一定の応力振幅 $\sigma_{a,i}$ が繰返されたときの疲労寿命を $N_{f,i}$ とし，$\sigma_{a,i}$ が n_i 回繰返した時の疲労損傷比 D_i を $n_i/N_{f,i}$ と仮定する。当然，$n_i = N_{f,i}$ の時 $D = 1.0$ となる。そして，複数の異なる応力振幅が作用するときの疲労損傷比は各応力振幅による損傷比の和となると仮定する。

$$D = \Sigma D_i = \Sigma \frac{n_i}{N_{f,i}} \quad\quad\quad\quad\quad\quad\quad\quad\quad\quad\quad\quad\quad\quad (5.20)$$

ここで，N_f：一定応力振幅 $\sigma_{a,i}$ に対する疲労寿命

n_i：$\sigma_{a,i}$ の繰返し数

さらに，損傷比の総和（累積疲労損傷比）が1.0となったときに疲労寿命に達し，疲労破壊が生じると仮定する。本仮定はそれより以前に繰返された応力振幅の影響はないとして，応力の繰返し数による疲労被害は線形に蓄積されるという非常に単純な仮説に基づくもので，線形累積被害則と呼ばれて広く用いられている。提唱者の名を採ってPalmgren-Miner則，マイナー則と呼ばれることもある。

図5.59のS-N線図は一定振幅応力の疲労試験の結果から得られる応力振幅と疲労寿命の関係を表したもので，S-N線図が水平になっている振幅値（疲労限）以下の応力振幅の繰返しでは疲労破壊しな

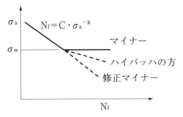

図 5.59　疲労限以下の応力の取扱い方法

いことを示している。したがって，このレベル以下の応力振幅の繰返しによる疲労損傷比は0ということになる。これに対して，実際の設計への適用時にはその前に繰返された疲労限以上の応力の繰返しの影響により，疲労限以下の応力の繰返しによる疲労損傷比は0でないとして，S-N線図を疲労限以下にも直線的に延長する方法（修正マイナー則）や疲労限以下のS-N線図の傾きを次式のように変えたS-N線図を用いる方法（ハイバッハの方法）[46]などが適用されている。

$$N_f = C \cdot \sigma_a^{-k} \quad \sigma_a \geq \sigma_W$$
$$\quad = C' \cdot \sigma_a^{-k'} \quad \sigma_a < \sigma_W$$
$$k' = 2 \cdot k - 1 \quad\quad\quad\quad\quad\quad\quad\quad\quad\quad\quad\quad\quad (5.26)$$
$$C' = C \cdot \sigma_W^{k'-k}$$

5.5 低サイクル疲労

降伏応力を超えるような大きな応力あるいは大きな塑性ひずみを繰返し負荷すると，数万回以下の少ない繰返し数で疲労破壊する。この領域の疲労現象を"低サイクル疲労"と言う。一方，応力あるいはひずみ振幅が比較的小さく繰返し数が数万回以上で疲労破壊する場合を"高サイクル疲労"と呼んで区別している。両者の特徴を比較すると**表5.5**のようになる。

低サイクル疲労の領域において繰返される応力振幅は降伏応力以上であり，繰返し中に塑性ひずみが生じ，応力とひずみの関係を描くと**図5.60**のようなヒステリシスループが観測される。塑性理論によれば，降伏後の除荷または再負荷過程においては，応力の変動幅が降伏応力の2倍以下であれば弾性的な挙動を示す。逆に，応力の変動幅が降伏応力の2倍よりも大きくなると塑性ひずみが生じ，図5.60のようなヒステリシスループが観測される。

表5.5 低サイクル疲労と高サイクル疲労の特徴

	低サイクル疲労	高サイクル疲労
破壊までの繰返し数 （疲労寿命）	数万回以下	数万回以上
応力振幅	大 降伏応力程度以上	小 降伏応力程度以下
巨視的なひずみ挙動	塑性 ヒステリシスループ	弾性

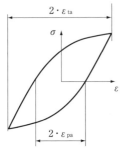
図 5.60　繰返し中の応力とひずみの関係（ヒステリシスループ）

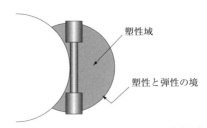
図 5.61　応力集中部に生じる塑性域と低サイクル疲労寿命評価

なお，繰返し中の降伏応力（弾性限度）は通常の引張試験から得られる降伏応力よりは小さく，60％〜80％になるといわれている。低サイクル疲労の領域では通常ひずみ振幅を一定に制御した疲労試験（定ひずみ疲労試験）が行われる。

実構造物では一般に応力集中部が存在し，その部分では応力が局部的に大きくなり塑性ひずみが生じる場合がある。低サイクル疲労が問題になるのは，このような応力集中部における塑性ひずみの繰返しによる疲労寿命である。通常塑性変形は応力集中部近傍の局部に限られ，その周辺の弾性変形の領域に取り囲まれている。荷重が繰返し作用するとそれに対応して塑性変形も繰返されるが，塑性域におけるひずみの進行は周りの弾性変形領域によって拘束されるために，塑性域における変形はひずみ制御状態にあることが知られている（**図5.61**参照）。それゆえ，通常の構造物に生じる低サイクル疲労はひずみ制御疲労試験の結果を用いて評価することが妥当とされている。

(1) 定ひずみ疲労試験

ひずみ振幅を一定に制御した疲労試験結果の例を**図5.62**に●のプロットで示す[47]。図の縦軸はひずみ振幅，横軸は破断までの繰返し数 N_f である。縦軸のひずみ振幅は弾性ひずみ振幅 ε_{ea} と塑性ひずみ振幅 ε_{pa} の和，すなわち全ひずみ振幅 ε_{ta} である。図中には一定振幅応力（完全両振り R = 0）の疲労試験結果も○のプロットで示している。この場合のひずみ振幅は応力振幅をヤング率 E = 20600N/mm² で除した弾性ひずみ振幅としている。試験結果は（5.27）式で近似することができる。この式は Coffin[48] と Manson[49] により同時期に提案されたもので Coffin-Manson 則と呼ばれ，一定ひずみ振幅疲

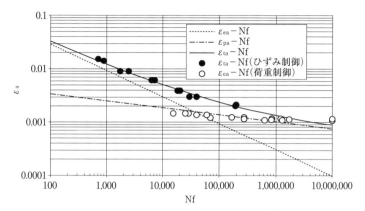

図 5.62　定ひずみ疲労試験結果の例[48]
（S35C 鋼：865℃焼ならし材）

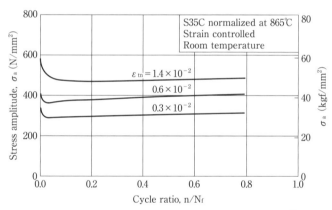

図 5.63　定ひずみ疲労試験中の応力振幅の変化の例[47]

労試験結果を表す線図として広く用いられている．

$$\varepsilon_{ta} = \varepsilon_{ea} + \varepsilon_{pa} = C_e \cdot N_f^{-ke} + C_p \cdot N_f^{-kp} \quad \cdots\cdots\cdots\cdots\cdots\cdots (5.27)$$

$C_e = 0.131$，$K_e = 0.0064$，$C_p = 0.496$，$k_p = 0.294$

図5.63は一定ひずみ振幅疲労試験中の応力振幅の変化を示している．疲労試験中に全ひずみ振幅を一定となるように制御しているが，図に示すように，初期には繰返しとともに応力振幅が減少する（繰返し軟化）傾向が見られる．その後ほぼ一定かわずかに増加（繰返し硬化）していることがわかる．図5.62の例のような熱処理硬化材あるいは冷間加工材では一般に繰返し軟化（**図5.64**（a））を，焼なまし材では繰返し硬化（図5.64（b））が生じる．

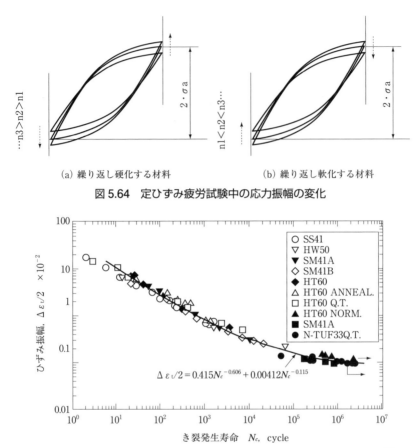

(a) 繰り返し硬化する材料 (b) 繰り返し軟化する材料

図 5.64 定ひずみ疲労試験中の応力振幅の変化

図 5.65 溶接構造用鋼，高張力鋼，一般構造用鋼などの定ひずみ試験結果[50]

(2) 低サイクル疲労の S-N 線図の例

　溶接構造用鋼，高張力鋼，一般構造用鋼など10種類の鋼のひずみ制御疲労試験によって得られたひずみ振幅とき裂発生寿命N_cとの関係を**図5.65**に示す[50]。鋼種による違いはほとんどなく，全ての材料に対して次式で示される一本の曲線で近似される。

$$\varepsilon_{ta} = \frac{\Delta \varepsilon_t}{2} = 0.415 N_c^{-0.606} + 0.00412 N_c^{-0.115} \quad \cdots\cdots\cdots\cdots (5.28)$$

　図5.66は JIS S10C-焼なまし材，焼きもどし材，S35C-焼ならし材（N），焼入れ・焼きもどし材（H），SCM435-調質鋼（A, B, C, D）および SUS304-溶体化処理材についての径方向全ひずみ制御低サイクル疲労および応力制御

5.5 低サイクル疲労

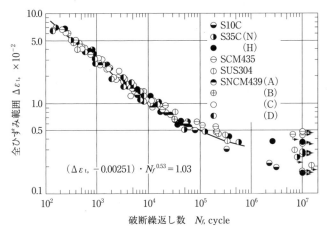

図 5.66 各種鋼材のひずみ制御低サイクル疲労及び応力制御高サイクル疲労試験結果[51]

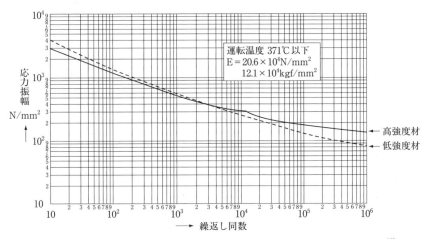

図 5.67 JIS B 8281「圧力容器の応力解析及び疲労解析」の設計疲労線図[52]

高サイクル引張り・圧縮疲労試験の結果を示している。鋼の引張強度は224～1390MPaまで、破断延性は0.72～1.64までかなり異なっている。それにもかかわらず、全ての鋼種に対して全ひずみ範囲$\Delta\varepsilon_t$とN_fの関係は$10^2 \leqq N_f \leqq 10^5$の範囲で以下のような一つの曲線で表せることがわかる[51]。

$$(\Delta\varepsilon_t - 0.00251) \cdot N_f^{0.53} = 1.03 \quad\cdots\cdots\cdots\cdots\cdots\cdots\cdots\cdots (5.29)$$

図5.67はJIS B8281の炭素鋼および低合金鋼の疲労設計曲線である。点線は最小引張り応力が552MPa以下のものに使用し、実線は最小引張り強さが

793MPa以上896MPa以下のものに使用する。最小引張り強さが552MPaと793MPaの間の材料に対しては比例法によって計算することになっている。なお，低サイクル領域の縦軸は応力集中部の高応力域のひずみに縦弾性係数（ヤング率）をかけた擬似弾性応力とも呼ばれるものである。この領域では降伏応力を超えて塑性状態になっていることが多いが，ごく狭い領域の現象であり，周囲の広い弾性域により取り囲まれており，ひずみ制御状態になっている。

5.6 超長寿命疲労（ギガサイクル疲労）

5.6.1 ODAと$\sqrt{area}$

鉄鋼材料のS-N線図では10^7回程度の繰返し数で水平部が現れ，その応力が疲労限度とされてきた。しかし，近年高強度鋼やTi合金などの高強度材料では，$10^7 \sim 10^8$回以上の長寿命域で疲労破壊を起こす現象が報告されている（**図5.68**）[54〜59]。この現象は，超長寿命疲労（ギガサイクル疲労）と呼

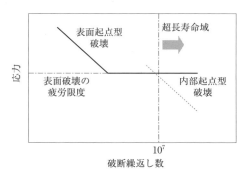

図 5.68　ギガサイクル疲労のSN線図

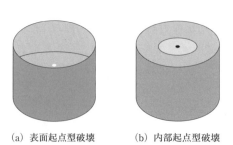

(a) 表面起点型破壊　　(b) 内部起点型破壊

図 5.69　疲労破壊起点の位置

ばれ，破壊起点が材料表面から内部へ遷移することを特長としている（**図5.69**）。これまでのところ，超長寿域の疲労破壊起点が材料内部に遷移する理由は明確になっておらず，今後の解明が急がれている。

軸受け鋼SUJ2において内部破壊起点となった介在物周辺の金属顕微鏡写真を**図5.70**に示す[54]。超長寿命域で疲労破壊した内部起点周辺に，図に示すように表面状態が粗いため光学顕微鏡で黒く見える領域（ODA, Optically Dark Area）が存在する。材料内部の介在物を破壊起点とする高強度鋼のODA形成機構モデルを，**図5.71**に示す[56]。村上らは，高強度鋼の

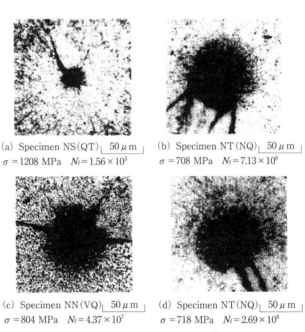

(a) Specimen NS(QT)　50μm
　$\sigma = 1208$ MPa　$N_f = 1.56 \times 10^5$

(b) Specimen NT(NQ)　50μm
　$\sigma = 708$ MPa　$N_f = 7.13 \times 10^6$

(c) Specimen NN(VQ)　50μm
　$\sigma = 804$ MPa　$N_f = 4.37 \times 10^7$

(d) Specimen NT(NQ)　50μm
　$\sigma = 718$ MPa　$N_f = 2.69 \times 10^8$

図 5.70　SUJ2 の破面写真[54]

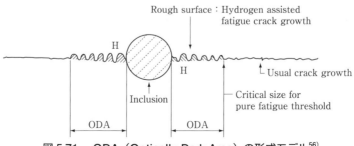

図 5.71　ODA（Optically Dark Area）の形成モデル[56]

内部破壊起点となる介在物の周囲にトラップされた水素がき裂進展に影響し，ODAを形成すると報告している[56),57)]。一方，Ti合金などの非鉄金属では，結晶粒内割れに起因する内部破壊起点の周囲に，ODAに類似した表面状態の粗い領域が生じる場合がある[58),59)]。中村らによると，Ti6Al4V材の起点周囲に見られる粗い領域の生成は，材料内部のき裂の周囲環境が真空であることに起因すると報告している[59)]。

ODAは材料内部に生じるため，その寸法は破断後の破面観察でなければ知ることはできない。そこで，ODA寸法と介在物の極値統計を考慮し，母材のビッカース硬さHvと介在物寸法を用いる$\sqrt{area}$パラメータモデルで，超長寿命領域における高強度鋼の疲労強度を評価する手法が村上らにより提案されている[54)]。

5.6.2 周波数依存性（超音波疲労試験）

従来から用いられている回転曲げ疲労試験機や，軸荷重油圧サーボ式の疲労試験装置の繰返し速度は，50Hz程度以下である[60)]。この速度で疲労試験を実施した場合，繰返し数N = 10^7回で数日，N > 10^8回ならば1ヶ月程度の期間を破断までに要する。したがって，前述の超長寿命域の疲労強度を評価するためには，試験が長期化することになる。

疲労試験に要する時間を短くするという観点から，疲労試験機の繰返し速度を上げる試みはこれまで広く行われてきた[60)]。特に，従来の試験装置より

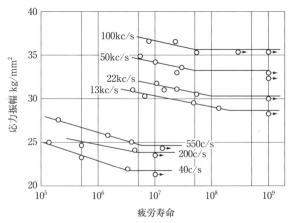

図 5.72 疲労特性に及ぼす繰返し速度の影響（S20C）[61)]

も高速で運用できるものとして，超音波による共振を利用した超音波疲労試験機が挙げられる[61]。この試験機では，数十kHz以上の高速で試験を実施できるため，短期間で疲労試験を完了することができる。

ただし，材料の疲労強度は荷重速度（繰返し速度）の影響を受けることが知られている。図5.72は，構造用炭素鋼S20Cの平滑材について，疲労強度の繰返し速度依存性を調べた結果を示している。40Hzから100kHzへと繰返し速度が増加するにつれて，応力振幅−疲労寿命関係が上に位置している。これは，荷重速度の増加に伴い材料内部の摩擦（すべり抵抗）が増加し，疲労き裂の発生が遅延するためと説明されている[62]。また，疲労き裂の進展に関しても，荷重速度の増加に伴い，き裂進展速度が減少するという報告がある[62]。

以上に述べたように，疲労強度は繰返し速度に依存するため，材料試験時の周波数と対象とする構造物の振動周波数とが大きく異なる場合，強度評価をするときに注意を要する。また，超音波疲労試験の実施の際，材料によっては内部摩擦による発熱が顕著となるため，試験片の熱を十分に放出し冷却する必要がある。なお，超音波疲労試験機以外にも，一度に4つのデータを取得できる4連式回転曲げ疲労試験機[63]や，従来よりも高速での駆動を実現した軸荷重油圧サーボ式の疲労試験機も開発されている[60]。

【参考文献】

1) 日本材料学会編：材料強度学，1990.
2) 河本，田淵：金属材料の疲労強度に及ぼす繰返速度の影響，材料試験，Vol.9, No.82, pp.452-458, 1960.
3) 服部，伊藤ら：ロジスティック解析に基づく金属材料の高サイクル疲労過程中に生じる塑性ひずみ幅の変化　日本機械学会論文集A編，Vol.70, No.697, pp.1326-1331, 2004.
4) JIS Z2274：金属材料の回転曲げ疲れ試験方法
5) Nishijima, S et al：Trans. NRIM, 19 (1977), 119
6) 日本機械学会編：金属材料　疲労強度の設計資料Ⅰ（改定第二版），1982.
7) M. F. Garwood. et al.：Interpretation of Tests and Correlation with Service, Metals Park Ohio, 12, ASM, 1951.
8) 村上，遠藤：切欠き材の疲労強度に及ぼす人工微小穴の影響，日本機械学会論文集A編，Vol.49, No.444, 1983.
9) 村上，遠藤，微小き裂の下限界応力拡大係数幅ΔK_{th}に及ぼす硬さとき裂形状の影響，材料，Vol.35, No.395, 1986.
10) 日本造船研究協会：第202研究部会（SR202）報告書，研究資料，No.395, 1991.

11) 戸梶，小川ら：微小疲労き裂の成長に対する線形破壊力学の適用限界とその組織依存性，材料，Vol.34, No.385, 1985.
12) Okubo H., Murakami S., Hosono K. J Inst Metals, Vol.91, No.3, pp.95-100, 1962.
13) 誉田，有持ら：金属組織制御による鋼材の疲労き裂進展特性の改善：疲労特性に優れた船体用鋼板の開発 第1報，日本造船学会論文集，No.190, pp.507-515, 2001.
14) Kihara, H., Suzuki, H. and Tamura, H.：Researches on Weldable High Strength Steels, 造船協会60周年記念業書，第1巻，Chap.4, 1957.
15) 新富，竹士ら，溶接HAZ軟化が継手強度に及ぼす影響に関する検討　溶接学会論文集 Vol.21, No.3, pp.397-403, 2003.
16) 西田：応力集中，森北出版，1973.
17) R. E. Peterson：Stress Concentration Factor, John Wiley & Sons, New York, 1974.
18) 日本機械学会編，機械工学便覧［材料力学］，1984.
19) 日本材料学会編，疲労設計便覧，養賢堂，1995.
20) Metal Handbook 9th edition, Vol.11, Failure Analysis and Prevention, 1978.
21) Siebel E, StielerM：Ungleichformige Spannungsverteilung bei Schwingender Beanspruchung, VDI Z Nr 97, pp.121-126, 1955.
22) 西谷：浅くて鋭い切欠きをもつ炭素鋼の回転曲げ疲れ強さ，日本機械学会論文集，Vol.31 No.221, pp.48-51, 1965.
23) W. Elber：The Significance of Fatigue Crack Closure, ASTM STP486, pp.209-220, 1971.
24) 西谷：炭素鋼の回転曲げ試験における分岐点ならびに疲れ限度の寸法効果（小型材による検討），日本機械学会論文集，Vol.34, No.259, pp371-382, 1968.
25) 北川ら 疲労き裂成長の下限界応力拡大係数Δ KTH とき裂材・切欠材の疲労限度との関係について，日本機械学会論文集，Vol.42, No.356, pp.996-1000, 1976.
26) 後川，辻ら　溶接止端部形状が疲労強度に及ぼす影響（第1報）：ビード止端の応力集中と疲労寿命，日本造船学会論文集，No.170, pp.693-703, 1991.
27) 日本鋼構造協会編：鋼構造物の疲労設計指針・同解説（2012年改定版）技報堂出版, 2012.
28) 日本材料学会：金属材料疲労設計便覧，養賢堂，1978.
29) 日本材料学会編：金属の疲労，養賢堂，1964.
30) 佐藤，向井，豊田共著，溶接工学，理工学社, 1979.
31) Siebel,E. and Leyensetter, W., VDI-Z.,80-22（1936），697
32) 日本機械学会編：金属材料疲れ強さの設計資料Ⅱ　表面効果（改定第2版），1984.
33) 茶谷：ひずみ時効処理された炭素鋼の疲労挙動について, 材料 Vol.23, No.252, pp.783-788, 1974.
34) 長江，加藤ら：高強度薄鋼板の疲労強度，鉄と鋼，Vol.68, No.9, pp.1430-1436, 1982.
35) DF. Socie and GB. Marquis, Multiaxial fatigue.
36) HJ. Gough, Engineering Steels under Combined Cyclic and Static Stresses, Journal of Applied Mechanics, vol.50, pp.113-125, 1950.
37) 新田，緒方，桑原：SUS 304 鋼の高温多軸疲労寿命に及ぼす引張圧縮・ねじり負荷位相の影響，材料，Vol.36, No.403, pp. 376-382, 1987.
38) T. Itoh, M. Sakane and N. Hamada：Nonproportional Low Cycle Fatigue Lives of Type 304 Stainless Steel and 6061 AL Alloy under 14 Loading Paths at Room Temperature,

ASME, PVP-Vol.419, pp.53-60, 2001.
39) 伊藤, 村嶋, 平井, 非比例負荷における多軸低サイクル疲労強度特性の材料依存性, 材料, Vol. 56, No. 2, pp.157-163, 2007.
40) CH. Wang and MW. Brwown：A path-independent parameter for fatigue under proportional and non-proportional loading, Fatigue of Engineering Materials and Structures, Vol.16, 1285, 1993.
41) F. Ellyin and Xia, Z, A：General Theory of Fatigue with Application to Out-of-Phase Cyclic Loading, J. of Engineering Materials & Technology, Trans. ASME, Vol. 115, pp. 411-416, 1993
42) 大野, 鯉渕, 泉山：油圧ショベル鋼構造部分の実働荷重と寿命予測, 日立評論, 56, No.561, pp.48-52, 1974
43) 星井, 信田, 原田：クレーンの巻上荷重に関する定量的評価法, 日本機械学会論文集（C編）, 58-555, pp.3441-3448, 1992.
44) 遠藤, 松石, 光永, 小林, 高橋：Rain Flow Method の提案とその応用, 九州工業大学研究報告（工学）, No.28, pp.33-62, 1974.
45) 薄, 岡村：定常ランダム荷重下の疲労き裂進展：第1報　試験システムおよびS45Cの実験結果, 日本機械学会論文集, Vol.44, No.386, pp.3322-3332, 1978.
46) E. Haibach：The allowable stresses under variable amplitude loading of welded joints, Inst. Conf. on Fatigue of Welded Structures, 1970.
47) 金属材料技術研究所疲れデータシート, No.39, 1984.
48) L.F. Coffin: A Study of the Effects of Cyclic Thermal Stresses on a Ductile Metal, Trans. ASME, Vo.76, pp.931-950, 1954.
49) S.S. Manson：Behavior of materials under conditions of thermal stress, National Advisory Committee for Aeronautics, technical note 2933, 1953.
50) 金澤, 飯田：溶接全書17　溶接継手の強度, 産報出版, 1978.
51) 幡中：金属材料の繰返し応力-ひずみ特性と低サイクル疲労寿命, 日本機械学会論文集（A編）, Vol.50, No.453, pp.831-838, 1984.
52) JIS B 8281「圧力容器の応力解析及び疲労解析」1993.
54) 長田, 村上：超長寿命疲労破壊における ODA（Optically Dark Area）の形成に及ぼす諸因子, 材料, Vol.52, No.8, pp. 966-973, 2003.
55) 中村, 金子, 野口, 神保：低温焼戻しクロムモリブデン鋼の高サイクル疲労特性と破壊起点の関連性, 日本機械学会論文集A編, Vol.64, No.623, pp. 1820-1825. 1998.
56) Y.Murakami, T.Momoto, and T.Ueda：Factors influencing the mechanism of superlong fatigue failure in steels, Fatigue & Fracture of Engineering Materials & Structures,Vol22, No.7, pp581-590, 1999
57) 村上, 横山, 高井：軸受鋼の超長寿命疲労破壊に及ぼす介在物にトラップされた水素の影響, 材料, Vol.50, No.10,pp.1068-1073, 2001.
58) D.F. Neal and P.A. Blenkinsop：Internal fatigue origins in α-β Titanium alloys, Acta Metallurgica, Vol.24, pp59-63, 1976.
59) 中村, 山下, 小熊, 脇田, 野口：Ti-6Al-4V の内部起点型疲労破面における粒状領域の形成因子, 材料, Vol. 56, No. 12 pp.1111-1117, 2007.
60) 中村, 泉谷, 椎名, 小熊, 野口：高応答小型デジタルサーボ疲労試験機の開発, 材料, Vol.52,

No.11, pp. 1280-1284, 2003.
61) 菊川, 大路, 小倉：100kc/s までの軟鋼の引張圧縮疲れ試験結果, 日本機械学会論文集, Vol.32, No.235, pp. 363-370, 1966.
62) 中沢, 本間共著：, 金属の疲労強度, 養賢堂発行, 1982.
63) 酒井 他：高炭素クロム軸受鋼の広寿命域における特徴的回転曲げ疲労特性に関する実験的検証, 材料, Vol.49, No.7, pp. 779-785, 2007.

第6章
溶接継手の疲労強度

　疲労寿命は，き裂が発生するまでの寿命（き裂発生寿命）と，そのき裂が進展して破断に至るまでの寿命（き裂進展寿命）とに分けられる。き裂発生寿命はき裂発生部に生じる実際の応力あるいはひずみの変動幅，そしてき裂進展寿命はき裂が進展する断面での応力の変動幅に依存すると考えられる。したがって，溶接継手の$\Delta\sigma-N$関係はき裂発生部の応力集中係数とき裂が進展する断面での応力分布に支配されることになる。これら2つパラメータについては，種々の因子の影響を受け，疲労強度が左右される。また，溶接継手に特有な残留応力も疲労強度に大きな影響を与えることが知られている。ここでは，溶接継手の疲労強度に対する諸因子の影響について述べる。一部，2章および5章の内容と重複する部分もあるが，容赦願いたい。

6.1　継手の種類・形状と疲労強度

　前述の疲労強度を支配する2つのパラメータ（応力集中と応力分布）については，継手形式の影響が最もが大きいと考えられる。そのため，各疲労設計基準類では継手形式ごとに$\Delta\sigma-N$関係が示されている。例えば，日本鋼構造協会の「鋼構造物の疲労設計指針・同解説（2012年改定版）」（以後，JSSC指針と呼ぶ）[1]では以下のようである。

　対象とする継手の疲労強度を考慮して，事前に9つの$\Delta\sigma-N$関係を**図6.1**に示すように用意している。そして，それらを強度等級A～Iの継手に対応する$\Delta\sigma-N$関係とし，それぞれの継手の疲労強度がどの$\Delta\sigma-N$関係に対応するかを調べることにより，各継手の強度等級を定めている。すなわち，疲労試験などから得られた疲労強度の下限あるいはそれに相当する非破壊確率97.7％の疲労強度とA～Iの$\Delta\sigma-N$関係を比較することにより，各継手

第6章 溶接継手の疲労強度

図6.1 設計 $\Delta \sigma - N$ 関係（JSSC 指針）

継手の種類		強度等級 ($\Delta \sigma_f$)	備考
1. 帯板	(1) 表面および端面，機械仕上げ（あらさ50s以下）	A(190)	
	(2) 黒皮付き，ガス切断縁（あらさ100s以下）	B(155)	
	(3) 黒皮付き，ガス切断縁（著しい条痕は除去）	C(125)	
2. 形鋼	(1) 黒皮付き	B(155)	
	(2) 黒皮付き，ガス切断縁（あらさ100s以下）	B(155)	
	(3) 黒皮付き，ガス切断縁（著しい条痕は除去）	C(125)	
3. シームレス管		B(155)	
4. 円孔を有する母材（純断面応力，実断面応力）		C(125)	
5. フィレット付きの切抜きガセットを有する母材	(1) $1/5 \leq r/d$切断面のあらさ50s以下	B(155)	
	(2) $1/10 \leq r/d < 1/5$切断面のあらさ50s以下	C(125)	
	(3) $1/5 \leq r/d$切断面のあらさ100s以下	C(125)	
	(4) $1/10 \leq r/d < 1/5$切断面のあらさ100s以下	D(100)	
6. 高力ボルト摩擦接合継手の母材（純断面応力）	(1) $1 \leq n_b < 4$	B(155)	
	(2) $5 \leq n_b \leq 15$	C(125)	
	(3) $16 \leq n_b$	D(100)	
7. 高力ボルト支圧接合継手の母材（$n_b \leq 4$，純断面応力）		B(155)	
8. 検査対象方向の応力を伝えない高力ボルト締め孔を有する母材（純断面応力）		B(155)	

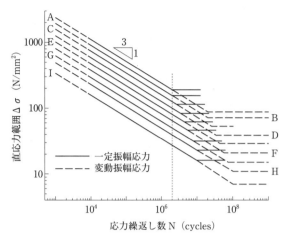

n_b：応力方向のボルト本数
※(4., 6., 7., 8.)孔を押抜きせん断で加工した場合には強度等級1ランク下げる。

6.1 継手の種類・形状と疲労強度

(1) 横突合せ溶接継手

継手の種類		強度等級 ($\Delta\sigma_f$)	備考
1. 余盛削除した継手		B(155)	
2. 止端仕上げした継手		C(125)	
3. 非仕上げ継手	(1) 両面溶接	D(100)	
	(2) 良好な形状の裏波を有する片面溶接	D(100)	
	(3) 裏当て金付き片面溶接	F(65)	
	(4) 裏面の形状を確かめることのできない片面溶接	F(65)	

(2) 縦方向溶接継手

継手の種類		強度等級	
1. 完全溶込み溶接継手(溶接部が健全であることを前提とする)	(1) 余盛削除	B(155)	
	(2) 非仕上げ	C(125)	
2. 部分溶込み溶接継手		D(100)	
3. すみ肉溶接継手		D(100)	
4. 裏当て金付き溶接継手		E(80)	
5. 断続する溶接継手		E(80)	
6. スカラップを含む溶接継手		G(50)	
7. 切抜きガセットのフィレット部に接する溶接	(1) $1/5 \leq r/d$	D(100)	
	(2) $1/10 \leq r/d < 1/5$	E(80)	

※ (6.) フランジ板圧方向にせん断応力が作用する場合，評価応力を以下の式から求める。
$\Delta\sigma = \Delta\sigma_m + 2/3\Delta\tau$

(3) 十字溶接継手

	継手の種類		強度等級	
荷重非伝達型	1. 滑らかな止端を有するすみ肉溶接継手		D(100)	
	2. 止端仕上げしたすみ肉溶接継手		D(100)	
	3. 非仕上げのすみ肉溶接仕上げ		E(80)	
	4. 溶接の始終点を含むすみ肉溶接継手		E(80)	
	5. 中空断面部材をすみ肉溶接した継手	(1) $d_0 \leq 100mm$	F(65)	
		(2) $d_0 > 100mm$	G(50)	
荷重伝達型	6. 完全溶込み溶接	(1) 滑らかな止端を有する継手	D(100)	
		(2) 止端仕上げした継手	D(100)	
		(3) 非仕上げの継手	E(80)	
		(4) 中空断面部材（片面溶接）	F(65)	
	7. 止端破壊 すみ肉および部分溶込みすみ肉溶接	(1) 滑らかな止端を有する継手	E(80)	
		(2) 止端仕上げした継手	E(80)	
		(3) 非仕上げの継手	F(65)	
		(4) 溶接の始終点を含む継手	F(65)	
	8. ルート破壊（のど断面）		H(40)	
	9. 中空断面部材（片面溶接）	(1) 止端破壊	H(40)	
		(2) ルート破壊（のど断面）	H(40)	

(4) ガセット溶接継手（付加板を溶接した継手も含む）

	継手の種類		強度等級 ($\Delta \sigma_f$)	備考
面外ガセット	1. ガセットをすみ肉あるいは開先溶接した継手 ($l \leq 100$mm)	(1) 止端仕上げ	E(80)	
		(2) 非仕上げ	F(65)	
	2. フィレットを有するガセットを開先溶接した継手（フィレット部仕上げ）		E(80)	
	3. ガセットをすみ肉溶接した継手 ($l > 100$mm)		G(50)	
	4. ガセットを開先溶接した継手 ($l > 100$mm)	(1) 止端仕上げ	F(65)	
		(2) 非仕上げ	G(50)	
	5. 主板にガセットを貫通させた継手（スカラップを伴う）		I(32)	
面内ガセット	6. フィレットを有するガセットを開先溶接した継手（フィレット部仕上げ）	(1) $1/3 \leq r/d$	D(100)	
		(2) $1/5 \leq r/d < 1/3$	E(80)	
		(3) $1/10 \leq r/d < 1/5$	F(65)	
	7. ガセットを開先溶接した継手	(1) 止端仕上げ	G(50)	
		(2) 非仕上げ	H(40)	
8. 重ねガセット継手の母材		(1) まわし溶接なし	H(40)	
		(2) まわし溶接あり	I(32)	

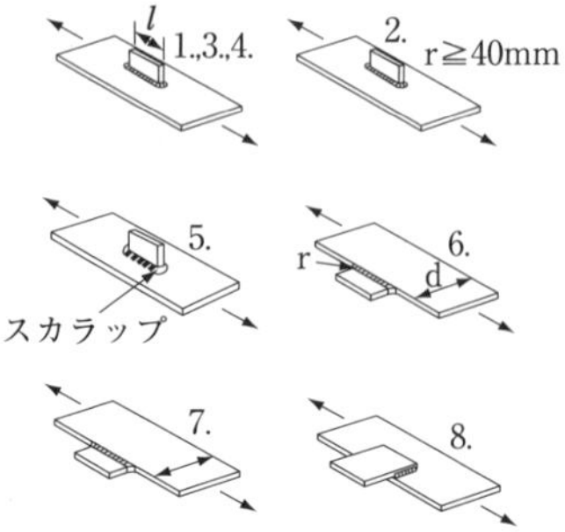

(5) その他の溶接継手

継手の種類		強度等級 ($\Delta \sigma_f$)	備考
1. カバープレートをすみ肉溶接で取り付けた継手 ($l \leq 300$mm)	(1) 止端仕上げ	E(80)	
	(2) 非仕上げ	F(65)	
2. カバープレートをすみ肉溶接で取り付けた継手 ($l > 300$mm)	(1) 溶接部仕上げ	D(100)	
	(2) 非仕上げ	G(50)	
3. スタッドを溶接した継手	(1) 主板断面	E(80)	
	(2) スタッド断面	S(80)	
4. 重ね継手	(1) 主板断面	H(40)	
	(2) 添接板断面	H(40)	
	(3) 前面すみ肉溶接のど断面	H(40)	
	(4) 側面すみ肉溶接のど断面	S(80)	

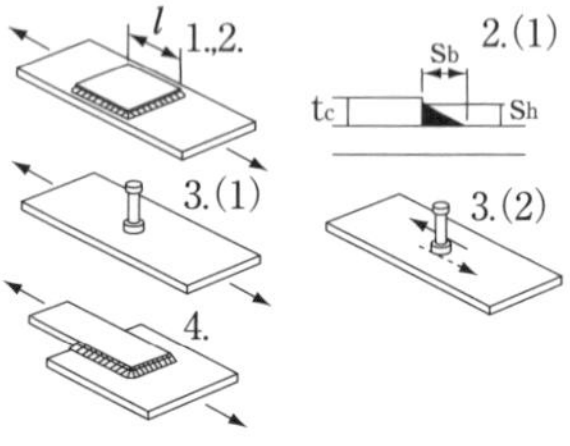

図 6.2 溶接継手の疲労強度等級分類（JSSC 指針）

に強度等級を与えている。JSSC 指針に示されている継手ごとの強度等級分類を**図6.2**に示す。形状の変化が大きく，高い応力集中が生じると考えられる継手ほど，低い疲労強度等級が与えられている。なお，$\Delta \sigma - N$ 関係は次式で与えられる。

表 6.1 溶接継手に対して与えられている各基準での疲労強度等級（200万回疲労強度）

(1) 横突合せ溶接

継手種類	JSSC指針 m=3	鉄道標準 m=3	AASHTO m=3	IIW m=3
1.	155	100	123	112
2.	125	−	−	−
3.(1)	100	100	89	90
3.(2)	100	100	89	80
3.(3)	65	−	−	71
3.(4)	65	−	−	71

(2) 縦方向溶接継手

継手種類	JSSC指針	鉄道標準	AASHTO	IIW
1.(1)	155	155	123	125
1.(2)	125	125		112
2.	100	125	100	−
3.	100	125	123	112(自動溶接),90(手動溶接)
4.	80	−	100	
5.	80	−	−	80〜36(τ/σ で規定)
6.	50	50	−	71〜36(τ/σ で規定)
7.(1)	100	100	−	−
7.(2)	80	80	−	

(3) 十字溶接継手

継手種類	JSSC指針	鉄道標準	AASHTO	IIW
1.	100	100		−
2.	100	100	−	100
3.	80	80	89	80
4.	80	−		−
5.(1)	65	−	−	−
5.(2)	50	−		−
6.(1)	100	100	−	−
6.(2)	100	100		80
6.(3)	80	80	−	71
6.(4)	65	−	−	−
7.(1)	80	−		−
7.(2)	80	−	−	−
7.(3)	65	−		63
7.(4)	65	−	−	−
8.	40	−		45
9.(1)	40	−	−	−
9.(2)	40	−	−	−

(4) ガセット継手

継手種類	JSSC指針	鉄道標準	AASHTO	IIW
1.(1)	80	80	—	—
1.(2)	65	65	89(L≦50mm) 69(50<L≦100mm)	80(L≦50mm) 71(50<L≦150mm)
2.	80	−	123(r>600mm) 89(r>150mm) 69(r>50mm) 55(r≦50mm)	90(r>150mm)

継手種類	JSSC指針 m=3	鉄道標準 m=3	AASHTO m=3	IIW m=3
4.(1)	65	65	—	—
4.(2)	50	50	55(t<25mm) 40(t≧25mm)	—
5.	32	—	—	—
6.(1)	100	100	123(r>600mm)	90(r>150mmorr/d>1/3)
6.(2)	80	80	89(r>150mm)	71(1/6<r/d<1/3)
6.(3)	65	65	69(r>50mm) 55(r≦50mm)	50(r/d<1/6)
7.(1)	80	—	—	—
7.(2)	40	—	55(t<25mm), 40(t≧25mm)	50(l<150mm), 45(L,>150mm)
8.(1)	40	—	55	—
8.(2)	32	—	—	—

(5)その他の溶接継手

1.(1)	80	80	—	—
1.(2)	65	65	55(t≦20mm) 40(t>20mm)	—
2.(1)	100	100	—	71～56(tとgの比により)
2.(2)	50	50	55(t≦20mm) 40(t>20mm)	56～45(tとgの比により) (t:母材板厚, g:ガセット板厚)
3.(1)	80	80	89	80
3.(2)	80(せん断)	80(せん断)	—	—
4.(1)	40	—	40	63
4.(2)	40	—	40	—
4.(3)	40	—	—	45
4.(4)	80(せん断)	—	62(せん断)	—

$$\Delta \sigma^3 \cdot N = C \quad \cdots \cdots \cdots \cdots \cdots \cdots \cdots \cdots \cdots \cdots \cdots \cdots \cdots \cdots \cdots \cdots \cdots \cdots \cdots \cdots \cdots \quad (2\text{-}1)$$

C：疲労強度等級によって決まる定数 $= \Delta \sigma_f^3 \cdot 2 \times 10^6$

$\Delta \sigma_f$：各等級の200万回疲労強度

表6.1は各国の疲労設計基準類で示されている継手の強度等級分類を示したものである[1)～4)]。ここでは，強度等級を代表する値として200万回疲労強度を示している。基準類によって，若干の違いはあるものの，各基準類でほぼ同じ継手形式と疲労強度の関係を規定している。

6.2 鋼材と疲労強度

平滑な鋼素材の疲労強度はその静的強度（降伏点応力，引張強度）に比例して高くなることが知られている。しかし，鋭い応力集中部を有する溶接継手の疲労強度は鋼材の静的強度レベルの影響をさほど受けないとされている。**図6.3**（a），（b）に十字継手と面外ガセット継手について，200万回疲労強度と鋼材引張強度（保証値）の関係を収集・整理した結果を示す[5]。なお，200万回疲労強度は，疲労試験より得られたデータを用いて，$\Delta\sigma - N$ 関係の傾きを3として回帰解析を行うことにより求めたものである。これらの図からも，鋼材の静的強度が溶接継手の疲労強度に及ぼす影響が小さいことが理解される。

以上のような実験事実から，いずれの疲労設計基準類においても，継手の疲労強度は鋼材の種類によって変化しないとしたものが多い。このことは，鋭い応力集中部を持つ溶接継手では，疲労き裂進展寿命が支配的であり，進展速度が鋼材の静的強度レベルに依存しない[6],[7]ことからも，妥当と考えられる。したがって，高強度鋼を用いた溶接構造物の設計では疲労がネックになりやすく，次節および10章で述べる疲労強度改善が一層重要となる。

近年，組織を工夫することにより，疲労強度の改善を目指した鋼材が日本の製鋼メーカーで開発されている[8]〜[11]。例えば，ファイライトとベイナイトからなる2相組織とすることで疲労強度改善を図った鋼材[8]は，一部日本海事協会でその使用が認められている。ただし，いずれの高疲労強度鋼材に

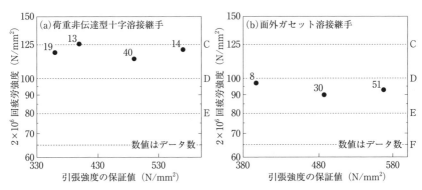

図6.3　200万回疲労強度と鋼材の降伏応力の関係

おいても，十分な検証実績があるとは言えず，今後の検討および成果が期待される。

6.3 溶接形状の影響

　溶接止端の応力集中に対しては，溶接形状も影響する。例えば，すみ肉溶接を主板側に長い不等脚な溶接とすれば，応力集中を軽減することができ，疲労強度も改善できる[12]。また，溶接止端を滑らかに仕上げることによっても応力集中の軽減が可能である。このような溶接形状の改善により，疲労強度の大幅な改善が可能である。例えば，カバープレート継手の溶接部を図6.2（f）に示すように仕上げることにより，JSSC指針では強度等級をG（200万回疲労強度50N/mm^2）からD（100N/mm^2）まで上げてもよい（疲労強度にして2倍）としている。

　溶接形状のマクロ的な改善は付加溶接（化粧溶接）によって実現することが考えられる[12]。一方，溶接止端形状の改善はディスクグラインダあるいはバーグラインダで行われることが多い。グラインダ仕上げだけでも10～80%も疲労強度が向上する[13]。このグラインダ仕上げの効果は，溶接止端の曲率半径を大きくすること（通常の溶接ままの継手では0.1～1.0mm，これを仕上げることにより3～5mm程度とする）によるが，その際，溶接止端にアンダカットなどのきずや溶接止端そのものが残らないように行わなければ，グランダの効果は期待できない。そのため，グラインダ仕上げは，母材を少し削り込み，溶接止端のラインが見えなくなる程度まで行うのがよい。また，ディスクグランダを用いた場合には，溶接線直角方向に傷がつきやすく，それが疲労破壊の起点となり，疲労強度向上を阻害する。溶接止端の最終仕上げには，バーグラインダが適している。そして，その場合にも応力直角方向に傷を残さないように仕上げることが肝要である。

　図6.4は，面外ガセット継手の廻し溶接部止端をディスクグラインダあるいはバーグラインダで止端が残らないように仕上げた，そして溶接止端を残して溶接部を仕上げた試験体の疲労試験結果を溶接ままの試験体の結果と比較したものである[14]。溶接部を仕上げても，止端が残っていれば，仕上げを行わない場合の疲労強度とほぼ同じになっている。なお，この図では，ディスクグラインダで仕上げてもバーグラインダで仕上げた場合と同程度以上の

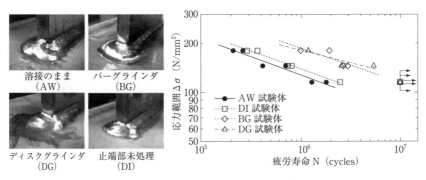

図6.4　グラインダ仕上げの品質と疲労強度

疲労強度となっている。これは，図中の写真に示すように止端部が完全に仕上げられているためである。しかし，ディスクグラインダで止端のラインを消すように仕上げることが難しいことは容易に想像できるであろう。

溶接止端の曲率半径を大きくする方法としては，グラインダ仕上げの他，砥石粒を混入した水を高圧で噴射する方法，ティグやプラズマで溶接止端を再溶融する方法，ハンマーなどで溶接止端を打撃し変形させるピーニング法などがある[13]。ただし，ピーニングを用いた場合には，ピーニング痕により形状が乱れることもあり，注意を要する。

溶接止端の応力集中に対しては，止端の曲率半径に加えて，止端の開き角の影響も大きい。溶接材料のぬれ性能をよくして止端の曲率半径と開き角の改善を図る試みも行われており，その疲労強度に対する効果も実験的に確かめられている[15]。

6.4　継手寸法と疲労強度

厚い鋼板を用いた溶接継手の疲労強度が薄板の溶接継手よりも低くなることは，板厚効果として知られており，疲労に関する基準類でも板厚の0.25乗（1/4乗）に反比例して疲労強度が低下するという規定を設けているものが多い。これは主として，ヨーロッパを中心として行われた荷重非伝達型十字すみ肉溶接継手などの前面すみ肉溶接継手を対象とした実験の結果[16]に基づくものであるが，その後の実験・研究においてもこれを支持するものが多い。この板厚効果のメカニズムは次のように考えられている。**図6.5**に示す

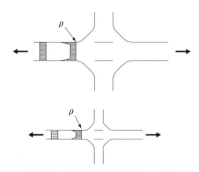

図 6.5　板厚効果のメカニズム

表 6.2　板厚補正指数（IIW 指針）

継手形式	条件	板厚補正指数
十字継手，T継手，横方向付加板を有する継手，ends of longitudinal stiffeners	溶接まま	0.3
十字継手，T継手，横方向付加板を有する継手，ends of longitudinal stiffeners	止端仕上げ	0.3
横付き合せ継手	溶接まま	0.2
表面を仕上げた横突き合せ継手，母材縦継手，面外ガセット継手	なし	0.1

ように異なる板厚の継手があったとする。これらの継手において疲労破壊の起点となる溶接止端部の応力集中は止端の曲率半径 ρ と主板厚 t の比（ρ/t）に反比例する。すなわち，ρ が主板厚によらず一定であるとすれば，厚板を用いた場合ほど応力集中係数が高くなる。

十字すみ肉溶接継手の止端に生じる応力集中は，板厚のほかにも付加板の厚さや溶接脚長の大きさの影響も受ける。例えば，付加板の厚さを12mm，溶接脚長を6mmで一定とした場合，主板厚25mm以上では主板厚による応力集中係数の変化はほとんど生じず，疲労強度もほぼ一定となる，すなわち板厚効果は生じないということも確かめられている[17]。したがって，板厚効果は継手形式によって異なるだけではなく，同じ形式の継手であっても主板と接合される板の寸法や溶接の大きさによっても変化するものと考えられる。安全を考えれば，すべての継手で板厚効果を考慮すればよいが，不経済となることもある。今後，どのような継手および条件に対して板厚効果を考慮すべきかを明確にしていく必要があろう。なお，IIW 指針[2]では継手の形式によって，また溶接止端の仕上げの有無によって，板厚による疲労強度補正指数の値を0.1, 0.2, 03と変えている。その規定を**表6.2**に示す。

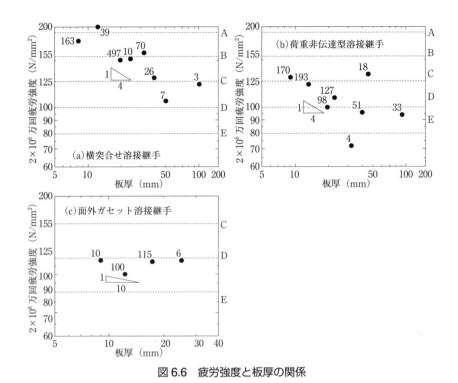

図6.6 疲労強度と板厚の関係

図6.6 (a)－(c) は，溶接構造の中でも特に代表的な継手である横突合せ継手，十字継手，面外ガセット継手の最近の疲労試験データを収集・整理し，200万回疲労強度と主板厚の関係を示したものである。なお，200万回疲労強度は，疲労試験より得られたデータを用いて，$\Delta\sigma－N$ 関係の傾きを3として回帰解析を行うことにより求めたものである。図中には，疲労強度が板厚の0.25乗に反比例して低下するとした場合の関係（図中の3角印）も示している。横突合せ継手と十字継手については，3角印で示す関係が板厚増加に伴う疲労強度の低下の様子をよく再現している。しかし，面外ガセット板厚については，明確な板厚に伴う疲労強度の減少は認められない。IIW指針では，十字継手の板厚補正指数を0.3としているのに対し，面外ガセット継手については0.1としている。

溶接継手の疲労強度は，き裂発生部の応力集中係数に反比例するとした考え方もある。IIW指針では，溶接ままの継手に対して止端曲率半径1.0mmとして疲労強度を評価する方法，すなわち有効切欠き応力の概念が示されて

いる．これについては，12.10節で詳述する．先に述べたように，疲労強度についてはき裂発生部の応力集中係数だけではなく，き裂が進展する断面での応力分布にも依存する．ただし，継手形式が同じであれば，応力分布の影響を含めて，応力集中係数で疲労強度が整理できる（疲労強度は応力集中係数に反比例する）とも考えられる．このような考え方をもとに，溶接止端部の曲率半径 ρ を 1.0mm として，十字継手と面外ガセット継手について，3次元FEM解析（要素寸法0.1mm）を行い，疲労強度と板厚の関係を求めた例を図6.7に示す．図の縦軸は，板厚12mmの疲労強度で無次元化した疲労強度である．図中には，止端を仕上げた場合を想定し，止端曲率半径 ρ を3.0mm あるいは 5.0mm とした場合の結果も示している．止端仕上げの有無によらず，十字継手では板厚補正指数が0.3程度，面外ガセット継手では0.1程度となっており，IIW指針の規定とほぼ一致している．繰り返しになるが，継手形式ごとの板厚効果については，さらに検討が必要と考えられる．

図6.2（d）に示す荷重非伝達型十字すみ肉溶接継手の付加板を厚くしていくと，溶接部に流れ込む応力が増大し，溶接止端での応力集中係数も高くなる．付加板の厚さを極端に大きくすると，この継手を図6.2（f）に示すカバープレート継手とみなすことができよう．両継手の疲労強度の相違は図6.2に示すように明らかである．また，このことよりカバープレート継手ではカバープレートの長さによって疲労強度が変化することが理解できよう．同様のメカニズムにより，図6.2（e）に示す面外ガセット継手においても，ガセットの取り付け長さによって疲労強度が変化する．寸法の影響として

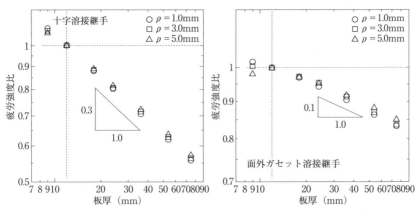

図6.7 有効切欠き応力を用いて評価した疲労強度と板厚の関係

は，板幅も考える必要があろう．これは，横突合せ継手や十字すみ肉溶接継手などでは，溶接止端に沿って複数のき裂が発生し，進展するため，板幅が広くなるにしたがってき裂発生数が多くなり，それが疲労強度に影響を及ぼすとも考えられるためである．しかし，先に示した2種類の継手の幅を20〜160mmまで変化させて行われた実験では，この影響は小さいという結果が得られている．また，疲労き裂の発生数や位置を確率変量とした疲労き裂進展解析からも同様な結果が得られている[17]．

6.5 残留応力・平均応力と疲労強度

図6.8に示すように，同じ応力範囲であっても平均応力が高くなれば，疲労寿命が短くなることは平均応力効果あるいは応力比効果として知られている．応力比Rは図6.8に示すように繰返し応力の（下限値σ_{min}）／（上限値σ_{max}）と定義される．応力比効果の原因を疲労き裂の進展過程から考えてみる．1回の応力繰返しによってどの程度疲労き裂が進展するか（疲労き裂進展速度）は，き裂先端にどの程度の応力繰返し（ひずみ繰返し）が生じるかに依存すると考えられる．ところで，図6.8（a）に示すように繰返し応力が引張領域から圧縮領域に渡り，そして応力が圧縮領域にある間は，単純に考えてき裂は閉じている．その時，き裂面を通して応力が伝達されるため，き裂がない状態と等しくなる．したがって，き裂進展速度はき裂が開いている間の応力の変動幅に依存すると考えることができよう．実際には応力が0のときではなく，応力が引張りの領域でき裂が開閉することが確かめられている[18]が，このき裂開閉口挙動が応力比効果の原因の一つである．

溶接継手の弱点の一つに溶接の熱履歴のために残留応力が生じるというこ

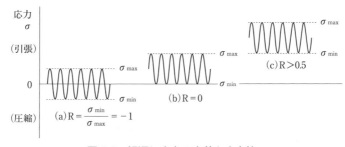

図 6.8　繰返し応力の定義と応力比

とがある．例えば，すみ肉溶接継手の止端部には材料の降伏点に達するような高い引張残留応力が生じる．この継手に図6.8に示した3種類の繰返し応力が作用しても，溶接止端での繰返し応力の上限はシェークダウン現象（降伏後は応力の増加なしにひずみが増加するために，応力値は降伏点で頭打ちとなる）のために，いずれの繰返し応力においてもその上限は降伏点応力となる．すなわち，応力比の異なる3つの繰返し応力は，溶接止端ではまったく同じとなり，応力比効果は生じないことになる．その例を**図6.9**（a）に示す[19]．これは，同図に示すT字すみ肉溶接継手の曲げ疲労試験結果を示したものであるが，応力比を0としたもの（下限応力一定試験）と，繰返し応力の上限を降伏点近くとしたもの（上限応力一定試験）で，ほぼ同じ$\Delta\sigma-N$関係となっている．

図6.9（b）は，片面のみすみ肉溶接を行ったT字継手の曲げ疲労試験結果を示したものである[19]が，明らかに上限応力を降伏点応力近くとした場合に疲労強度が低くなっている．これは，片面すみ肉継手では疲労破壊の起点が溶接ルート部となり，そこには圧縮残留応力が存在するためである．また，この疲労強度の差の原因が圧縮残留応力にあることは，応力範囲が小さ

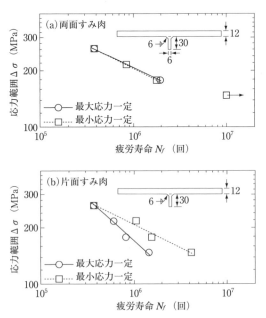

図 6.9　疲労強度に対する残留応力の影響

いほど（応力比を0とした場合，上限応力も低くなる），疲労寿命の差が大きくなっていることからもわかる。このような圧縮残留応力の効果は，溶接ルート部が疲労破壊起点となる荷重伝達型十字すみ肉溶接継手に対して，残留応力除去焼鈍を行うと疲労強度が低くなるという実験結果[20]からも知ることができる。

　以上のような残留応力と疲労強度の関係を利用して，疲労強度を向上させることも考えられている。すなわち，疲労き裂発生部に圧縮残留応力を積極的に付与することである。これは，局部加熱や局部冷却を組み合わせて行われることが多い[13]が，まだ開発段階であり，実用化に向けてのさらなる研究が望まれる。また，溶接金属の変態点温度を低くして，従来の溶接では引張残留応力場となる溶接止端部を圧縮残留応力場としようという試みもなされている[21]。前項で述べたピーニングは，止端形状の改善に加えて局部的な塑性変形により生じる圧縮残留応力の効果も期待できる方法である。最近では，超音波を利用したピーニング法（UIT：Ultrasonic Impact Treatment）も用いられている[22]。

　ところで，鋼構造物には，溶接の熱履歴による残留応力に加えて部材を接合することによる拘束応力も生じる。この拘束応力を推定することは部材の製作誤差などの関係から非常に難しい。したがって，圧縮残留応力の効果を期待した疲労強度向上法を適用する場合には，拘束応力の存在にも注意しなければならない。例えば，構造物の完成後にピーニング処置を行えば，その効果を期待できると考えられるが，部材の段階で処置を施しても圧縮残留応力の効果が実現される保証はない。

6.6　溶接きずと疲労強度

　溶接は溶融・凝固という過程からなるため，第2章で述べたように，割れ，オーバラップ，アンダカット，ピット，ブローホール，融合不良，溶込み不良，スラグ巻込みなど，様々なきずや欠陥が生じる。これらのきずは，応力集中の原因となり，疲労強度を減少させる要因となる。溶接きずと疲労強度の関係については，多くの検討がなされており，ここではその概要を示す。

　溶接割れや溶込み不良などの平面欠陥の先端は非常に鋭いため，高い応力集中が生じる。この応力集中により，平面欠陥が生じた継手の疲労強度は健

全な継手に比べて低くなるため，注意が必要である．したがって，疲労強度上，このような平面的な欠陥は残すべきではない．これらの欠陥が生じた場合，その疲労強度を評価する必要がある場合には，次章で示す破壊力学を用いた方法が有効となる．

平面欠陥はJIS Z 3104（鋼溶接継手の放射線透過試験方法）の第3種のきず（割れおよびこれに類する欠陥）に分類される．この平面きずに対して，第1種のきずに分類されるブローホールやスラグ巻込みなどの立体的な内部欠陥は，丸みを帯びているため，継手の疲労強度に及ぼす影響は小さいと考えられる．これらの内部きずをむやみに溶接補修すると新たなきずや欠陥が生じることで，疲労強度が補修前よりも低下することも考えられる．第1種のブローホールやこれに類するきずについては，JIS Z 3104にしたがって非破壊検査されることが多い．表面を仕上げた横突合せ溶接継手の疲労強度は，内部きずの内在程度と相関が高いと言われている[23], [24]．

JIS Z 3104では横突合せ溶接継手の第1種のきずに対して，溶接施工の品質管理基準の利用を主目的として，きずの内在程度をきずの点数として捉え，**表6.3**に示すように1〜4類に分類している．表中の数字は，きず点数の許容限度を示している．なお，きずの長径が表6.3（a）に示す値以下のものは，きず点数として算定しないとされている．きずの点数が4類以上となる場合には，品質保証基準を満たさないこともあるため，別途，必要に応じて疲労強度に及ぼす影響を検討する必要があるとされている．

表6.3 第1種のきずの分類[1]

(a) 算定しないきずの寸法（mm）

母材の厚さ	きずの寸法
20以下	0.5
20を超え 50以下	0.7
50を超えるもの	母材の厚さの1.4%

分類	試験視野				
	10×10		10×20		10×30
	母材の厚さ				
	10以下	10を超え 25以下	25を超え 50以下	50を超え 100以下	100を超えるもの
1類	1	2	4	5	6
2類	3	6	12	15	18
3類	6	12	24	30	36
4類	きず点数が3類より多いもの				

JIS Z 3104では1～3類について，対応する構造を以下のように示している。

1類：繰返し荷重を受けて疲れ強さを特に考慮しなければならないもの，または破壊によって重大な災害が起こるもので，余盛を削除するようなもの。

2類：余盛は削除しないが，繰返し荷重を受けるか，または強さが重要と考えられるもの。

3類：疲れ強さを考慮しなくてよいようなもの。

溶接継手に引張応力が作用する場合については，1類の要求品質を確保することが望ましいとされている。また，圧縮が作用する場合については，2類の要求品質を確保することが望ましいとされている。これらのきずの分類と疲労強度の関係については，明らかになっていないのが現状である。今後，この関係が明らかとなった場合には，それにしたがって要求品質を設定することが望ましい。

横突合せ溶接継手については，内部きずが疲労強度に及ぼす影響が疲労試験により検討されている[24]。その結果，多層盛り横突合せ溶接継手の基準となる疲労強度D等級に対する許容きず寸法として，t/6（t：板厚）が**表6.4**に示すように提案されている。また，同継手のF等級に対しては，t/3が提案されている。

部分溶込み縦方向溶接継手および縦方向すみ肉溶接継手の疲労強度は，ルート部に生じる欠陥の寸法に大きな影響を受けることが確かめられている（**図6.10**参照）[25]。これは，これらの継手が横突合せ継手などとは異なり，未接合部を有するためと考えられる。そのため，これらの継手に対してはきずが疲労強度に及ぼす影響を考慮し，JSSC指針などではきずの大きさによって設計疲労強度が変えられている。

表6.4 疲労強度等級と許容きず寸法（mm）

欠陥種別	板厚 破壊形式	t＝25mm		t＝50mm		t＝75mm	
		欠陥破壊	欠陥または止端破壊	欠陥破壊	欠陥または止端破壊	欠陥破壊	欠陥または止端破壊
割れ（CR）		6.7(t/3.7)	5.5(t/4.6)	17.0(t/2.9)	8.3(t/6.0)	17.6(t/4.3)	15.1(t/5.0)
融合不良（LF）		5.1(t/4.9)	5.1(t/4.9)	11.3(t/4.4)	7.8(t/6.4)	－	－
不完全溶込み（IP）		8.5(t/2.9)	8.5(t/2.9)	16.8(t/3.0)	≦10.0(t/5.0)	－	－
スラグ巻込み（SI）		40.0(t/0.6)	8.2(t/3.0)	8.8(t/5.7)	8.8(t/5.7)	－	－
群集ブローホール（BH）		31.2(t/0.8)	7.8(t/3.2)	24.0(t/2.1)	26.3(t/1.9)	－	26.1(t/2.9)

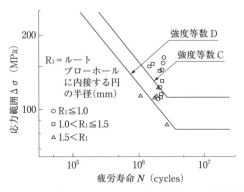

図6.10 ルートブローホールが疲労強度に及ぼす影響

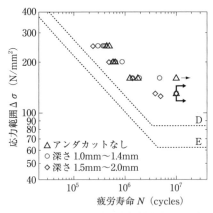

図6.11 アンダカット深さが疲労強度に及ぼす影響

アンダカットについては，その深さで許容値を規定した規準が多い。アンダカットが疲労強度に及ぼす影響については，多くの研究が行われている。例えば，十字すみ肉溶接継手については，アンダカットの存在により，疲労強度が多少低下するものの，2.0mm程度以下では，アンダカットの深さが疲労強度に及ぼす影響がほとんど無いことを示す実験結果が報告されている[26)〜30)]。その例を**図6.11**に示す[30)]。以上のような結果を参考にJSSC指針ではアンダカットの深さの許容値を0.5mmとしている。

6.7 未溶着部と疲労強度

荷重伝達型の十字すみ肉溶接継手では，溶接止端に加えて溶接ルート部が疲労破壊起点となることも少なくない。したがって，このような継手では，止端破壊に加えて，ルート破壊に対する疲労照査も必要となる。

荷重伝達型十字すみ肉溶接継手（この節では以下，十字継手と記す）がルート破壊する場合の疲労強度評価は，のど断面での応力範囲を用いるのが一般的である。のど断面積は，のど厚と溶接長の積である。ただし，十字継手には図6.12に示すように，荷重を伝達する溶接部が上下2つあるため，のど断面積は2倍となる。図6.12に示すように，すみ肉溶接に内接する直角2等辺3角形の一辺の長さを溶接サイズSと呼ぶ。のど厚aは，同図に示すように2等辺3角形の高さであり，$a = S/\sqrt{2}$という関係がある。溶接長をℓとし，作用する荷重をPとすれば，図6.12に示す十字継手ののど断面応力は，次式で計算される。

のど断面応力 $= P/(2 \cdot a \cdot \ell)$

溶接溶込みが期待できる場合には，溶接サイズSに溶込み深さpを加えて，のど厚（$= (S+p)/\sqrt{2}$）を求めることが考えられる。

多くの疲労設計基準で十字継手がルート破壊する場合の疲労強度等級を与えており，その200万回疲労強度は，JSSC指針で40N/mm^2，IIW指針で45N/mm^{2}とされている。当然のことではあるが，十字継手の疲労照査は主

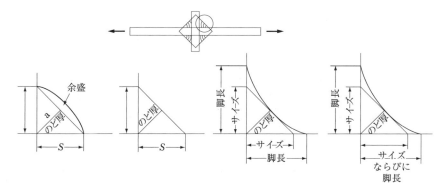

図6.12　のど厚の定義

板断面(止端破壊を想定)についても行わなければならない。一般に,溶接サイズが小さい場合にはルート破壊,大きい場合には止端破壊となる。その限界となる溶接サイズを臨界脚長と呼ぶ。また,臨界脚長と主板厚との比を臨海脚長比と呼ぶが,JSSC指針で示されている十字継手の強度等級(止端破壊F等級・200万回基本疲労強度65N/mm^2(主板の応力範囲),ルート破壊H等級・40N/mm^2(のど断面応力範囲))に従えば,臨界脚長比は1.15となる。

臨界脚長比については,疲労き裂進展解析に基づく貝沼らの検討[31]があり,すみ肉溶接継手については,主板が厚いほど大きくなり,主板厚が9〜75mmの範囲では,1.1〜1.3になるとしている。また,主板厚tと溶込み深さPwを考慮して,以下のように臨界脚長比を求める式を提案している。

$$s/t = -1.83(p_w/t) + 1.2$$

s:臨界脚長,P_w:溶接の溶込み深さ,t:主板厚

以上のような検討からもわかるように,のど断面積だけはなく,板厚や溶接形状によっても,疲労強度は影響を受ける。例えば,板厚の1/6乗に比例して疲労強度が低下する,溶接脚長が主板側に長い場合には疲労強度が上昇するなどの結果も示されている[32]。

荷重非伝達型十字すみ肉溶接継手や面外ガセット溶接継手などのように未溶着部が応力の作用方向と平行になる継手については,単純に考えるとルート先端での応力集中は低く,ルートを起点とした疲労破壊は想定しにくい。しかし,面外ガセット継手については,主板厚に比べて溶接サイズが極端に小さい場合,あるいは溶接部を仕上げて止端破壊する場合の疲労強度を改善した場合などには,ルート破壊が生じるとの実験結果も報告されている。こ

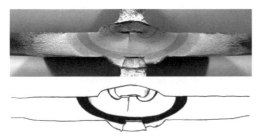

図6.13 面外ガセット溶接継手のルート破壊

の場合の疲労破壊起点は，図6.13に示すように，未溶着部上部（ガセット板側）の中央付近である[33]。この原因は，この位置で比較的高い応力集中が生じることであり，このような現象はFE解析によっても確かめられている[33]。止端を仕上げた場合のルート破壊を防止するための検討も行われており[34]，ガセット端から完全溶込み溶接とする領域を主板厚の2倍以上とすることがを提案されている。しかし，面外ガセット溶接継手がルート破壊する場合の疲労強度評価法は十分には明らかとなっておらず，今後の検討が望まれる。

6.8　組み合わせ応力・多軸応力と疲労強度

疲労き裂の発生が懸念される構造部位は，多くの場合，いつくかの部材が接合される溶接継手部である。鋼橋においもこれまでに疲労損傷事例が報告されている箇所は，複数の部材が組み合わされた位置であり，単純な直応力やせん断応力よりもむしろ直応力とせん断応力が同時に作用する組合せ応力や多軸応力場であることが多い。例えば，横桁を取り付けるために主桁ウェブに設けられた面外ガセット溶接継手がその典型である（図6.14参照）。この部分は，主桁ウェブの面内曲げによる直応力やせん断応力に加えて，横桁の荷重分配作用による面外方向の応力も作用する。ここでは，組合せ応力や多軸応力下の溶接継手の疲労性状についてのいくつかの検討事例を示す。

高橋ら[35),36)]は面内2軸荷重下における溶接継手部の疲労挙動について検討し，2軸荷重下の溶接継手の疲労寿命は2軸荷重の影響を含んだ応力範囲

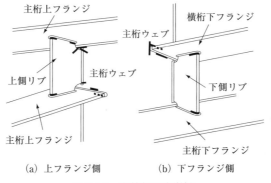

(a) 上フランジ側　　(b) 下フランジ側

図6.14　交差部の疲労損

を用いて1軸荷重下の疲労寿命から推定できることを示した。金ら[37),38)]は作用応力方向に対して斜めの溶接線を有する継手の疲労試験を行い，組合せ応力下の溶接継手の疲労強度評価法を提示している。それらの結果に基づき，JSSC指針では，以下の式を用いて照査応力を求めることとしている。

$\Delta\sigma = \Delta\sigma_p \cdot \cos\theta$

$\Delta\sigma_p$：主応力範囲

θ：主応力方向と溶接線直角方向のなす角度（ただし，$\theta \leq 30°$）（図6.15参照）

適用範囲は30度以下とされている。これは，溶接線を作用応力に対して斜めに配置した横突合せ溶接継手（両面溶接，余盛り削除），荷重伝達型十字すみ肉溶接継手（非仕上げ），荷重非伝達型十字すみ肉溶接継手（非仕上げ，止端破壊およびルート破壊）を対象とした疲労試験の結果に基づいている。すなわち，継手に作用する主応力と溶接線直角方向に対する主応力の角度θが30°以下であれば，前述した溶接継手によらず，比較的精度良く，かつ安全側に疲労強度を評価できることが確認されている。

主桁ウェブ溶接部の疲労強度に対する面外2軸荷重の影響について，図6.16に示す試験体を対象とした疲労試験とFE解析を行うことより検討され

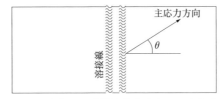

図6.15　主応力方向と溶接線直角方向のなす角度の定義

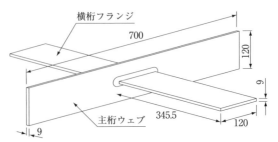

図6.16　面外方向の2軸荷重疲労試験に用いられた試験体

6.8 組み合わせ応力・多軸応力と疲労強度

ている[39],[40]。そして，横桁フランジ応力が作用することにより主桁ウェブの疲労寿命は減少し，その主因は横桁フランジ応力による主桁ウェブ側止端部の応力集中の増加にあるという結果が示されている。また，応力解析において，1軸応力下の溶接止端近傍の応力分布と2軸応力下の応力分布がほぼ平行となることから，1軸応力下の応力分布に係数（応力増加係数と呼ぶ）を乗じることで2軸応力が疲労強度に及ぼす影響を整理できるとしている。さらに，主桁ウェブ応力が横桁フランジの疲労強度に及ぼす影響は横桁フランジ応力が主桁ウェブの疲労強度に及ぼす影響よりも大きいこと，横桁フランジの疲労強度も応力増加係数で評価できるという結果も示されている。以上の結果に基づき，交差部の主桁ウェブ側溶接止端が疲労破壊の起点なる場合と横桁フランジ側溶接止端が疲労破壊起点となる場合の疲労強度評価法が以下のように示されている[41]。

主桁ウェブ側止端部の疲労強度に対する2軸応力の影響は，横桁フランジ側止端部の疲労強度に比べて小さく，その影響を疲労照査で考慮する必要はない。横桁フランジ側止端部については，以下の式から照査応力 $\Delta\sigma$ を求め，

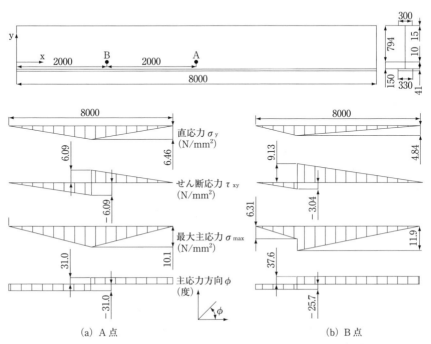

図 6.17　荷重の移動による主応力方向の

通常の1軸疲労試験から求められる疲労強度と比較することにより疲労照査を行う。

$\Delta\sigma = (a \cdot \gamma + 1)\Delta\sigma_n$

$\Delta\sigma$：公称応力範囲

$a = 0.608 \cdot k_1 \cdot k_2 \cdot k_3 \cdot k_4 \cdot k_5 \cdot a_0$

$k_1 = -0.160(t_w/12) + 1.160$　　$9 \leq t_w \leq 21mm$ (t_w：主桁ウェブの板厚)

$k_2 = -0.205(t_f/t_w) + 1.274$　　$1 \leq t_f/t_w \leq 2$ (t_f：横桁フランジの板厚)

$k_3 = -0.309(H_w/6) + 1.309$　　$6 \leq H_w \leq 12mm$ (H_w：主桁ウェブ側の脚長)

$k_4 = -0.563(H_f/H_w)^3 + 2.904(H_f/H_w)^2 - 5.417(H_f/H_w) + 4.076$

$0.5 \leq H_f/H_w \leq 2.0$ (H_f：横桁フランジ側の脚長)

$k_5 = -0.064R + 1.064$　　　　　$1 \leq R \leq 6mm$ (R：溶接止端の曲率半径)

以上のような応力性状の特徴に加えて，主桁ウェブガセット溶接継手部においては，荷重の位置によってせん断応力の方向が反転することから，主応力方向が変化するという特徴もある。その模式図を図6.17に示す。平山ら[42]は，このような応力場を再現した疲労試験を行い，主応力方向が変化することにより疲労寿命は減少する，また主応力方向変化の影響は，き裂発生位置での最大主応力とその方向の最小応力の差（主応力範囲）で整理できるという結果を示している。

参考文献

1) 鋼構造協会疲労設計指針改定小委員会：鋼構造物の疲労設計指針・同解説　－付・設計例－　2012年改定版，技報堂出版，2012.
2) Hobbacher, A.：IIW Recommendations for Fatigue Design of Welded Joints and Components, WRC Bulletin 520, The Welding Research Council, New York, 2009.
3) 鉄道総合技術研究所：鉄道構造物等設計標準・同解説（鋼・合成構造物），丸善，2009.
4) AASHTO：Standard Specification for Highway Bridges, 13th edition, 1983.
5) 森，南，甲：JSSC疲労設計指針の溶接継手疲労強度と強度評価法の検討，鋼構造論文集，Vol.18, No.69, pp.71-81, 2011.
6) 田中，征矢：各種溶接構造用鋼の疲労亀裂伝播特性の検討，溶接学会論文集，Vol.7, No.2, pp.256-263, 1989.
7) 大田，前田，小菅，町田，吉成：引張残留応力場にある溶接継手の設計疲労き裂伝ば曲線，溶接学会論文集，Vol.7, No.3, pp.107-112, 1989.
8) 誉田，有持，稲見，堺堀：疲労強度を向上させた溶接用高張力鋼板，溶接技術，Vol.56, pp.86-93, 2008.

9) http://www.nssmc.com/news/old_smi/2006/news2006-11-10.html
10) 德力，森，誉田，西尾：FCA鋼の疲労き裂進展速度と切欠き材疲労強度，鋼構造論文集，Vol.18, No.69, pp.9-16, 2011.
11) 伊木，猪原，平井：造船用高機能鋼 - JFEスチールのライフサイクルコスト低減技術 -，JFE技報，No.5, pp.13-18, 2004.
12) 森，平山，松尾，田中：付加溶接による面外ガセット継手の疲労強度改善に関する検討，鋼構造年次論文報告集（鋼構造協会），第9巻，pp.263-270, 2001.11.
13) 日本鋼構造協会編：鋼構造物の疲労設計指針・同解説，pp.214-227, 技報堂出版，1993.4.
14) 平山，森，猪股：面外ガセット溶接継手の疲労強度に対するグラインダ仕上げ方法の影響，鋼構造論文集，Vol.45, pp.111-121, 2005.3.
15) 池田，出納，五代，小川：高張力鋼溶接継手の疲れ強さ改善に関する研究，神戸製鋼技報，Vol.26, pp.54-58, 1976.
16) Berge S, Webster SE：The size effect on the fatigue behavior of welded joints, Proc. of the 3rd International ECSC Offshore Conference on Steel in Marine Structures（SIMS' 87），pp.179-203, 1987.
17) 三木，森，阪本，柏木：前面すみ肉溶接継手の疲労強度に対する継手寸法の影響，構造工学論文集，Vol.33A, pp.393-402, 1987.
18) W. Elber：The Significance of Fatigue Crack Closure, ASTM STP486, pp.209-220, 1971.
19) T. Mori, X.L. Zhao, P. Grundy：Fatigue Strength of Transverse Single-Sided Fillet Welded Joints, Australian Civil/Structural Engineering Transactions, Vol.CE39, No.2 and 3, pp.95-105, 1997.
20) 永井，岩田，藤本，康：軟鋼十字すみ肉溶接継手の片振り引張疲労強度の一改善法について，日本造船学会論文集，No.150, pp.499-504, 1981.
21) 太田，渡辺，松岡，志賀，西島，前田，鈴木，久保：低変態温度溶接材料を用いた角回し溶接継手の疲労強度向上，溶接学会論文集，Vol.18, No.1, pp.141-145, 2000.
22) 野瀬：疲労強度向上向け 超音波ピーニング法，溶接学会誌，Vol.77, No.3, pp.210-213, 2008.
23) Ishii, Y. and Iida, K.：Low and Intermediate Cycle Fatigue Strength of Butt Welds Containing Weld DSefects, 非破壊検査，Vol.18, No.10, pp.443-476, 1969.
24) 三木，西川，高橋，町田，穴見：横突合せ溶接継手の疲労性能への内部欠陥の影響と要求品質レベルの設定，土木学会論文集，No.752/I-66, pp.133-146, 2004.
25) Tajima, J., Takenaka, K., Miki, C. and Ito, F.：Fatigue Strength of Truss Made of High Strength Steel, Proc. of JSCE, No.341, pp.1-11, 1984.
26) 多田，橘，寺尾：溶接継手のアンダカットの深さの疲労強度に及ぼす影響，溶接学会誌，第30巻，第6号，pp.15-21, 1956.
27) 飯田，宮迫，仰木，岡野：鋼隅肉溶接継手の曲げ疲労強度に及ぼす隅肉形状等の影響，日本造船学会論文集，第143号，pp.434-448, 1978.
28) 小野塚，後川，熊倉，辻：溶接止端部形状が疲労強度に及ぼす影響（第1報）ビード止端の応力集中と疲労寿命，日本造船学会論文集，No.170, pp.693-703, 1992.
29) 小野塚，後川，熊倉，辻：溶接止端部形状が疲労強度に及ぼす影響（第2報）アンダカットの許容基準，日本造船学会論文集，No.171, pp.385-394, 1992.
30) 森，山田，射越，村上：アンダカットを有する十字すみ肉溶接継手の疲労強度，鋼構造論文集，Vol.19, No.76, pp.47-57, 2012.

31) 貝沼, 森, 一宮：荷重伝達型十字溶接継手の疲労破壊起点の評価方法の提案, 土木学会論文集, No.668／I -54, pp.313-318, 2001.
32) 森, 貝沼：荷重伝達型十字すみ肉溶接継手・ルート破壊の疲労強度評価方法の提案, 土木学会論文集, No.501, pp.95-102, 1994.
33) 森, 猪股, 平山：グラインダ仕上げ方法が面外ガセット溶接継手の疲労強度に及ぼす影響, 鋼構造論文集, Vol.42, pp.55-62, 2004.
34) 森, 内田, 荒川：止端仕上げした面外ガセット溶接継手のルート破壊防止法の検討, 鋼構造論文集, Vol.16, No.63, pp.27-35, 2009.
35) 高橋, 高田, 秋山, 牛嶋, 前中：2軸繰返し荷重下における角廻し溶接の疲労挙動, 日本造船学会論文集, 第184号, pp.321-327, 1998.
36) 高橋, 高田, 秋山, 牛嶋, 前中：2軸繰返し荷重下における角廻し溶接の疲労挙動（第2報）, 日本造船学会論文集, 第188号, pp.559-607, 2000.
37) 金, 山田：組合せ応力下における溶接継手の疲労寿命評価法, 土木学会論文集, No.745/I-65, pp.65-75, 2003.
38) Kim,I.T. and Yamada,K.：Fatigue Life Evaluation of Welded Joints under Combined Normal and Shear Stress Cycles, International Journal of Fatigue, Vol.27, Issue 6, pp.695-701, 2005.
39) 平山, 森：横桁フランジが交差する主桁ウェブ溶接部の疲労強度に対する2軸荷重の影響, 土木学会論文集, No.745/I -65, pp.121-130, 2003.
40) 森, 平山, 鳴原：主桁ウェブに接合された横桁フランジ溶接部の疲労強度に対する2軸応力の影響, 土木学会論文集 A, Vol.63, No.1, pp.56-65, 2007.
41) 森, 平山, 香川：2軸応力の影響を考慮した主桁・横桁交差部の疲労寿命評価法の提案, 土木学会論文集 A1（構造・地震工学）, Vol. 67, No.2, pp.410-420, 2011.
42) 平山, 森, 望月：主応力方向が変化するウェブガセット溶接継手部の疲労強度評価, 構造工学論文集, Vol.51A, pp.1027-1036, 2005.

第7章
疲労き裂進展解析
(破壊力学的アプローチ)

　鋼構造物の疲労設計では，累積疲労損傷比を用いるMiner則によって疲労寿命が評価されてきた．この方法は実績ある類似構造との相対比較に便利で，構造安全性の向上に貢献してきた．しかし，その理論構成に，本来連続的な疲労現象を不連続的に扱っている，損傷および寿命の物理的定義が曖昧である，などの欠点を有する．このため，ランダム荷重下で疲労損傷が発生した既存構造の損傷解析で現象を説明できない，新規構造の疲労寿命絶対値評価が十分な精度で行えない，検査で疲労き裂が発見された後の余寿命評価に向かない，などの問題点を抱えている．

　一方，航空機，車両，原子力プラント等では，構造中の不可避的な微細きず（初期き裂）の認知とき裂進展解析による残存強度評価を基礎とする，疲労寿命制御・安全性管理スキームが構築され，実用に供されている．このスキームは，限界疲労き裂寸法の定義と，モニタリングによる実働荷重計測・き裂検知を組み合わせて構築されている．従来の疲労設計法が有する問題点の解決方法の一つとして，このき裂進展解析に基づく構造安全性管理を導入することが考えられる．本章では，疲労き裂進展解析に必要な基礎知識について解説する．

7.1 応力拡大係数

　材料の強度評価では，材料内部の力学状態量が破壊条件に達したか否かを判定する．き裂材の強度評価で力学状態量に応力を用いると，き裂先端の応力が無限大となって評価が困難になる．破壊力学で，この困難を克服する手法は二つある．その一つは，き裂先端近傍で支配的な，固有の分布形をもった特異応力場の概念であり，もう一つはき裂成長に伴うエネルギー解放率の

概念である。これらの概念は，破壊プロセスが生じる領域の力学状態を評価するものであり，単に無限大の困難を除いたことに留まらず，強度評価の精度と再現性を格段に向上させた。本節では，このうち特異応力場の概念に基づく「き裂材の力学」の概要を説明する。

7.1.1 き裂先端の特異応力場と応力拡大係数

2次元直線貫通き裂を考える。き裂面は変位の不連続面であり，図7.1に示す3次元直交座標系 (x, y, z) と，それらの方向の変位成分 (u, v, w) に対応して，図中に示すモードI（開口型），モードII（面内せん断型），モードIII（面外せん断型）にき裂の変形を分類できる。このようなき裂をもつ線形弾性体のき裂先端近傍の変形場を，平面問題（モードIおよびII）あるいは面外せん断問題（モードIII）として解く場合は，複素応力関数（たとえばMuskhelishviliの応力関数 $\phi(z)$, $\Omega(z)$) を使うのが一般的である[1]。図7.2に示すようにき裂先端を原点とした極座標 (r, θ) をとる。応力関数をLaurent級数で表し，き裂面上（図7.2の r, θ 座標で $\theta = \pi$）で全ての応力成分が零という条件を考慮すると，き裂先端近傍では，境界条件によらず応力成分 σ_{ij} $(i, j = x, y, z)$ を

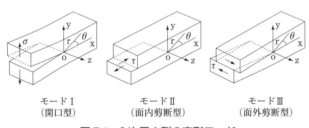

モードI　　　　モードII　　　　モードIII
（開口型）　　（面内剪断型）　　（面外剪断型）

図7.1　2次元き裂の変形モード

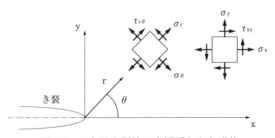

図7.2　2次元き裂体の座標系と応力成分

$$\sigma_{ij} = C_1 r^{-1/2} f_{ij1}(\theta) + C_2 + C_3 r^{1/2} f_{ij3}(\theta) + \dots ; \quad i, j = x, y, z \quad \cdots\cdots (7.1)$$

と表わすことができる。式 (7.1) の係数 $C_1, C_2, C_3, \dots$ は図7.1の変形モードおよび境界条件 (荷重の大きさ，き裂および物体の形状・寸法) で決まり，座標rおよびθには無関係である。$f_{ij1}(\theta)$, $f_{ij3}(\theta)$, …はθのみの関数で，応力成分および変形の基本形によって定まり，各応力成分のθへの依存性を表す関数である。式 (7.1) はrに関しては$r^{-(1/2)}$を最低次とし，べき数が1/2ずつ増大する無限級数になっている。

き裂先端近傍で，$r \to 0$における極限を考えると，式 (7.1) の右辺第1項は無限大に発散する一方，第2項は一定値，第3項以下は0に近づくので，応力成分は次式で近似できる。

$$\sigma_{ij} = C_1 r^{-1/2} f_{ij1}(\theta) + O(r^0) \quad \cdots\cdots\cdots\cdots\cdots\cdots\cdots\cdots\cdots (7.2)$$

$O(r^0)$はr^0のオーダーの大きさを有する非特異項である。すなわち，き裂先端近傍の応力成分は$r^{-1/2}$の特異性を有し，その比例係数がC_1である。式 (7.2) より，境界条件や物体形状とは無関係に，き裂先端近傍の応力成分の分布形が変形モードごとに決まっており，したがって係数C_1が分れば応力場が定まる。

図7.1の各変形モードでのき裂先端近傍の応力成分および変位成分は以下の諸式で与えられる。式中のν, E, Gはポアソン比，縦弾性係数 (ヤング率)，せん断弾性係数であり，σ_x, σ_yは垂直応力成分，$\tau_{xy}, \tau_{xz}, \tau_{yz}$はせん断応力成分，$u, v, w$は$x, y, z$方向変位である。せん断弾性係数は$G = E/2(1+\nu)$で与えられる。

(1) モードⅠ (開口型)

$$\begin{Bmatrix} \sigma_x \\ \sigma_y \\ \sigma_{xy} \end{Bmatrix} = \frac{K_{\mathrm{I}}}{\sqrt{2\pi r}} \cos(\theta/2) \begin{Bmatrix} 1 - \sin(\theta/2)\sin(3\theta/2) \\ 1 + \sin(\theta/2)\sin(3\theta/2) \\ \sin(\theta/2)\cos(3\theta/2) \end{Bmatrix} \cdots (7.3)$$

$$\begin{Bmatrix} u \\ v \end{Bmatrix} = \frac{K_{\mathrm{I}}}{4G} \sqrt{\frac{r}{2\pi}} \begin{Bmatrix} (2\kappa-1)\cos(\theta/2) - \cos(3\theta/2) \\ (2\kappa+1)\sin(\theta/2) - \cos(3\theta/2) \end{Bmatrix} \cdots (7.4)$$

(2) モードⅡ（面内せん断型）

$$\begin{Bmatrix} \sigma_x \\ \sigma_y \\ \sigma_{xy} \end{Bmatrix} = \frac{K_{\mathrm{II}}}{\sqrt{2\pi r}} \begin{Bmatrix} -\sin(\theta/2)[2+\cos(\theta/2)\cos(3\theta/2)] \\ \sin(\theta/2)\cos(\theta/2)\cos(3\theta/2) \\ \cos(\theta/2)[1-\sin(\theta/2)\sin(3\theta/2)] \end{Bmatrix} \quad \cdots (7.5)$$

$$\begin{Bmatrix} u \\ v \end{Bmatrix} = \frac{K_{\mathrm{II}}}{4G}\sqrt{\frac{r}{2\pi}} \begin{Bmatrix} (2\kappa+3)\sin(\theta/2)+\sin(3\theta/2) \\ -(2\kappa-3)\cos(\theta/2)-\cos(3\theta/2) \end{Bmatrix} \quad \cdots (7.6)$$

(3) モードⅢ（面外せん断型）

$$\begin{Bmatrix} \tau_{xz} \\ \tau_{yz} \end{Bmatrix} = \frac{K_{\mathrm{III}}}{\sqrt{2\pi r}}\sqrt{\frac{r}{2\pi}} \begin{Bmatrix} -\sin(\theta/2) \\ \cos(\theta/2) \end{Bmatrix} \quad \cdots\cdots\cdots\cdots\cdots\cdots (7.7)$$

$$w = \frac{2K_{\mathrm{III}}}{G}\sqrt{\frac{r}{2\pi}}\sin(\theta/2) \quad \cdots\cdots\cdots\cdots\cdots\cdots\cdots\cdots\cdots (7.8)$$

ここで，κ は次式で与えられる．

$$\kappa = \begin{cases} (3-v)/(1+v) & \text{：平面応力} \\ 3-4v & \text{：平面ひずみ} \end{cases} \quad \cdots\cdots\cdots\cdots\cdots (7.9)$$

モードⅠ，Ⅱの場合には，上記以外の成分として，平面ひずみでは板厚方向の応力成分 σ_z が，また平面応力条件では板厚方向の変位成分 w が現れ，それぞれ

$$\begin{aligned} \sigma_z &= v(\sigma_x + \sigma_y) \\ w &= -(v/E)\int(\sigma_x+\sigma_y)dz \end{aligned} \quad \cdots\cdots\cdots\cdots\cdots\cdots (7.10)$$

となる．

式（7.3）～式（7.10）の K_{I}，K_{II}，K_{III} は境界条件，荷重，き裂，および物体の形状，寸法によって定まる係数であり，応力拡大係数（Stress Intensity Factor）とよばれ，いずれも式（7.2）の C_1 に相当する特異応力場の強さを表す．き裂先端部には"K支配域"とよばれる環状領域があり，その内部では応力拡大係数によって応力・ひずみ・変位場の集中度合いが一意に決定される．この環状領域の外側では，式（7.3）～式（7.10）で評価した応力・ひずみ・変形の，式（7.1）の非特異項を含む弾性論の厳密解からの誤差が大きくなる．

7.1.2 応力拡大係数の例

応力拡大係数を求めることは弾性学の問題であり解説書が多数出版されている[2]ので，詳細はそれらを参照されたい．また，各種の境界条件に対する

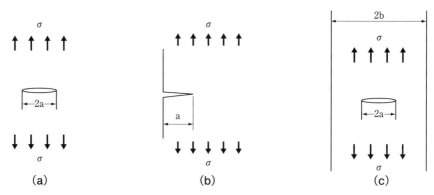

図7.3 一様引張応力をうける無限板・半無限板・帯板中のき裂

解を集めた資料集[3]も刊行されているので,ここではいくつかの例を示すにとどめる。

(1) 平板中の貫通き裂

図7.3(a)に示す,長さ$2a$のき裂をもつ無限平板に,き裂に垂直方向に無限遠で一様な応力σが作用するときの応力拡大係数は次式で与えられる。

$$K_{\mathrm{I}} = \sigma\sqrt{\pi\sigma},\ K_{\mathrm{II}} = K_{\mathrm{III}} = 0 \quad\cdots\cdots (7.11)$$

また,図7.3(b)のように長さaの片側き裂をもつ半無限板が無限遠で一様な応力σが作用するときの応力拡大係数は,

$$K_{\mathrm{I}} = 1.1215\,\sigma\sqrt{\pi\sigma} \quad\cdots\cdots (7.12)$$

と,図7.3(c)のように長さ$2a$の中央き裂をもつ幅$2b$の帯板が無限遠で一様な応力σをうける場合は

$$K_{\mathrm{I}} = F(a/b)\,\sigma\sqrt{\pi\sigma} \quad\cdots\cdots (7.13)$$

と与えられる。式(7.13)の係数$F(a/b)$の厳密解は石田[1]により導かれている。$F(a/b)$の値については,

$$F(a/b) = \{(2b/\pi a)\tan(\pi a/2b)\}^{1/2} \quad\cdots\cdots (7.14)$$

$$F(a/b) = \sqrt{\sec(\pi a/2b)} \quad\cdots\cdots (7.15)$$

などの種々の近似式が提案されている[4]。

(2) 切欠き底に発生したき裂

図7.4に示す無限板中のだ円孔の主軸端に生じたき裂の一軸引張り問題がNewman[5]および西谷ら[6]により解かれている。これらの解は,

$$K_{\mathrm{I}} = F(c/\rho)\,1.1215\,K_t\,\sigma\sqrt{\pi c} \quad\cdots\cdots (7.16)$$

と表せる(西谷ら[6])。ここで,cはき裂長さ,K_tはだ円孔主軸端の応力集中

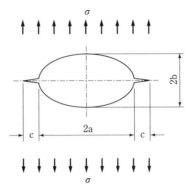

図7.4 切欠き底に生じたき裂（無限板中のだ円切欠き）

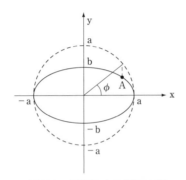

図7.5 無限体中のだ円き裂

係数，$\rho = b^2/a$ は切欠き底の曲率半径，F は c/ρ のみの関数である。式(7.16) の $F(c/\rho)$ の近似式としては，

$$F(c/\rho) = 1/\sqrt{1+4.5(c/\rho)} \quad \cdots\cdots (7.17)$$

が提案されている[7]。

式 (7.16) および式 (7.17) を有限幅の板に適用する場合は，K_I に有限幅を考慮した値を用い，また $c = \rho$ の場合は応力拡大係数の計算式として式 (7.13) を用いるなどの工夫をすれば，良好な計算精度を確保できる。

(3) 3次元物体内部のき裂

無限体内部に生じた図7.5に示すだ円き裂が，き裂面に垂直な方向の一軸応力を受けるときについて，次式の解析解が得られている。

$$K_I^A = \frac{\sigma\sqrt{\pi b}}{E(k)}(1-k^2\cos 2\varphi)^{1/4} \quad \cdots\cdots (7.18)$$

ここで，$2a$，$2b$はだ円き裂の2つの主軸の長さ，φは図7.5に示す角度，$E(k)$は第2種完全だ円積分である。式（7.18）のK_I^Aは$\varphi = \pi/2$で最大値$K_{I,max} = \sigma\sqrt{\pi b}/E(k)$を，$\varphi = 0$で最小値$K_{I,min} = \{\sigma\sqrt{\pi b}/E(k)\}\sqrt{b/a}$をとる。特に，き裂が真円形（$a = b$）のときは$K_I \equiv 2\sigma\sqrt{\pi b}/\pi$となる。

(4) 表面き裂

表面き裂は鋼構造物の安全性に影響する重要因子の一つであり，そのモデルとしての半だ円表面き裂の応力拡大係数の評価は工学的に重要である。

Raju and Newman[8]は特異要素を用いた三次元有限要素解析により，図7.6に示すような半だ円表面き裂を有する有限幅，有限厚さの板が引張り・曲げ荷重を受ける場合の応力拡大係数の数値解を求めた。Newman and Raju[9]は，さらに，前述の数値計算結果をよく近似できる応力拡大係数推定式（Newman-Rajuの式）を提案した。今日まで，このNewman-Rajuの式が最も信頼できる表面き裂の応力拡大係数推定式とされて広く用いられている。

Newman-Rajuの式は次式のように表される。

$$K_I = (\sigma_m + H\sigma_b)F\sqrt{\pi b/Q} \quad\quad\quad\quad\quad\quad\quad\quad (7.19)$$

$$Q = \{E(k)\}^2 = 1 + 1.464(b/a)^{1.65}; b/a \leq 1$$

$$F\{M_1 + M_2(b/t)^2 + M_3(b/t)^4\}(1 - k^2\cos^2\varphi)^{1/4} g f_w$$

$$H = H_1(H_2 - H_1)\sin^p\varphi$$

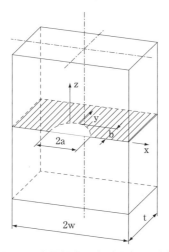

図7.6 有限板中の半だ円表面き裂

式（7.19）中の諸量は次式で定義される。

$M_1 = 1.13 - 0.09(b/a)$, $M_2 = -0.54 + 089/\{0.2 + (b/a)\}$
$M_3 = 0.5 - 1.0/\{0.65 + (b/a)\} + 14\{1.0 - (b/a)\}^{24}$
$g = 1 + \{0.1 + 0.35(b/t)^2\}(1 - sin\varphi)^2$, $f_W = [\sec\{(\pi a/2w)\sqrt{b/t}\}]^{1/2}$
.... （7.20）

$p = 0.2 + (b/a) + 0.6(b/t)$
$H_1 = 1 - 0.34(b/t) - 0.11(b/a)(b/t)$, $H_2 = 1 + G_1(b/t) + G_2(b/t)^2$
$G_1 = -1.22 - 0.12(b/a)$, $G_2 = 0.55 - 1.05(b/a)^{0.75} + 0.47(b/a)^{1.5}$
.... （7.21）

ここで，a はき裂半長，b はき裂深さ，Q は第2種完全だ円積分の自乗値，t は板厚，w は板の半幅，φ は図7.5に示す角度，σ_m は引張り応力，σ_b は曲げ応力であり，k は $k^2 = 1 - (b/a)^2$ で計算される。式（7.19）～式（7.21）の適用範囲は

$$0 < b/a \leq 1.0,\ 0 \leq b/t \leq 1.0,\ a/w < 0.5,\ 0 \leq \varphi \leq \pi \quad \cdots \quad (7.22)$$

であり，$b/t \leq 0.8$ において有限要素解との誤差は5%以下とされている。

7.1.3 重ね合わせの原理

線形弾性体の微小変形では，物体中の各点の状態量（応力，変位，ひずみ）は外力に比例し，複数の外力が同時に作用する場合の状態量は，個別の外力に対応する状態量の和として計算できる。これを「重ね合わせの原理」という。

重ね合わせの原理によれば，**図7.7**（a）に示す，内部き裂が存在する物体に外力が作用する場合の状態量は，物体の形状および外部境界上の変位境

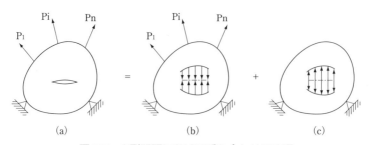

図7.7　き裂問題における重ね合わせの原理

条件が元の問題と等しい条件の下で，元の問題と同じ外力を受ける無き裂材（図7.7（b））の内部の状態量と，外力を受けないき裂材のき裂面に，外力を受ける無き裂材（図7.7（b））のき裂位置における内部応力の等値逆符号の分布応力を作用させた場合（図7.7（c））の状態量の和として計算できる。応力拡大係数はき裂先端近傍の特異応力場の強度を表す値である。図7.7（a）における特異応力場は，図7.7（b）と図7.7（c）における応力の和として与えられ，図7.7（b）の応力拡大係数は0となるので，図7.7（a）の応力拡大係数は図7.7（c）の応力拡大係数として計算される。

7.1.4 応力拡大係数に及ぼす残留応力の影響

残留応力が応力拡大係数に及ぼす影響を評価することは，溶接構造物の疲労強度評価において重要である。この問題は，前項で述べた重ね合わせの原理を応用して解くことができる。

き裂のない状態での残留応力分布が既知であるとする。この物体にき裂が生じた場合の応力拡大係数は，き裂のない状態におけるき裂面位置における残留応力を，等値逆符号にして分布荷重としてき裂面に作用させた問題を解くことにより得られる。この問題は，有限要素法などにより数値的に解くこともできるが，与えられた変位境界条件において，き裂面に集中力が作用する場合の応力拡大係数の解が得られている場合は，その解をGreen関数として用いることにより，き裂面に分布荷重が作用する場合の解を得ることができる。

例として，**図7.8**に示すような，無限板中の長さ$2a$のき裂を考え，き裂中央を原点として，き裂面上の座標xおよびき裂面に垂直な方向の座標yをとる。き裂上面の$x = b$の位置に，図7.8の実線で示す方向に垂直力Pとせん断

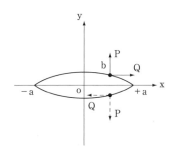

図7.8　き裂面に集中力が作用する無限板中のき裂

力 Q が作用するときの，$x = +a$ のき裂先端での応力拡大係数は次式で与えられる。

$$K_\mathrm{I}|_{x=+a} = \frac{P}{\sqrt{2\pi a}} \left(\frac{a+b}{a-b}\right)^{1/2} + \frac{Q}{\sqrt{2\pi a}} \left(\frac{\kappa-1}{\kappa+1}\right)$$
$$K_\mathrm{II}|_{x=+a} = -\frac{P}{\sqrt{2\pi a}} \left(\frac{\kappa-1}{\kappa+1}\right) + \frac{Q}{\sqrt{2\pi a}} \left(\frac{a+b}{a-b}\right)^{1/2}$$
$$\cdots\cdots (7.23)$$

これらと対称な集中力が，図7.8の破線に示すようにき裂下面に作用するときの応力拡大係数は次式で計算される。

$$K_\mathrm{I}|_{x=+a} = \frac{P}{\sqrt{2\pi a}} \left(\frac{a+b}{a-b}\right)^{1/2} - \frac{Q}{\sqrt{2\pi a}} \left(\frac{\kappa-1}{\kappa+1}\right)$$
$$K_\mathrm{II}|_{x=+a} = -\frac{P}{\sqrt{2\pi a}} \left(\frac{\kappa-1}{\kappa+1}\right) + \frac{Q}{\sqrt{2\pi a}} \left(\frac{a+b}{a-b}\right)^{1/2}$$
$$\cdots\cdots (7.24)$$

$x = +a$ のき裂先端での値は，式 (7.23)，式 (7.24) で b を $-b$ に置き換えることで得られる。

き裂上面の $x = b$ の位置に面外せん断力 T が作用する場合は，

$$K_\mathrm{III}|_{x=+a} = \frac{T}{\sqrt{2\pi a}} \left(\frac{a+b}{a-b}\right)^{1/2}, \quad K_\mathrm{III}|_{x=-a} = \frac{T}{\sqrt{2\pi a}} \left(\frac{a-b}{a+b}\right)^{1/2}$$
$$\cdots\cdots\cdots\cdots\cdots\cdots (7.25)$$

となり，T がき裂下面に作用する場合も同じ値となる。

以上より，き裂の上下面に，互いに釣合う一対の力が作用する場合の応力拡大係数は

$$K_\mathrm{I}|_{x=\pm a} = \frac{1}{\sqrt{\pi a}} \left(\frac{a \pm b}{a \mp b}\right)^{1/2} P, \quad K_\mathrm{II}|_{x=\pm a} = \frac{1}{\sqrt{\pi a}} \left(\frac{a \pm b}{a \mp b}\right)^{1/2} Q,$$
$$K_\mathrm{III}|_{x=\pm a} = \frac{1}{\sqrt{\pi a}} \left(\frac{a \pm b}{a \mp b}\right)^{1/2} T$$
$$\cdots\cdots\cdots\cdots\cdots\cdots (7.26)$$

となり，平面応力・平面ひずみの別，およびポアソン比に依存しなくなる。

き裂面に分布荷重が作用する場合は，たとえば集中力 P を $p(x)\,dx$ のように微小区間 dx に作用する分布荷重の合力に置き換え，式 (7.26) をき裂面全域で積分することで応力拡大係数を評価できる。例えば，き裂面に釣合った一対の垂直分布荷重が作用する場合は，次式で解が計算できる。

$$K_\mathrm{I}|_{x=\pm a} = \frac{1}{\sqrt{\pi a}} \int_{-a}^{+a} p(x) \left(\frac{a\pm b}{a\mp b}\right)^{1/2} dx \quad \cdots\cdots\cdots\cdots\cdots\cdots \quad (7.27)$$

7.2 エネルギー解放率

Griffith[10]は，準静的なき裂進展における力学系のエネルギー平衡に関して，力学系の全ポテンシャルΠを，ひずみエネルギーUと外力ポテンシャルVにより$\Pi = U + V$と与える場合に，き裂進展に伴うΠの変化量がき裂面表面エネルギーTの増大量を上回る場合にき裂の進展が生じると仮定した。

Irwin[11]は，次式で定義するエネルギー解放率Gがき裂進展の駆動力となるとした。

$$G \equiv -d\Pi/dA \quad \cdots\cdots\cdots\cdots\cdots\cdots\cdots\cdots\cdots\cdots\cdots\cdots \quad (7.28)$$

ここで，Aはき裂面の面積である。式（7.28）は上述のGriffithの理論と等価である。

図7.9に示す片側き裂を有する弾性板について，変位uが制御され，それに従って力Fが変化する場合を考える。変位uが不変で，き裂長さaがΔaだけ増大した場合のΠ，Uの変化量をそれぞれ$\Delta \Pi$，ΔUとすると，外力のなす仕事は零なので$\Delta \Pi = \Delta U$であり，式（7.28）より次式を得る。

$$\Delta U|_{\text{fixed }u} = -G\Delta A \text{ or } G = -\frac{1}{B}\left[\frac{\partial U}{\partial a}\right]_{\text{fixed }u} = -\frac{u}{2B}\left[\frac{\partial F}{\partial a}\right]_{\text{fixed }u}$$
$$\cdots\cdots\cdots\cdots\cdots\cdots\cdots\cdots\cdots\cdots\cdots\cdots\cdots\cdots\cdots\cdots\cdots\cdots\cdots\cdots\cdots\cdots\cdots\cdots\cdots\cdots\cdots\cdots\cdots \quad (7.29)$$

ここで，Bは弾性板の板厚である。一方，この場合のひずみエネルギーU

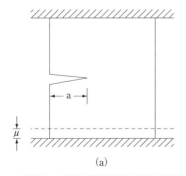
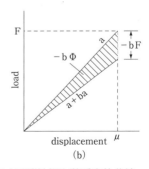

図7.9 変位制御負荷を受ける片側き裂を有する弾性板と荷重変位曲線

の減少量は

$$\Delta U|_{\text{fixed } u} = -\frac{u\Delta F}{2} \quad\quad\quad (7.30)$$

である．したがって，き裂を有する板のばね定数の逆数であるコンプライアンス C を用いると，G は次式で評価できる．

$$G = \frac{F^2}{2B}\frac{dC}{da} \ ; \ C = \frac{u}{F} \quad\quad\quad (7.31)$$

図7.9と同じ弾性板で，荷重 F が制御され，それに従って変位 u が変化する場合の G は，次式で与えられる．

$$G = \frac{F}{2B}\left[\frac{\partial u}{\partial a}\right]\text{fixed } F \quad\quad\quad (7.32)$$

き裂が進展した場合のひずみエネルギー U の変化を考え，式（7.28）を用いると，平面ひずみ状態で面外ひずみが生じる場合，

$$G = \frac{1-\nu^2}{E}(K_{\mathrm{I}}^2 + K_{\mathrm{II}}^2) + \frac{1+\nu}{E}K_{\mathrm{III}} \quad\quad\quad (7.33)$$

が導かれ，二次元平面応力状態については，

$$G = \frac{1}{E}(K_{\mathrm{I}}^2 + K_{\mathrm{II}}^2) \quad\quad\quad (7.34)$$

が導かれる．

7.3 小規模降伏状態

7.3.1 小規模降伏

7.2.1項で述べたように，材料を弾性体と仮定した場合の応力分布はき裂先端で特異性をもち，き裂先端近傍で無限大に発散する．しかし，実材料は弾塑性材料であり，き裂先端近傍に塑性域が生じて応力は有限値となる．この塑性域の寸法がき裂を有する部材の代表寸法（例えばき裂長さ）に比べて十分に小さければ，以下に示すように，き裂先端近傍の応力状態を，応力拡大係数を用いて表現できる．このような状態を小規模降伏（*small scale yielding*）とよぶ．以下に，実際の破壊形態に多いモードⅠ変形を対象に，小規模降伏状態におけるき裂先端近傍の応力，ひずみ，塑性域寸法，き裂開口変位などに関して説明する．

7.3.2 べき乗硬化材に対する解析解

材料の，降伏後の加工硬化時の応力σと全ひずみεの関係が，べき乗硬化則

$$\sigma = \sigma_0(\varepsilon/\varepsilon_0)^N \quad (7.35)$$

で表されるとする。ここで，σ_0とε_0は材料定数である。Hutchinson[12]およびRice and Rosengren[13]は，式（7.35）が成立する場合のき裂先端近傍の応力成分σ_{ij}および全ひずみ成分ε_{ij}が次式で与えられることを示した。

$$\left. \begin{array}{l} \sigma_{ij} = K_\sigma r^{-N/N+1} \tilde{\sigma}_{ij}(\theta) \\ \varepsilon_{ij} = K_\varepsilon r^{-N/N+1} \tilde{\varepsilon}_{ij}(\theta) \end{array} \right\} \quad (7.36)$$

ここで，r, θは，図7.2で定義される，き裂先端を原点とする極座標の径方向，周方向座標である。関数$\tilde{\sigma}_{ij}(\theta)$および$\tilde{\varepsilon}_{ij}(\theta)$は$\sigma_{ij}$および$\varepsilon_{ij}$の周方向分布を与える固有関数であり，係数$K_\sigma, K_\varepsilon$は塑性特異応力・ひずみ場の強度を表す係数である。$K_\sigma, K_\varepsilon$の間には

$$K_\sigma = \sigma_0 (K_\varepsilon/\varepsilon_0)^N \quad (7.37)$$

なる関係が成立する。次節の議論より，K_σ, K_εは弾性の応力拡大係数K_Iと関連付けられる。小規模降伏下では，塑性域外の特異応力場の強度がK_Iで与えられることは自明である。以上より，小規模降伏下では，塑性域の内部，外部とも弾性の応力拡大係数で特異応力・ひずみ場の強度が与えられるといえる。

7.3.3 Dugdale モデル

Dugdale[14]は，実用的にも応用が容易な，き裂の平面応力弾塑性問題の近

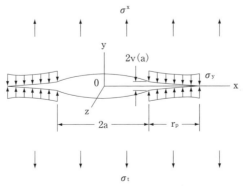

図 7.10　Dugdale モデル

似解法を提案した。

　Dugdaleは，二次元応力状態を想定し，塑性域がき裂先端近傍に限られ，塑性域のき裂面に垂直な方向の寸法が小さい場合，き裂先端近傍の塑性域における応力状態を**図7.10**のようにモデル化できると考えた。図のx座標はき裂進展方向を，y座標はき裂面に垂直な方向であり，塑性域のx方向幅がr_p，y方向幅は零であるとする。このモデルが，塑性変形によりき裂がr_pだけ仮想的に進展した状態と等価であると考える。ただし，仮想き裂領域（実き裂先端からr_pの距離の領域）は完全に分離しておらず，仮想き裂面の開口変位Δに依存した結合力$\sigma(\Delta)$が作用するものと考える。このとき，仮想き裂先端近傍の応力場は，7.1.3項で説明した重ね合わせの原理より，外力により生じる特異応力場と，き裂面上に作用する分布力$\sigma(\Delta)$により生じる特異応力場が重畳したものになる。前者は，7.1.2項に示す諸式などにより計算できる。後者は，式（7.27）で$p(x) = \sigma(\Delta)$とおくことにより計算できる。仮想き裂先端で材料は塑性変形を生じ，その点の結合力は有限になるので，これら2つの応力場の特異性は打ち消し合わなければならない。この条件から塑性域長さr_pを決定できる。

　材料が完全弾塑性体の場合，材料の降伏応力σ_Yを用いて結合力は$\sigma(\Delta) = \sigma_Y$と表せる。長さ$2a$のき裂を有する無限平板が，無限遠方で一様応力$\sigma_\infty$をうけるときの$r_p$は次式で与えられる。

$$r_p/a = \sec\{\pi\sigma_\infty/(2\sigma_Y)\} - 1 \quad\cdots\cdots\cdots\cdots\cdots\cdots (7.38)$$

特に，$r_p/a \ll 1$となる小規模降伏の場合には次式で近似できる。

$$r_p = (\pi/8)(K_\mathrm{I}/\sigma_Y)^2\,;\ K_\mathrm{I} = \sigma_\infty\sqrt{\pi a} \quad\cdots\cdots\cdots\cdots (7.39)$$

式（7.38）または式（7.39）によりr_pが定まると，長さ$2(a+r_p)$のき裂を有する無限平板が，無限遠方で一様応力σ_∞をうけるとき，および，仮想き裂面上に結合力σ_Yが作用するときの変位を重畳させることで，き裂開口変位を計算できる。この場合，応力の特異項が打ち消しあっていることから変位の特異項も消失しており，開口変位の計算では非特異項（式（7.1）の右辺第2項以降に相当する項）を用いた計算が必要であることに注意する必要がある。

7.4 弾塑性破壊力学とJ積分

7.4.1 弾塑性破壊力学

き裂先端周辺の塑性域が小規模降伏の範囲をこえると，き裂先端近傍の力学状態を弾性特異応力場では代表できず，応力拡大係数をパラメータとする線形破壊力学は適用できなくなる．7.3.2項に述べたように，この場合のき裂周辺の力学状態は式 (7.36) で与えられ，K_σ（またはK_ε）が支配パラメータになる．さらに，小規模降伏と類似の議論により，き裂先端近傍に式 (7.36) の表現が無効となる破壊進行域（process zone）が存在する場合も，破壊進行域の寸法が塑性域の代表寸法に比べて十分小さければ，破壊進行域を含めてき裂先端近傍の力学状態をK_σ（またはK_ε）で表すことができる．このような扱いを弾塑性破壊力学とよぶ．ただし，実際には，K_σを用いる代わりに，次項で説明するJ積分を用いてき裂先端近傍の力学状態を代表させるのが通常である．

7.4.2 J積分の定義

Rice[15]は，単調負荷を受けるき裂を有する二次元弾性体（線形または非線形）を考え，J積分とよばれる線積分を提案した．図7.11に示す直線き裂を考え，x軸をき裂面の方向に，y軸をそれと垂直な方向にとる．き裂面に表面力が作用せず，物体力も作用しないとし，微小ひずみ理論を採用する．図7.11のように，き裂の一方のき裂面上に起点を有し，他方のき裂面上に終点を有する，反時計回りの積分経路Γを考える．このとき，J積分は次式で定義される．

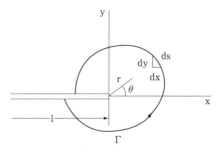

図7.11 J積分の座標系と積分経路

$$J = \int_\Gamma \left[Wdy - \left(T_x \frac{\partial u_x}{\partial x} + T_y \frac{\partial u_y}{\partial x} \right) ds \right]$$
$$= \int_\Gamma \left[\left\{ W - \left(\sigma_x \frac{\partial u_x}{\partial x} + \tau_{xy} \frac{\partial u_y}{\partial x} \right) \right\} dy + \left(\tau_{xy} \frac{\partial u_x}{\partial x} + \sigma_y \frac{\partial u_y}{\partial x} \right) ds \right]$$
$$\cdots\cdots(7.40)$$

ここで，ds は Γ 上の線素，T_x, T_y は Γ 上の接触力ベクトルの，u_x, u_y は変位の，$\sigma_x, \sigma_y, \tau_{xy}$ は応力の xy 面内成分である。W はひずみエネルギー密度であり次式で評価される。

$$W = \int_{(0,0,0)}^{(\varepsilon_x, \varepsilon_y, \gamma_{xy})} (\sigma_x d\varepsilon_x + \sigma_y d\varepsilon_y + \tau_{xy} d\gamma_{xy}) \cdots\cdots(7.41)$$

ここで，$\varepsilon_x, \varepsilon_y, \gamma_{xy}$ はひずみの xy 面内成分である。

証明は省略するが，この J 積分は経路独立な積分であり，その値はき裂が進展する際の系の全ポテンシャル Π の変化率に等しい[15]。この性質と式 (7.28) より，次式が導かれる。

$$J = G = -\frac{\partial \Pi}{\partial a} \cdots\cdots(7.42)$$

ここで，Π は単位板厚あたりの全ポテンシャルである。材料が線形弾性体の場合，弾性特異応力場が支配的な領域内に積分経路を選び，式 (7.42) と式 (7.33) （または式 (7.34)）を用いると，J 積分と応力拡大係数を関連付けられる。例えば，二次元のモード I き裂について次式が成立する。

$$J = \frac{(K_\mathrm{I})^2}{E'} \ ; \ E' = \begin{cases} E & \text{（平面応力）} \\ E/(1-\nu^2) & \text{（平面ひずみ）} \end{cases} \cdots\cdots(7.43)$$

7.5 疲労き裂進展速度および疲労の破壊力学パラメータ

7.5.1 き裂進展速度と応力拡大係数の関係

負荷開始前から存在していたき裂状欠陥からの繰返し負荷条件下におけるき裂進展は，準静的破壊靭性値よりはるかに小さい（最大）応力拡大係数で開始する。Paris ら[16] は，繰返し荷重下の 1 サイクルあたりの疲労き裂進展速度 da/dN（a はき裂長さ，N は繰返し数）が，次式で定義される応力拡大係数範囲 ΔK の関数として表せると仮定した。

7.5 疲労き裂進展速度および疲労の破壊力学パラメータ

$$\Delta K = K_{max} - K_{min} \quad \cdots\cdots\cdots\cdots\cdots\cdots\cdots\cdots\cdots\cdots\cdots\cdots\cdots\cdots\cdots \quad (7.44)$$

ここで，K_{max} と K_{min} は，最大荷重 P_{max}（あるいは最大応力 σ_{max}）と最小荷重 P_{min}（あるいは最小応力 σ_{min}）に対応する最大および最小応力拡大係数である。

き裂先端を囲む塑性変形域が数結晶粒内に限定されている場合，き裂進展は主として主すべり系の単一すべり機構により生じる。この段階はForsyth[18]によってStage I と名付けられた。き裂が隣接結晶粒に入ると主すべり系の方向が変化するので破面は鋸歯状を示す。すなわち，き裂進展が結晶学的条件に支配される。

より大きな ΔK では，き裂先端の塑性域は多数の結晶粒を含み，き裂進展は二重すべり機構の活動により生じる。この過程はForsyth[17]によってStage II と名付けられた。き裂経路は遠方に作用する荷重軸方向に垂直な平坦な経路になる。Stage II では，多くの工業用金属で，破面にストライエーションと呼ばれる縞模様が形成される。

多くの金属材料では，Stage II でき裂進展速度 da/dN と応力拡大係数範囲 ΔK を両対数プロットすると，**図7.12**のような $da/dN - \Delta K$ 曲線が得られる。この曲線は下記の3つの領域に区分することができる[18]。

<領域A（下限界近傍領域）>

ΔK の減少に伴い da/dN は急激に低下し，き裂が事実上進展を停止したとみなされる ΔK に達する。この ΔK を下限界応力拡大係数範囲 ΔK_{th} とよぶ。この ΔK_{th} 以下では，き裂は停留したままか，または検知できない速度で進

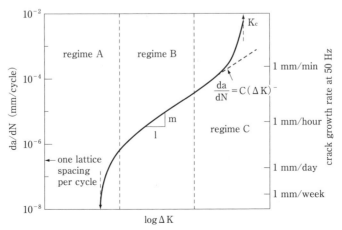

図7.12 金属材料における疲労き裂進展速度と応力拡大係数範囲の関係

展する．この領域では進展速度への材料微視組織，平均応力あるいは環境の影響が大きいが板厚の影響はない．破面には粒界など微視組織に対応する形態が認められる場合が多い．フラクトグラフィにおける分類のⅡa領域に相当する．

＜領域B（中間領域）＞

$\log \Delta K$が$\log (da/dN)$と線形関係になる．進展速度への材料微視組織，平均応力，環境，板厚の影響は小さく，破面形態としてはストライエーションが主となる．フラクトグラフィにおける分類のⅡb領域に相当する．

＜領域C（上限界近傍領域）＞

ΔKが大きくなると，き裂進展速度が急激に上昇して不安定破壊に至る．不安定破壊の発生限界はΔKでなくK_{max}により決まり，この不安定破壊発生時のK_{max}を疲労破壊じん性K_{fc}とよぶ．進展速度への材料微視組織，平均応力，板厚の影響は大きいが，環境の効果は小さい．破面にはへき開，ディンプルなど静的な破壊様式が認められる．フラクトグラフィにおける分類のⅡc領域に相当する．

StageⅡで，き裂進展速度da/dNはΔKと最も強い相関を示す．ParisとErdogan[19]は，き裂進展速度が，

$$\frac{da}{dN} = C(\Delta K)^m \quad \cdots\cdots\cdots\cdots\cdots\cdots\cdots\cdots\cdots (7.45)$$

と近似的に与えることを提案した．式（7.45）をParis則とよび，式中のC，mは実験定数である．式（7.45）は下限界近傍の進展速度を過大に評価するので，

$$\frac{da}{dN} = C'(\Delta K^m - \Delta K_{th}^m) \quad \cdots\cdots\cdots\cdots\cdots\cdots (7.46)$$

と近似する場合がある．式（7.46）を修正Paris則とよぶ．

7.5.2　疲労き裂の開閉口挙動と有効応力拡大係数範囲

き裂の弾性解析では，引張り荷重で開口したき裂は荷重零で閉じる．しかし，Elber[20]は，実際のき裂では荷重が零になる以前の引張り荷重で閉口する場合があることを発見した．Elberは，き裂近傍に生成された引張りの残留塑性変形内を進展することによりき裂が閉口すると考え，さらに進展速度da/dNが次式で定義される有効応力拡大係数ΔK_{eff}に支配されるとした．

$$\Delta K_{eff} = K_{max} - K_{op} = U \Delta K \quad \cdots\cdots\cdots\cdots\cdots\cdots (7.47)$$

ここで，K_{op} はき裂開口時の応力拡大係数である。係数 U は開口比と呼ばれ ΔK の有効率を与える。$K_{op} \leq K_{min}$ のとき $U=1$ である。Elber は，アルミニウム合金 2024-T3 について，da/dN を式（7.45）で整理すると応力比 $R=K_{min}/K_{max}$ により係数 C の値が異なるのに対して，ΔK_{eff} で整理すると R の値によらず次式で表現できることを見出した。

$$\frac{da}{dN} = D(\Delta K_{eff})^n \quad \cdots\cdots\cdots\cdots\cdots\cdots\cdots (7.48)$$

式（7.48）を Elber 則とよぶ。さらに，Elber は一定振幅荷重を受けるアルミニウム合金 2024T-3 において，U と R の間に，

$$U = 0.5 + 0.4R\;; \; -0.1 < R < 0.7 \quad \cdots\cdots\cdots\cdots (7.49)$$

なる関係があることを見出した。U と R の関係は，材料，応力条件，板厚によって異なり，Kumar[21] の論文に示されるように多数の関係式が提案されている。また，残留塑性変形による閉口のほかに，特に下限界近傍領域で破面の粗さによる閉口[22]，破面のこすれで生成される酸化物による閉口[22] などが生じることが報告されている。

式（7.48）は，式（7.45）と同様に下限界近傍の進展速度を過大に評価するので，式（7.46）と同様に

$$\frac{da}{dN} = D'(\Delta K_{eff}^n - \Delta K_{eff,th}) \quad \cdots\cdots\cdots\cdots\cdots (7.50)$$

と近似する場合がある。式（7.50）を修正 Elber 則とよぶ。

7.5.3 微小き裂の進展と停留

き裂長が結晶粒径オーダーのき裂を微視組織的微小き裂，き裂長が粒径オーダーより大きいが塑性域寸法と同程度以下のき裂を力学的微小き裂，き裂長が 1〜2mm 以下のき裂を物理的微小き裂とよぶ[23]。また，これらを総称して微小き裂とよぶ。Pearson[24] は，析出硬化アルミニウム合金で微小き裂の進展速度を調べ，深さ 0.006〜0.5mm の表面き裂が ΔK の値が同じ長いき裂より 100 倍以上速く進展すること，および微小き裂が長いき裂の ΔK_{th} 以下でも進展する場合があることを示した。この材料の微小き裂の進展速度とき裂長さの関係を模式的に示したのが図 7.13 である。微視組織的微小き裂の進展速度はき裂長の増加につれていったん顕著に低下した後，き裂が長くなるにつれて増大して長いき裂の進展速度に一致するようになる。同様な

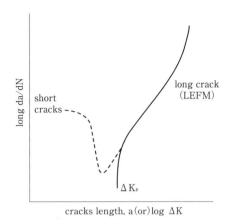

図7.13 微視組織的微小き裂の下限界以下での進展と一時的な遅延.

進展挙動は多くの金属で観察されている。

　Morris[25),26)]は，アルミニウム合金中の微視組織的微小き裂の進展速度が，き裂先端が結晶粒界に達したときに低下することを示した。同様な進展挙動は低強度軟鋼など多くの金属で観測されている。この進展速度の低下は，き裂先端と結晶粒界の相互作用によるものと説明されている。そのような理論の一例として，Tanakaら[27)]が提唱した，き裂先端から広がるすべり帯が結晶粒界で阻止されるというモデルがある。

　KitagawaとTakahashi[28)]は，ΔK_{th}とき裂長aの関係で，$a \geq a_0$の場合にΔK_{th}がaに依存しない一定値ΔK_0となり，それ以下ではΔK_{th}がaの減少につれて減少するような遷移き裂長さa_0が存在することを示した。微小き裂の下限界がΔKで特徴付けられないのは，き裂先端の進展に寄与する領域が応力のK支配域より大きくなるためであると考えられている。$a < a_0$では，広範な金属で下限界状態が下限界応力振幅$\Delta \sigma_{th}$で特徴付けられ，一般にaが非常に小さい極限で平滑材の疲労限$\Delta \sigma_0$に漸近する。図7.14に，Tanakaら[30)]が整理した$\Delta \sigma_{th}$およびΔK_{th}とき裂長の関係を示す。この図から，次式が導かれている。

$$a_0 = \frac{1}{\pi}\left(\frac{\Delta K_0}{\Delta \sigma_0}\right)^2, \quad \Delta K_{th} = \Delta K_0 \text{ for } a > a_0, \quad \Delta \sigma_{th} = \Delta \sigma_0 \text{ for } a < a_0$$

.... (7.51)

　遷移き裂長さa_0は，微小き裂の進展挙動を説明するための実験パラメータとしても用いられた。El Haddadら[30)]は，式(7.51)のa_0を仮想き裂寸法

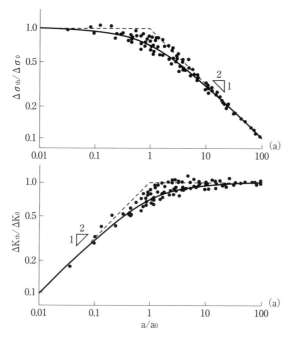

図7.14 微小き裂の下限界条件 (a) 下限界応力, (b) 下限界応力拡大係数範囲

と考えて，実き裂長aに仮想き裂長a_0を加えた$a+a_0$がき裂長であるとすると，き裂長に依存しない単一の進展速度式が得られることを示した。この手法は実験結果をよく説明できるが，仮想き裂の物理的意味が曖昧であることに欠点がある。

7.5.4 RPG基準

豊貞ら[31)]は，負荷過程中にき裂先端に引張塑性域が生じる時点の荷重 RPG (Re-tensile Plastic zone Generating load) から引張り最大荷重P_{max}までの荷重変動幅 (P_{max}-P_{RPG}) に対応した応力拡大係数の変動幅ΔK_{RPG}を用いると，き裂進展速度が実験定数A, nを用いて

$$da/dN = A(\Delta K_{RPG})^n \quad \cdots\cdots (7.52)$$

と表すことができること，および，式 (7.52) を用いた場合にはParis則やElber則を用いた場合に現れる下限界ΔK_{th}が発現しないことを示した。さらに，豊貞らは，ΔK_{RPG}がき裂先端近傍の繰返し塑性域寸法$\bar{\omega}$に比例することを示し，き裂進展速度が$\bar{\omega}$に支配されるとした。式 (7.52) に基づくき裂進

展速度の評価を「RPG基準」とよぶ。また，豊貞ら[32]は，無き裂材の切欠き底近傍の繰返し塑性域寸法$\bar{\omega}$を評価する手法を示し，この$\bar{\omega}$を式 (7.52)のΔK_{RPG}に代入することにより，初期き裂を仮定することなしに，き裂の発生，微小き裂の進展，長いき裂の進展を統一的に評価できると論じている。そして，RPG基準を採用すれば，初期き裂の設定が不要で，微小き裂から長大き裂まで同一のき裂進展則により統一的な解析が可能で，ΔK_{th}の評価が不要になるため，従来理論で解決が難しいとされてきた諸問題を解決できると主張している。

7.5.5 弾塑性破壊力学の応用

き裂先端周辺の塑性域が小規模降伏の範囲をこえる場合には，弾塑性破壊力学パラメータであるJ積分などが疲労問題に応用される。

7.5節で述べたJ積分に関する議論は，線形・非線形弾性体を仮定して展開される。非比例負荷や弾性除荷が生じる繰返し塑性変形はこの仮定に反するので，疲労問題の解析にJ積分を用いることは厳密には問題がある。J積分の疲労問題への応用は，Dawling[33]により始められ，き裂進展速度da/dNと繰返しJ積分ΔJの関係が次式で与えられることを示した。

$$\frac{da}{dN} = C_J (\Delta J)^{m_J} \quad \cdots\cdots\cdots\cdots\cdots\cdots\cdots\cdots\cdots\cdots\cdots\cdots (7.53)$$

ここで，C_J, m_Jは材料特性である。

ΔJの評価には，繰返し変形中の負荷過程に対して，単調荷重下におけるJ積分の評価法が流用される。例えば，変位制御下での，異なるき裂長a_1, a_2に対する荷重－変位ヒステリシスループが**図7.15**のように得られていると

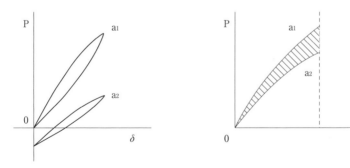

図 7.15 繰返し J 積分の評価方法

する．2つのループの左下端を共通の原点に移動し，各々のループの負荷部分が単調変形の荷重変位関係に相当すると考えると，図の斜線部分の面積が全ポテンシャルの差に相当する．これから，式 (7.42) の全ポテンシャル変化率を計算すれば，対応する J 積分 (ΔJ) を評価できる．

この方法では，複数のき裂長さに対する荷重変位曲線の計測が必要である．この問題を克服するため，1つの試験片から ΔJ を推定するための近似的な方法が提案されている[34]．

前述のように，疲労問題に J 積分を用いることには理論的な問題があるが，き裂先端近傍の塑性域寸法と同程度の長さのき裂から，全断面降伏に近い状態に至るまで，式 (7.53) により実験結果がよく表現できることが知られている．

7.6 疲労き裂進展挙動の影響因子

7.6.1 試験片およびき裂形状の影響

平板中の貫通き裂でも，板厚により進展速度が異なる場合がある．これは，塑性拘束によって内部（平面ひずみ状態）と表面（平面応力状態）の塑性域寸法が異なるためと説明されることが多い[35]．一般に板が薄い方が進展速度が低くなるが，これは表面でのき裂閉口応力が大きいためと考えられている[36]．

表面き裂の進展速度が，同じ ΔK の貫通き裂と異なる場合もある[37]．この場合，進展速度を ΔK_{eff} で整理すると，表面き裂の進展速度が貫通き裂とほぼ同一の関係になる．

7.6.2 負荷応力条件の影響

応力比 R が高いと，進展速度も高くなる傾向がある．この傾向は上限界領域（図7.12の領域 C）と下限界領域（領域 A）で顕著で，鋼の場合は中間領域（領域 B）ではほとんど影響ない．この影響を考慮できる進展式の例として，Forman ら[38]が提案した

$$\frac{da}{dN} = \frac{C(\Delta K)^m}{(1-R)K_C - \Delta K} = \frac{C(\Delta K)^m}{(1-R)(K_C - K_{max})} \quad\cdots\cdots\cdots\cdots (7.54)$$

がある．この他にも同様な式が提案されているが，今日では，応力比の効果

は前節で示したき裂開閉口現象により説明されることが多い。

応力の繰返し速度は，腐食環境下を除き，進展速度にあまり大きな影響を与えない[39]。

7.6.3 材料の機械的性質および微視組織の影響

Usamiら[40]は，長いき裂のき裂進展速度を，$\Delta K/E$（E：弾性係数）で整理すると，材料に関係なくほぼ1つの曲線で表されることを示した。Usamiらによる結果を図7.16に示す。

鉄鋼材料には，弾性係数がほぼ同じであるが，強度（降伏応力，引張り強さ）や材料微視組織が異なる材料が多数存在する。増田ら[41]は，中間領域（図7.12の領域B）で各種鋼材の$da/dN - \Delta K$関係を比較すると，強度や微視組織に関係なくほぼ1つの曲線で表されることを示した。これは，通常の鋼種では，中間領域でのき裂進展挙動に強度や微視組織がほとんど影響しないことを示している。

一方，下限界領域（図7.12の領域A）では強度および材料組織の影響が大

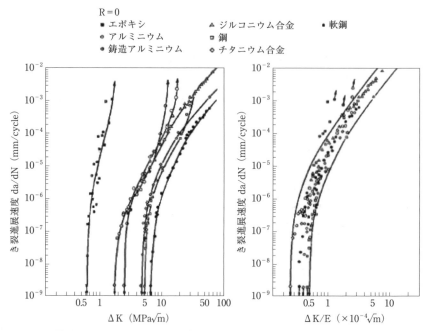

図7.16　$\Delta K/E$ によるき裂進展速度の整理（Usamiによる結果）

きい．Hoshinaら[42]は各種鋼材のΔK_{th}とRの関係を調べた．図7.17にΔK_{th}とRの関係を，図7.18に$R = 0$，0.8でのΔK_{th}と降伏応力σ_Yの関係を示す．図では，全ての材料でΔK_{th}はRが大きいと直線的に減少するが，閉口が生じない$R > 0.8$では，材料組織やσ_Yによらずほぼ一定の2～3MPa・$\sqrt{m}$にな

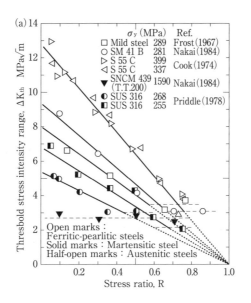

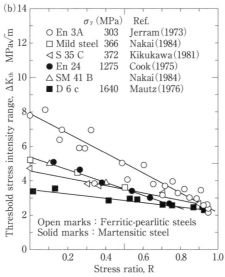

図 7.17　鋼材の下限界応力拡大係数範囲と応力比の関係

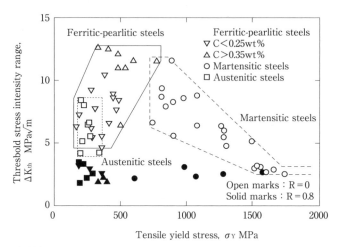

図7.18 各種鋼材のR=0，0.8における下限界応力拡大係数範囲と降伏応力の関係

ること，降伏応力σ_Yが大きいとRの依存性が小さいこと，$R=0$でのΔK_{th}とσ_Yの関係が微視組織により異なることが示されている。Hoshinaらは，これらの結果から，ΔK_{th}が，材料の真の進展抵抗$\Delta K_{eff,th}$とき裂閉口に起因する進展抵抗$\Delta K_{cl,th}$の和として

$$\Delta K_{th} = \Delta K_{eff,th} + \Delta K_{cl,th} \quad\cdots\cdots\cdots (7.55)$$

と与えられ，Rや材料組織は$\Delta K_{cl,th}$のみに影響するとしている。Hoshinaら[42]は，各種鋼材についてΔK_{th}を比較し，ΔK_{th}とフェライト粒径dの関係が，材料定数K_0とαを用いて

$$\Delta K_{th} = \Delta K_0 + a\sqrt{d} \quad\cdots\cdots\cdots (7.56)$$

と表せることを示した。横幕ら[43]は，各種鋼材についてΔK_{th}および式（7.55）の$\Delta K_{eff,th}$と粒径dの関係を調べ，ΔK_{th}では式（7.56）が成立するが，$\Delta K_{eff,th}$はdにほとんど依存しないこと示した。

7.6.4 残留応力の効果

残留応力は，繰返し応力によって減衰する場合があることを除けば本質的には平均応力とみなされる。残留応力の減衰は負荷応力振幅と降伏応力の大小関係で決まる。多軸の残留応力場中のき裂進展では，進展方向は負荷応力の繰返し成分で決まるとの報告がある[44]。残留応力は主としてき裂閉口に影響する。

7.6.5 き裂進展抵抗に優れた新型鋼

従来は，前述のように，Stage Ⅱbのき裂進展には微視組織の影響がほとんどないと考えられていた．しかし，近年，鋼材の微視組織の最適化により，Stage Ⅱbで顕著なき裂進展速度低減を実現したとの報告が相次いでいる[45)-49)]．

これらの新型鋼におけるき裂進展抵抗の向上は，硬質第二相への疲労き裂の衝突・迂回確率が大きくなる微視組織の配置に加えて，材料表面の超細粒化[45)]，第二相の変態膨張で導入された微視的圧縮残留応力場[49)]，繰返し軟化による破壊抵抗性の向上[46)] などによってもたらされたと考えられている．

7.7 疲労き裂進展試験法

7.7.1 ASTM E647規格の概要

米国材料試験協会（ASTM：American Society for Testing and Materials）はΔKにより一定荷重振幅下のき裂進展速度da/dNを評価する疲労き裂進展試験法に関する規格ASTM E647を1978年に制定した．ASTM E647は，その後の研究成果を随時取り入れ改定を続けて現在に至っている．1981年の改訂ではΔK_{th}試験法が，1995年の改訂ではき裂開口荷重決定法推奨案と微小き裂進展速度計測法に関する指針が追加された．

ASTM E647では，図7.19に示すコンパクト型試験片（CT試験片）または中央き裂引張り試験片（CCT試験片，規格ではM（T）試験片と表示されている）のいずれかの使用が推奨されている．試験片の厚さBと幅Wは独立に変えることができるが，線形弾性論に基づくKによる整理が有効であるためには，試験片寸法が次式の条件を満足することが必要とされている．

$$\text{CT試験片}：W - a \geq \frac{\pi}{4}(K_{max}/\sigma_Y)^2, \quad \text{CTT試験片}：W - 2a \geq \frac{1.25 P_{max}}{B \sigma_Y}$$

$$\cdots\cdots\cdots\cdots\cdots\cdots\cdots\cdots\cdots\cdots \quad (7.57)$$

ここで，aはき裂長さ（CCT試験片の場合は半長），P_{max}は最大荷重，σ_Yは降伏応力（0.2％耐力）である．

初期切欠きと疲労予き裂についてもその寸法が定められている．予き裂導入時のK_{max}は，少なくとも最終状態で試験開始時のK_{max}より小さい必要があり，予き裂導入中のP_{max}を漸減させる場合は，荷重減少の過渡的な影響を残

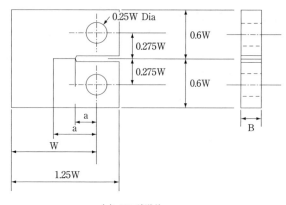

(a) CT 試験片

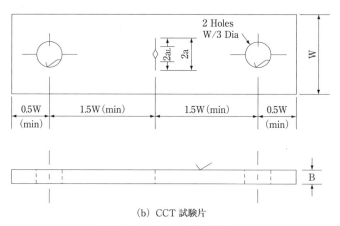

(b) CCT 試験片

図 7.19　ASTM 標準試験片

さないために規格の定める手順で荷重を減少させることが求められる。

き裂進展速度の計測では，da/dN が与えられた ΔK に対して2倍程度変動することから，反復試験を行うか，データの重複箇所が得られるように計画することが推奨されている。試験は原則として荷重範囲 ΔP ならびに他の負荷条件を一定として行うことが望ましく，これを守れない場合は荷重変動による過渡現象に注意する必要がある。da/dN が 10^{-8} m/cycle 以上の条件では荷重漸増試験方法が規定されている。

10^{-8} m/cycle 以下から ΔK_{th} に至る範囲では，予き裂導入の困難さなどから ΔK 漸減試験が行われる。その際は，荷重履歴効果を小さくするため，da/dN が 10^{-8} m/cycle であるような予き裂が望ましいとされている。荷重の

減少率（K勾配）は，荷重履歴の影響を少なくするために制限が設けられている。ΔK_{th}は，両対数での$da/dN-\Delta K$関係で$10^{-9} \sim 10^{-10}$m/cycleの範囲のデータから直線回帰し，$da/dN = 10^{-10}$m/cycleに対応するΔKとして決定される。

き裂長さは，0.1mmあるいは0.002W（図7.19参照）のいずれか大きい方の分解能をもつ光学的あるいは同等以上の手法で測定する。測定に際しては，測定間隔Δaが0.25mmあるいはき裂長測定精度（反復計測値の標準偏差）の10倍以上であり，かつda/dNのデータがΔKに対してほぼ等間隔で得られるように，推奨測定間隔に従って計測する。$B/W \geqq 0.15$の試験片では表裏両面の測定が求められ，両面のき裂長に0.025W以上または0.25B以上の差が生じた場合にはそのデータを採用してならないとされている。

この他に，計算と結果の表示に関して，き裂長さのわん曲の補正，き裂進展速度の決定法，Kの計算式などが規定されている。ΔKの値が直線き裂の場合と5%以上の誤差が生じる場合は，わん曲の補正を行うことが求められる。

7.7.2　き裂長さの測定方法

き裂長さの測定は，試験片表面の長さを測定する場合と，試験片内部を含んだ平均的長さを測定する場合とに分けられる。表面の長さは，数十倍の倍率をもつ移動読取顕微鏡などによる光学的手法，き裂の進展にともなう抵抗線または抵抗箔（クラックゲージ）の破断による電気抵抗の変化を利用する方法[50]，渦電流を用いたき裂追尾装置による電磁気的方法[51]などにより計測される。

試験片内部のき裂長さ，あるいは内部を含む平均的長さは，き裂長さの変化に伴うコンプライアンスの変化を利用するコンプライアンス法[52),53)]，試験片に電流を流し，き裂をはさむ2点間の電位がき裂長さにより変化することを利用した電位差法[54)]，超音波を利用する方法[55)]などにより計測されている。

7.8　変動荷重下のき裂進展挙動

溶接構造物が受ける荷重は変動荷重であることが多い。変動荷重下のき裂進展挙動は荷重履歴の影響を強く受け，一定振幅荷重下の進展挙動と大きく

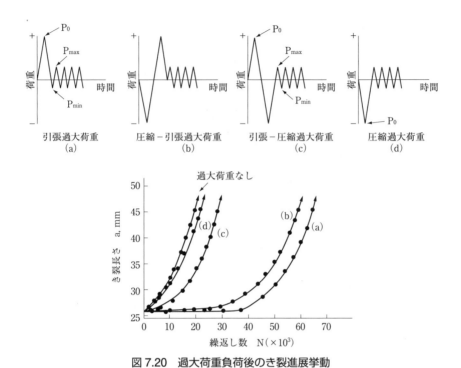

図 7.20　過大荷重負荷後のき裂進展挙動

異なる。その例としてStephensら[56)]によるアルミニウム合金の実験結果を図7.20に示す。この図では，単一の引張り過大荷重が作用した場合にき裂進展の著しい遅延が生じること，引張り過大荷重が作用しても圧縮過大荷重が作用すると遅延の程度が減じることが示されている。また，荷重振幅を段階的に増加させると一定振幅負荷時より進展速度が速くなる加速現象が，高－低二段荷重のように荷重振幅を減少させると遅延現象が生じる[57)]。これらのうち，加速現象は発現後小数回の負荷で消滅する場合が多くき裂進展寿命を大きく変えることは少ないが，遅延現象は比較的長く持続してき裂進展寿命を大幅に延伸することがある。

単一過大荷重負荷後のき裂進展挙動を詳細に調べると，図7.21に示すように，き裂進展速度は，過大荷重負荷直後にごく短期間上昇した後に減少して最小値を示し（おくれ遅延，delayed retardation），その後増大して定常値に復するという変化を示す[58)]。この現象を定量的に扱うために，一定振幅負荷時の進展速度を $(da/dN)_{\Delta\sigma_n}$ として，過大荷重負荷時から進展速度が図7.21に戻るまでの進展距離とそれに要した負荷回数 a^*，N^*（過大荷重影

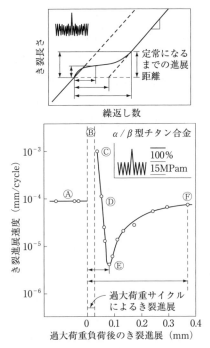

図7.21 単一過大荷重負荷後のき裂進展挙動の詳細

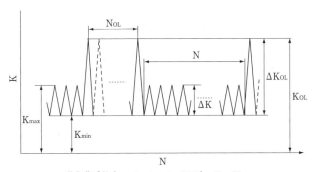

過大荷重比(overload ratio. OLR) = K_{OL}/K_{max}
過大荷重頻度比(occurrence ratio. OCR) = N_{OL}/N

図7.22 変動荷重波形の各種パラメータ

き裂長さ，遅延繰返し数)，過大荷重負荷時から進展速度が最小値を示すまでの進展距離とそれに要した負荷回数 a_{DR}, N_{DR}（遅れ距離，遅れ繰返し数）などに与える荷重履歴の影響が調べられている．これらの諸量に影響を与える荷重パラメータとして，図7.22に示す，過大荷重の最大値 K_{OL}, 過大荷重

比（OLR, overload ratio）K_{OL}/K_{max}，定振幅負荷時のK_{max}, K_{min}あるいはΔK, R，過大荷重繰返し数N_{OL}，過大荷重負荷周期Nあるいは過大荷重頻度比N_{OL}/Nなどが考えられている。荷重パラメータが進展挙動に与える影響については多数の研究があり，K_{OL}が大きいとa^*が増大する[59]，K_{OL}/K_{max}が大きいとN^*が長くなる[59],[60]，K_{OL}/K_{max}が同じでも定振幅荷重のΔKが小さいほど遅延が顕著である[60]などの結果が報告されている。その他にも，試験片の板厚が薄いほど遅延が著しくなる[61),62)]，降伏応力が低いほど遅延効果が大きい[66]ことなどの結果も報告されている。

変動荷重下でき裂進展速度の加速・遅延が生じる機構としては，き裂先端近傍の残留塑性変形[64]とそれによるき裂閉口[20]が考えられる。この場合，7.6.2項と同様に有効応力拡大係数範囲ΔK_{eff}を考え，ΔK_{eff}が荷重履歴により変化して加速遅延現象が生じると考えることになる。

K_{op}あるいはΔK_{eff}の荷重履歴による変化は複雑で，Dillら[65]やBellら[66]によるものなど，多数のモデルが提案されているが，それらの有効性は限定的な条件でしか確認されていない。き裂先端近傍の繰返し弾塑性変形の数値シミュレーションにより，K_{op}あるいはΔK_{eff}の逐次変化を計算することも試みられている。たとえばNewman[67]は，Dugdaleのき裂結合力モデル[14]を応用・改良し，塑性域内に仮想き裂開口変位と同じ長さの剛完全塑性体の棒要素が配置されるとしてき裂開閉口挙動を計算した。Newmanのモデルはき裂進展解析ソフトウェアFASTRANに実装されて商用化され，主として航空機業界での疲労安全性照査に広く用いられてきた。豊貞ら[68]は，完全弾塑性体として扱うべき棒要素を剛完全塑性体とした扱っているなどのNewmanモデルの問題点を解決したき裂開閉口モデルを提案し，このモデルを実装したき裂進展解析ソフトウェアFLARP（Fatigue Life Assessment by RPG load）を開発した。FLARPは，種々の変動荷重下における貫通裂の開閉口応力（および式（7.52）のΔK_{RPG}）の推定に成功しており，実働荷重を含む広範囲な変動荷重に適用できるき裂開閉口モデルであるといえる。

この他に，簡易的な取扱い方法としては，たとえば菊川ら[69]の提案した方法がある。菊川らは，頻繁に最大・最小荷重が変化する狭帯域ランダム荷重下のK_{op}の荷重履歴中の変動は小さく，その値が最大の応力拡大係数レンジペアに対応するΔKとRでの定振幅荷重下のK_{op}に概ね一致することを示

した.そして,狭帯域ランダム荷重やプログラム荷重に対しては,この最大の応力拡大係数レンジペアに対応する K_{op} から計算される ΔK_{eff} を用いて進展解析を行うことを提案している.

これらと別に,開閉口現象を直接扱わない ΔK を基本パラメータとするき裂進展モデルも考案されている.例えば,Wheelerら[70]は,図7.23に示すように,低振幅荷重で形成される塑性域が過大荷重で生じた塑性域の内側にある間は,同じ ΔK に対する進展速度が

$$(da/dN)_{\text{retard}} = \phi \, (da/dN)_{\text{const. amp.}} = \phi f(\Delta K) \cdots \cdots (7.58)$$
$$\phi = (r_{pi}/\lambda)^m, \quad \lambda = a_0 + r_{p0} - a_i$$

に減ずるとモデル化した.ここで,λ は現在のき裂先端から過大荷重で生じた塑性域外縁までの距離,r_{p0} は過大荷重で生じた塑性域の寸法,r_{pi} は現在サイクルの塑性域寸法,a_0 は過大荷重負荷時のき裂長,a_i は現在サイクルのき裂長である.これら ΔK を基本パラメータとするモデルは,実働荷重下での有効性の検証は十分にはなされていない.

この他の加速遅延機構として,き裂先端の鈍化[71],き裂の屈曲または分岐[72],き裂先端近傍のひずみ硬化[73],き裂先端前縁形状の変化[74]も考えられているが,これらは定量的扱いが困難で,また機構の有効性についての問題があるものも多い.

変動荷重下では,下限界応力拡大係数範囲 ΔK_{th} が消失することが報告されている.たとえば菊川ら[75]は,S35C鋼の二段繰返し試験中のき裂進展速度を計測し,変動荷重下の da/dN-ΔK_{eff} 関係が,定振幅荷重下の da/dN-ΔK_{eff} 関係を $\Delta K_{eff, th}$ 以下まで延長したものに一致することを示した.そして,Elber則または修正Elber則による変動荷重下でのき裂進展解析では,一定

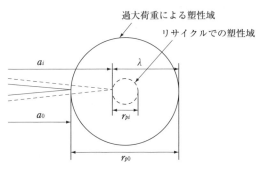

図 7-23 Wheeler モデルの説明図

振幅試験で得られた da/dN-ΔK_{eff} 関係を，$\Delta K_{eff,th}$ 以下まで延長した修正マイナー流の取扱いが必要になると述べている。

7.2.4項のRPG基準を用いると，ΔK_{eff}，あるいは$\Delta K_{eff,th}$によらずにき裂進展速度を評価できる。豊貞ら[68]が開発したき裂進展解析ソフトウェアFLARPは式(7.52)のΔK_{RPG}を逐次計算する機能を有しており，変動荷重下で$\Delta K_{eff,th}$が変化することを考慮することなく，高精度なき裂進展解析が実施できるとされている。

参考文献

1) 石田：き裂の弾性解析と応力拡大係数，培風館，1975.
2) 岡村：線形破壊力学入門，培風館，1975.
3) Murakami, Y. (ed.-in-chief)："Stress Intensity Factors Handbook", Pergamon Press, 1987.
4) Feddersen, C. E.："Discussion," Plane Strain Crack Toughness Testing of High Strength Metallic Materials, ASTM STP 410, 1966, pp. 77, 1966.
5) Newman, J.C. Jr.：An Improved Method of Collocation for the Stress Analysis of Cracked Plates with Various Shaped Boundaries, NASA Technical Note D-6376, 1971.
6) 西谷，石田：主軸端にき裂をもつだ円孔の引張りにおける応力拡大係数，日本機械学会論文集 39 (317) pp. 7-14, 1973.
7) Lukas, P. and Klesnil, M.,："Fatigue limit of notched bodies," Materials Science and Engineering, Vol. 34, pp. 61-66, 1978.
8) Raju, I. S. and Newman, J. C. Jr.,："Stress Intensity Factors for a Wide Range of Semi-elliptical Surface Cracks in Finite-thickness Plates," Engineering Fracture Mechanics, Vol. 11, pp. 817-829, 1979.
9) Newman, J.C.Jr. and Raju, I.S.："An Empirical Stress Intensity Factor Equation for the Surface Crack," Engineering Fracture Mechanics, Vol. 15, pp. 185-192, 1981.
10) Griffith, A.A.："The Phenomena of Rupture and Flow in Solids," Philosophical Transactions of the Royal Society of London. Series A, Vol. 221, pp. 163-198, 1921.
11) Irwin, GR.："Onset of fast crack propagation in high strength steel and aluminum alloys," Proc. 2nd Sagamore Conference, Vol. II, pp. 289-305, 1956.
12) Hutchinson, J.W.："Singular behavior at the end of a tensile crack in a hardening material,", Journal of the Mechanics and Physics of Solids, Vol. 16, pp. 13-31, 1968.
13) Rice J.R., Rosengren, G.F.："Plane Strain Deformation Near a Crack Tip in a Power-Law Hardening Material," Journal of the Mechanics and Physics of Solids, Vol. 16, pp. 1-12, 1968.
14) Dugdale, D.S.："Yielding of steel sheets containing slits," Journal of the Mechanics and Physics of Solids, Vol. 8, pp. 100-108, 1960.
15) Rice J.R.："A Path Independent Integral and the Approximate Analysis of Strain Concentration by Notches and Cracks," Journal of Applied Mechanics, Vol. 35, pp. 379-386, 1968.

16) Paris, P.C., Gomez, M.P., Anderson, W.E. : "A Rational Analytic Theory of Fatigue," The Trend in Engineering, Vol. 13, pp. 9-14, 1961.
17) Forsyth, P. J. E. : "A two stage process of fatigue crack growth. Crack ropagation," Proceedings of Cranfield Symposium pp. 76–94, 1962.
18) Ritchie, R.O. : "Influence of microstructure on near-threshold fatigue-crack propagation in ultra-high strength steel," Metal Science, Vol. 11, pp. 368-381, 1977.
19) Paris, P.C. and Erdogan, F. : "A critical analysis of crack propagation laws," Journal of Basic Engineering, pp.528-534, 1963.
20) Elber, W. : "The significance of fatigue crack closure," Damage Tolerance in Aircraft Structures, ASTM STP 486, pp. 230-242, 1971.
21) Kumar, R. : "Review on crack closure for constant amplitude loading in fatigue," Engineering Fracture Mechanics, Vol. 42, 2, pp. 211-406, 1992.
22) Minakawa, K., McEvily, A.J. : "On crack closure in the near-threshold region,", Scripta Metallurgica, Vol. 15, 6, pp. 633-636, 1981.
23) Suresh, S., Ritchie, R.O. : "Propagation of short fatigue cracks," International Metals Reviews, Vol. 29, pp. 445-476, 1984.
24) Pearson, S. : "Initiation of fatigue cracks in commercial aluminium alloys and the subsequent propagation of very short cracks," Engineering Fracture Mechanics, Vol. 7, pp. 235-247, 1975.
25) Morris, W.L. : "Microcrack closure phenomena for Al 2219-T851," Metallurgical Transactions, 10, A, pp. 5-11, 1977.
26) Morris, W.L. : "The noncontinuum crack tip deformation behavior of surface microcracks," Metallurgical Transactions, 11A, pp.1117-1123, 1980.
27) Tanaka, K., Akiniwa, Y., Nakai, Y., Wei, R.P. : " Modelling of small fatigue crack growth interacting with grain boundary," Engineering Fracture Mechanics, 24, 6, pp. 803-819, 1986.
28) Kitagawa, H., Takahashi, S. : "Applicability of fracture mechanics to very small cracks or the cracks in the early stage," In Proceedings of 2nd International Conference on Mechanical Behavior of Materials, pp. 627-31, 1976.
29) Tanaka, K., Nakai, Y., Yamashita, M. : "Fatigue growth threshold of small cracks," International Journal of Fracture, 17, 5, pp. 519-533, 1981.
30) El Haddad, M.H., Topper, T.H., Smith, K.N. : "Prediction of non propagating cracks ," Engineering Fracture Mechanics, 11, 3, pp. 573-584, 1979.
31) 豊貞, 丹羽, 後藤, 坂井 : Δ KRP の物理的意味と構造物の疲労寿命推定法 : RPG 規準による疲労き裂伝播挙動の研究 (第8報), 日本造船学会論文集, 180, pp. 539-547, 1996.
32) 豊貞, 丹羽, 永見, 松田 : 回し溶接止端部から発生・伝播する表面き裂の疲労寿命推定法について : 無き裂状態から任意の大きさのき裂になるまでの疲労寿命推定法, 西部造船会会報, 99, pp. 255-268, 2000.
33) Dowling, N.E. : "Geometry Effects and the J-Integral Approach to Elastic-Plastic Fatigue Crack Growth," ASTM STP, 601, pp. 19-32, 1976.
34) 例えば Merkle, J.G., Corten, H.T. : "J integral analysis for the compact specimen, considering axial force as well as bending effects," Journal of Pressure Vessel Technology, 96, 4, pp.

286-292, 1974.
35) Hertzberg, R.W., von Euw, E. F. J.："A note on the fracture mode transition in fatigue," International Journal of Fracture Mechanics, 7, 3, pp. 349-353, 1971.
36) McGowan, J.J., and H. W. Liu, H.W.："The Role of Three-Dimensional Effects in Constant Amplitude Fatigue Crack Growth Testing," Journal of Engineering Materials and Technology, 102, 4, pp. 341-346, 1980.
37) 例えば，小寺沢，南坂：繰返し曲げによる非貫通疲労き裂の進展，材料，26, 289, pp. 955-961, 1977.
38) Forman, R.G., Kearney, V.E., Engle, R.M.："Numerical analysis of crack propagation in cyclic-loaded structures," Journal of Basic Engineering, 89, pp. 459-464, 1967.
39) Barsom, J.M.："Corrosion-fatigue crack propagation below KISCC," Engineering Fracture Mechanics, 3, 1, pp. 15-26, 1971.
40) Usami, S.："Applications of threshold cyclic-plastic-zone-size criterion to some fatigue limit problems," Fatigue Thresholds, 1, Backlund, J., Blom, A.F., Beevers, C.J., Eds., Engineering Materials Advisory Services, Inc., pp. 205-238, 1982.
41) 増田，田中，西島：鋼の疲労き裂伝ぱ特性の破壊機構と冶金学的組織による分類：疲労破壊機構図作製の試み，日本機械学会論文集，A, 46, 403, pp. 247-257, 1980.
42) Hoshina M., Taira S., Tanaka K.："Grain Size Effect on Crack Nucleation and Growth in Long-Life Fatigue of Low-Carbon Steel," ASTM STP, 675, pp. 135-173, 1979.
43) 横幕，杵渕，蓑方：フェライト鋼における疲労特性におよぼす微視的強化機構の影響，材料，40, 458, pp. 1415-1421, 1991.
44) Ohji, K., Kubo S., Tsuji, M.："Prediction of Path and Life of Fatigue Cracks Propagating in Residual Stress Fields," Residual Stresses-III: Science and Technology, Vol. 1, CRC Press, 1992.
45) Ishikawa, T., Nomiyama, Y., Hagiwara, Y., Yoshikawa, H., Oshita, S. Mabuchi; H.："New-Type Steel with Ultra High Crack Arrestability," Proceedings of The 14th International Conference on Offshore Mechanics and Arctic Engineering, Vol. 3, pp.357-363, 1995.
46) 誉田，有持，藤原，永吉，稲見，山下，矢嶋：金属組織制御による鋼材の疲労き裂進展特性の改善：疲労特性に優れた船体用鋼板の開発 第1報，日本造船学会論文集，190, pp. 507-515, 2001.
47) 中島，野瀬，長谷川，石川：フェライト／マルテンサイト二相組織鋼の疲労き裂伝播特性，材料とプロセス：日本鉄鋼協会講演論文集，16, p. 1587, 2003.
48) 伊木，猪原，平井：造船用高機能鋼-JFEスチールのライフサイクルコスト低減技術，JFE技報，5, pp. 13-18, 2004.
49) 中島，野瀬，石川：第二相分散網の疲労き裂進展速度と継手寿命の関係，溶接学会全国大会講演概要，76, pp. 40-41, 2005.
50) Liaw, P.K., Hartmann, H.R., Helm, E.J.："Corrosion fatigue crack propagation testing with the KRAK-GAGE® in salt water, "Engineering Fracture Mechanics, 18, 1, pp. 121-131, 1983.
51) 太田，佐々木，小菅：疲労き裂伝ぱ速度におよぼす平均応力の影響，日本機械学會論文集，43, 373, pp.3179-3191, 1977.
52) 菊川，城野，田中，高谷：除荷弾性コンプライアンス法による低進展速度領域における疲

労き裂進展速度とき裂開閉口挙動の測定, 材料, 25, 276, pp. 899-903, 1976.
53) Saxena, A., Hudak, S. J. Jr.："Review and extension of compliance information for common crack growth specimens," International Journal of Fracture, 14, 5, pp 453-468, 1978.
54) Wei, R., Brazill, R.："An assessment of a-c and d-c potential systems for monitoring fatigue crack growth," ASTM STP 738, pp. 103-119, 1981.
55) 平野，小林，中沢：弾塑性破壊靱性試験への超音波法の適用，非破壊検査 29, 3, pp.198-204, 1980.
56) Stephens, R.I., Chen, D.K., Hom, B.W.："Fatigue Crack Growth with Negative Stress Ratio Following Single Overloads in 2024-T3 and 7075-T6 Aluminum Alloys, " ASTM STP 595, pp. 27-40, 1976.
57) 例えば Christensen, R.H.："Metal Fatigue," McGraw-Hill, p. 376, 1959.
58) 例えば Ward-Close, C.M., Blom, A.F., Ritchie, R.O："Mechanisms associated with transient fatigue crack growth under variable-amplitude loading: An experimental and numerical study," Engineering Fracture Mechanics, 32, 4, pp. 613-638, 1989.
59) 例えば von Euw, E.F.J, Hertzberg, R.W., Roberts, R.：" Delay Effects in Fatigue Crack Propagation, " ASTM STP 513, p.230-259, 1972.
60) Wei, R.P., Shih, T.T.："Delay in fatigue crack growth," International Journal of Fracture, 1974, 10, 1, pp. 77-85, 1974.
61) Shih, T. T., and Wei, R. P., "Effect of Specimen Thickness on Delay in Fatigue Crack Growth," Journal of Testing and Evaluation, ASTM, 3, 1, pp. 46-47, 1975
62) Bernard, P.J., Lindley, T.C., Richards, C.E.："Mechanisms of Overload Retardation During Fatigue Crack," ASTM STP 595, pp. 78397, 1976.
63) G.J. Petrak, G.J.："Strength level effects on fatigue crack growth and retardation," Engineering Fracture Mechanics, 6, 4, pp. 725-730, 1974.
64) 例えば Schijve, J., Broek, D, de Rijk, P.："Crack propagation under variable amplitude loading," Aircraft Engineering, 34, pp. 314-316, 1962.
65) Dill, H.D., Saff, C.R.："Spectrum crack growth prediction method based on crack surface displacement and contact analyses," ASTM STP 595, pp. 306-319, 1976.
66) Bell, P. D. and Wolfman, A.："Mathematical modeling of crack growth interaction effects," ASTM STP 595, pp. 157-171, 1975.
67) Newman. J.C., Jr.："A Crack Closure Model for Predicting Fatigue Crack Growth under Aircraft Spectrum Loading." NASA Technical Memorandum 81941, 1981.
68) 豊貞，丹羽：鋼構造物の疲労寿命予測，共立出版，2001, 2001.
69) 菊川，城野，近藤，三上：ランダムを含む定常変動荷重下のき裂開閉口挙動とき裂進展速度の推定法：第1報，平均荷重の影響ならびに波形カウント法の検討，日本機械学會論文集．A, 48, 436, pp.1496-1504, 1982.
70) Wheeler, O.E.："Spectrum loading and crack growth," Journal of Basic Engineering, 94, pp. 181-186, 1972.
71) Christensen, R.H.：Metal Fatigue, McGraw-Hill, 1959.
72) Schijve, J.："Fatigue damage accumulation and incompatible crack front orientation," Engineering Fracture Mechanics, 6, pp. 245-252, 1974.

73) Knott, J. F. and Pickard, A. C. : "Effects of Overloads on Fatigue Crack Propagation: Aluminum Alloys," Metal Science, 11, pp. 399-304, 1977.
74) Bathias C, Vancon M. : "Mechanisms of overload effect on fatigue crack propagation in aluminium alloy," Engineering Fracture Mechanics, 10, pp. 409–24, 1978.
75) 菊川, 城野, 近藤:低 K 領域における変動荷重下の疲労き裂進展挙動と進展速度の評価法, 日本機械学會論文集. A, 47, 417, pp. 468-482, 1981.

第 8 章

高温疲労

本章では,高温において現れる室温とは異なる疲労現象と,高温における溶接継手特有の挙動について述べる。

8.1 高温疲労の特徴

高温では,室温に比べて材料の縦弾性係数と降伏応力が低くなるため,同じ繰返し荷重を受けてもひずみの変動幅は大きくなる。さらに,部材内部に温度差が生じる,あるいは線膨張係数が異なる異種材料の接合部が存在すると,熱応力が重畳して塑性疲労を生じることも多い。また,高温では材料の活性が高くなるので,表面の酸化反応は加速され,部材内部でもクリープひずみやクリープボイドを結晶粒界に集積することがある。その結果,保持時間が長くなるほど,疲労寿命は室温に比べて著しく低下する。図8.1は,火力機器の非クリープ域における欧州規格EN 13445[1)]で採用されている疲労強度の温度補正係数である。

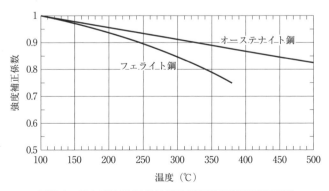

図 8.1　EN 13445における疲労強度の温度補正係数

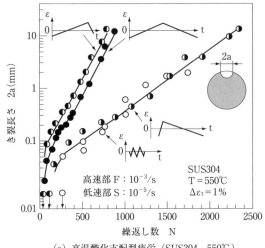

(a) 高温酸化支配型疲労（SUS304，550℃）

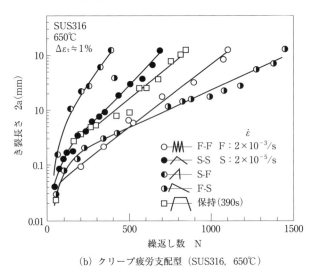

(b) クリープ疲労支配型（SUS316，650℃）

図 8.2　平滑材高温低サイクル疲労のき裂挙動に及ぼすひずみ波形の影響

図8.2に，平滑材の高温低サイクル疲労における，表面き裂の発生・進展挙動を示す。図(a)はSUS304鋼の550℃における結果[2]で，高温酸化支配型，図(b)はSUS316鋼の650℃における結果[3]で，クリープ疲労支配型の挙動を示している。いずれも，結晶粒径程度の約0.05mmの微小なき裂が破壊繰返し数の1/20～1/10の早期に発生し，き裂の進展が寿命を支配している。対数表示したき裂長さと繰返し数の関係は，結晶粒径の数倍までは傾きが大き

い第1段階進展，その後はほぼ直線関係の第2段階進展で，後者は疲労き裂進展速度da/dNがき裂長さに比例することを意味している．図(a)の高温酸化支配型では，き裂の開口する引張り負荷時間が長くなると，き裂先端に酸化膜が成長し，再負荷時にそれが割れることによってき裂進展速度を増大させる．圧縮の低速負荷はほとんど影響しない．一方，図(b)のクリープ疲労支配型では，低速引張り負荷でクリープボイド発生による加速が加算され，その一部は低速圧縮負荷で潰されて損傷は治癒される．

図8.3(a)[4]に高温酸化した表面き裂の断面写真，図8.3(b)[4]に粒界キャビティを示す．**図8.4**の破面SEM写真は，SUS304鋼の550℃におけるクリープ疲労によるものである．引張り負荷速度を低下させると，破面形態が粒内ストライエーション型（図(a)）から混合型（図(b)）を経て粒界破壊型（図(c)）に変化する様子を示している．

機器の寿命設計を行う場合には，疲労とクリープの相互作用を考慮しなけ

(a) き裂周囲の酸化物割れ　　　　　(b) 粒界ミクロキャビティ

図8.3　クリープ疲労における微視損傷の例

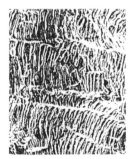 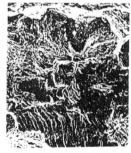 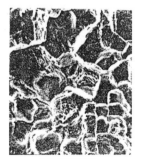

(a) 粒内ストライエーション　　(b) 混合破壊　　　　(c) 粒界破壊

図8.4　SUS304鋼の典型的なクリープ疲労破面

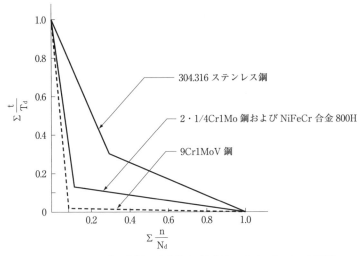

図 8.5　クリープと疲労の全損傷に対する ASME Code の制限

ればならない．多くの実験結果をもとに，ASME Code[5] では次式の線形累積損傷則を用いて，累積疲労損傷 $D_f = \sum_i (n/N_d)_i$ とクリープ損傷 $D_c = \sum_i (t/T_d)_i$ の和である許容損傷が**図8.5**のように与えられている．

$$\sum_i \left(\frac{n}{N_d}\right)_i + \sum_j \left(\frac{t}{T_d}\right)_j \leq D \quad\cdots\cdots(8.1)$$

ここに N_d，T_d は各負荷に対する設計線図の繰返し数とクリープ寿命，n，t は負荷の繰返し数と負荷時間である．Dの値は，酸化膜成長とその割れ作用によって，室温疲労での一般的な値である0.5～1.0よりも小さい．

弾性疲労の低応力域では，き裂内の高温酸化物は，くさび作用によってき裂の開口量を減少させ，き裂先端の損傷発生を抑制するため，疲労き裂進展下限界値を向上させる．**図8.6**[2] (a) には疲労き裂進展速度，(b) にはき裂材の疲労限度の値を室温のそれらと比較した結果を示している．応力拡大係数範囲 ΔK や応力範囲 $\Delta \sigma$ が大きくなると，基材が変形しやすくなるため，「豆腐にかんぬき」の状態となってくさび効果が消失し，酸化作用のない場合よりも疲労強度は低下する．

8.2　溶接継手の高温強度

板厚30mmのHT70鋼溶接継手から切出した，平滑試験片と余盛り付き原

8.2 溶接継手の高温強度　197

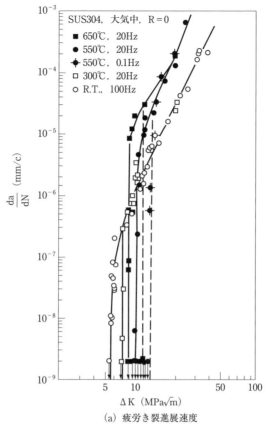

(a) 疲労き裂進展速度

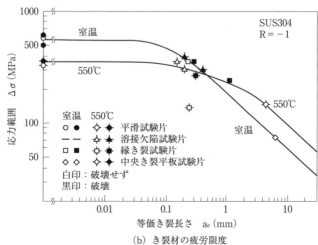

(b) き裂材の疲労限度

図 8.6　高温と室温の弾性疲労におけるき裂進展抵抗の比較

198　第8章　高温疲労

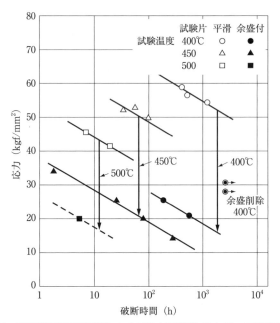

図 8.7　溶接継手平滑試験片と余盛り付試験片のクリープ破断強度

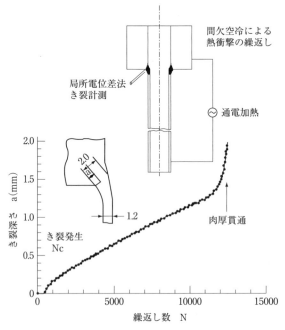

図 8.8　管と管板の溶接部における熱疲労き裂の挙動

厚試験片のクリープ破断試験結果を**図8.7**[6)]に示す．止端部の応力集中によって，強度は1/3～1/2に低下している．クリープ疲労においても同様であるため，高温機器において応力が高くなる部位の溶接継手は余盛りを除去して平滑化される．

高温で稼動する熱交換器に低温の流体が急激に流入すると，伝熱管は収縮して管板との溶接部外周止端に大きなひずみが集中する．**図8.8**[7)]はその繰返し状態を模擬したもので，全体を通電加熱しつつ間欠的に冷却空気を導入して，管板と伝熱管の間に350℃の温度差を繰返し与えている．その際，熱疲労き裂は局所電位差法で計測している．止端からのき裂は早期に発生し，

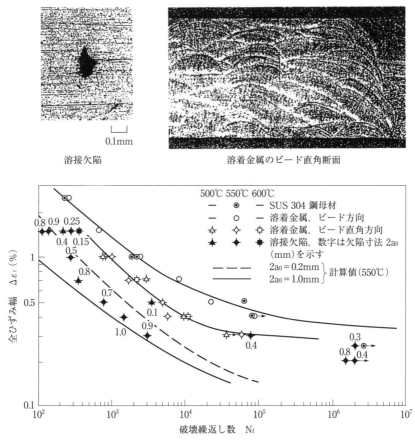

図 8.9　溶着金属部の高温低サイクル疲労強度に及ぼす冶金的ひずみ集中と溶接欠陥の影響

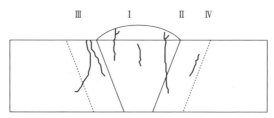

図8.10　低合金鋼溶接部におけるクリープ損傷の分類

初期に進展速度を低下させたあとほぼ一定速度で進展し，最後は加速して肉厚貫通に至っている。

溶接継手から切出した平滑試験片の高温低サイクル疲労試験結果を図8.9[2)]に示す。ビード方向の疲労強度は母材と同程度であるが，ビード直角方向では1/1.5程度に低下している。これは，多層溶接では，ビードの重なり部に比べてビード内部が軟らかいため，弾性範囲を超えた塑性疲労ではその部分のひずみが増大して，「冶金的ひずみ集中」を生じるためである。図中には帯状の溶接欠陥が存在する場合の結果も表している。0.3mm幅程度の欠陥は冶金的ひずみ集中と同程度に強度を低下させ，1mm幅の欠陥は疲労強度を約1/3に低下させている。

類似の現象は，図8.10[8)]に示す低合金鋼のクリープ破壊においても，軟化したHAZ細粒域のType IV き裂として観察されている。この部分は，溶接金属に隣接するHAZ粗粒域と母材とに挟まれているが，それらの強度が高いため，3軸引張り応力状態となり，板厚内部の応力が上昇する。その結果，き裂は板厚内部に発生し，表面方向へと進展する。したがって，これらのき裂を初期段階で外部から検出することは困難である。

参考文献

1) European Standard EN 13445: Unfired Pressure Vessels, Part 1 Design, 2009.
2) S. Usami, Y. Fukuda and S. Shida: Micro-Crack Initiation, Propagation and Threshold in Elevated Temperature Inelastic Fatigue, Trans. ASME, J. Pres. Vessel Tech., 108-2, pp.214-225, 1986.
3) 桜井，宇佐美，梅沢，宮田：SUS316鋼平滑材のクリープ疲労下における微小き裂の分布と進展挙動に基づく予寿命評価法，材料，Vol.35, No.389, pp.170-175, 1986.
4) 桜井，宇佐美，宮田：経年劣化CrMoV鋳鋼平滑材における微小き裂の発生と成長挙動，日本機械学会論文集（A編）Vol.53, No.487, pp.451-458, 1987.
5) ASME Boiler and Pressure Vessel Code, Sec. III, Div. 1, Subsection NH: Class 1

Components in Elevated Temperature Service, 2011.
6) 鈴木, 稲垣, 岡根：原子炉用 HT70 鋼大型溶接継手のクリープラプチャに関する研究（第1報), 溶接学会誌, Vol.39, No.9, pp.805-811, 1963.
7) 石附, 宇佐美, 福田：局所電位差法による溶接継手止端部の微小き裂計測, 非破壊検査, Vol.34, No.9, pp.583-590, 1985.
8) 日本材料学会高温強度部門委員会：高温強度の基礎・考え方・応用, 日本材料学会, pp.448-459, 2008.

第9章
腐食疲労

　構造物は，使用環境によってもその耐久性が異なる．腐食環境には，野外に立地して受ける比較的マイルドな雨水の環境から，常時海水にさらされている厳しい腐食環境がある．大気中の疲労でも，湿度の相違がき裂進展速度に影響を及ぼすなど，環境が疲労寿命に与える因子は，きわめて多岐にわたる．

　本章では，主に圧延鋼板の海水腐食疲労を例として，溶接継手の腐食疲労，腐食疲労のき裂進展特性，腐食疲労の防止法について述べる．

9.1　腐食疲労の特徴

9.1.1　腐食とは

　腐食（Corrosion）は，水分の存在する環境において，電気化学的反応によって生じる．すなわち，金属を塩水や酸性液などの電解液中におくと，金属特有の電位差（ガルバノ電位）を生じ，電極反応が生じる．この電極反応には，式（9.1）のアノード反応と式（9.2）のカソード反応がある．これらの反応を鉄 Fe と銅 Cu の腐食系として**図9.1**に示す．

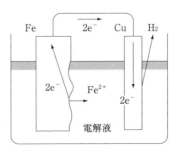

図9.1　腐食の電気化学的反応

$Fe \rightarrow Fe^{2+} + 2e^-$ ·· (9.1)

$2H^+ + 2e^- \rightarrow H_2$ ·· (9.2)

$O_2 + 2H_2O + 4e^- \rightarrow 4OH^-$ ·································· (9.3)

$O_2 + 4H^+ + 4e^- \rightarrow 2H_2O$ ··································· (9.4)

アノード反応（酸化反応）は，2個の電子を放出して，2価の鉄を電解液中に溶出する。カソード反応（水素還元反応）は，2個の電子を受けて水素を放出する。この電極反応が腐食の原理であり，これら酸化・還元反応が電解液中で平衡している。さらに，水溶液中の鉄表面に構成される局部電池作用（**図9.2**）は，溶存酸素が陰極部で式（9.3）および式（9.4）の酸素還元反応を進行させ，2価の鉄が溶解する。この溶解量から，ファラデーの法則を用い，鉄の腐食速度が求められる。

電極反応を生じるガルバノ電位は，金属がそれぞれ特有の電極電位を有する。2つの金属が電解液中で示す電位は，高い方を貴，低い方を卑といい，卑な金属が溶解する。したがって，鉄と銅では，鉄が卑で溶解する。しかし，鉄と亜鉛，鉄とアルミでは，電極電位がより低い亜鉛またはアルミが卑となって溶解する。この電位は，金属のイオン化傾向に一致している。

9.1.2 腐食疲労の特徴

腐食疲労（Corrosion Fatigue）は，腐食反応と繰返し応力（疲労）が同時に作用している状態で，疲労き裂が発生し，進展して破壊に至る現象である。腐食は材料を溶解させる化学的浸食作用であり，疲労は繰り返し荷重による破壊現象である。なお，腐食した材料を用いて実施される大気中での疲労試験は，腐食材の疲労であって，腐食疲労とは区別される。腐食材の疲労強度は，腐食による断面減少や表面の凹凸形状による応力集中に支配され

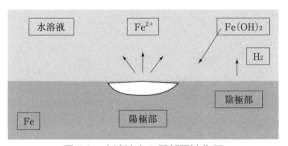

図9.2　水溶液中の局部電池作用

る．

　大気中の疲労き裂は，すべり帯の発生により，入り込み，突き出しが原因となる．これに対し，腐食疲労は，通常，腐食ピットが起点となって疲労き裂が生じる．腐食は，水分の存在する場所に生じ，局部的に鉄が溶解して腐食ピットが生じる．引張強度500MPa級の鋼板（K32A）の海水中腐食疲労試験において，切欠き底に発生した腐食ピットを図9.3に，また腐食ピットが合体して疲労き裂に成長していく状況を図9.4に示す．腐食疲労の腐食ピットは，負荷応力と直角方向に細長く成長し，ピットがある程度深くなると応力集中として作用し，疲労き裂の発生起点となる．なお，負荷応力が無視できるほど小さい腐食では，腐食ピットの形状はほぼ円錐形に成長する．

　K32Aの大気中および海水中の疲労試験で得られたS-N線図[1]を図9.5およ

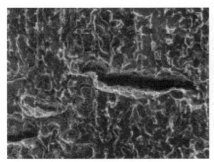
図9.3　切欠き底の腐食ピット

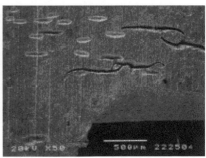
図9.4　腐食ピットの合体からき裂に成長

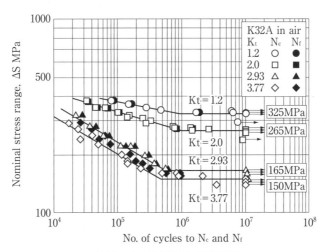
図9.5　大気中試験のS-N線図

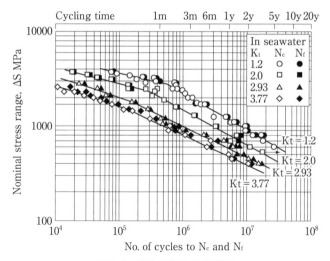

図9.6 腐食疲労のS-N線図

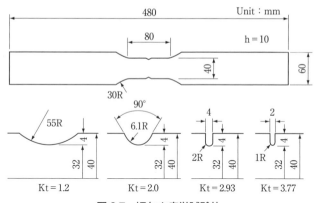

図9.7 切欠き疲労試験片

び図9.6に示す。試験片は，図9.7に示すように，平行部の側面に切欠きが設けられており，応力集中係数K_tは1.2, 2.0, 2.93, 3.77である。腐食疲労試験は，液温25℃，溶存酸素濃度が空気飽和状態にある人工海水中で，海洋波に相当する0.17Hz（10cpm）の繰返し速度で実施されている。図9.5と9.6の横軸のN_fは破断寿命である。き裂発生寿命N_cは，切欠き底に深さ1mmの板厚貫通き裂が生じたときの繰返し数としている。

$$SN^k = C \qquad (9.5)$$

S-N線図を式（9.5）で表すと，係数kと定数Cは**表9.1**に示す値となる。

表 9.1 S-N 線図の係数と定数

k_t	大気中疲労		海水中腐食疲労			
			高応力短寿命域		低応力長寿命域	
	k	C	k	C	k	C
1.20	0.0634	777	0.1487	2000	0.3883	47435
2.00	0.0990	1040	0.1723	2021	0.3692	24216
2.93	0.1926	2146	0.2160	2397	0.3269	9045
3.77	0.1927	1858	0.2158	1934	0.3149	6160

図9.5の大気中試験では，疲労強度は，K_tが大きくなると低下しているが，いずれのS-N線図においても疲労限度が見られる．繰返し数10^7では，停留き裂が存在するものの試験片は破断に至らない．一方，図9.6の腐食疲労では，二つに折れ曲がったS-N線図となる．これを，表9.1では，高応力短寿命域と低応力長寿命域に区別している．腐食疲労におけるS-N線図の勾配は，大気中より大きく，明確な疲労限度は見られない．また，低応力範囲の試験になると，大気中に比べて疲労寿命に及ぼす応力集中係数の影響が小さい．これは，切欠き底の腐食ピットから発生した疲労き裂は，き裂先端が腐食溶解を伴って進展している状態にあり，一旦疲労き裂が発生すると，試験片の初期形状に対する応力集中係数の影響が小さくなるためである．

以上のように，腐食疲労では，大気中に見られる疲労限度が明確に現れないのが特徴である．さらに，腐食疲労き裂は，き裂進展速度がき裂先端の腐食溶解速度よりも高いときに進展する．逆に，き裂先端の腐食溶解速度が疲労き裂進展速度よりも高くなると腐食の進行が卓越する．両者が平衡しているときが腐食疲労における下限界応力拡大係数範囲ΔK_{th}である．

9.2 材料・環境と腐食疲労

大型鋼構造物は，溶接性に優れた圧延鋼材を用いて建造されている．これらの鋼構造物において，腐食疲労を考慮しなければならない代表的な環境としては，大気汚染から生成される酸性雨による腐食，海水に直接さらされる腐食が挙げられる．

腐食の観点からは，酸性雨ではpHの低下，海水環境では海水温，塩分，溶存酸素などが，腐食を促進させる主たる要因となる．腐食疲労は，構造的不連続の応力集中部，溶接止端や部材の接触する隙間部に生じやすく，局所的な腐食が進行する．また，異種金属の接触部は，電位差による腐食が促進

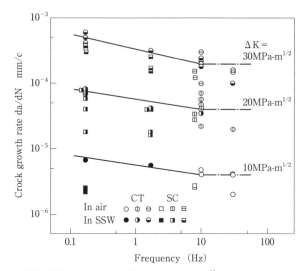

図 9.8　荷重繰返し速度とき裂進展速度の関係[2]（HT50-CR, R＜0.3）

され，腐食疲労が生じやすい個所である。

9.2.1 腐食疲労に及ぼす負荷速度の影響

腐食環境下の疲労寿命は，き裂先端の腐食溶解と密接な関係があり，腐食環境はもとより，繰返し速度の影響を受ける。すなわち，速い繰返し速度では腐食の影響を受けにくく，腐食疲労による寿命低下は小さい。しかし，遅い繰返し速度では腐食溶解速度の影響を受けるため，腐食疲労寿命は短寿命となる。

HT50-CRを例に，海水中におけるき裂進展速度 da/dn と荷重繰返し速度 F の関係を図9.8に示す。da/dNは，$F>10$Hzではほぼ一定であるが，それ以下の領域では F が小さくなるに従い早くなる傾向にある。なお，大気中の疲労では，酸素や水蒸気がき裂先端に作用して，き裂進展速度が変わる。すなわち，湿度の相違が疲労寿命に影響を及ぼす。したがって，真空中での疲労寿命は，き裂進展に及ぼす環境の影響がないので，疲労寿命は長くなる。

9.2.2 海水および酸性水溶液中の腐食疲労

環境が疲労寿命に及ぼす例として，海水中と $pH3$ および $pH4$ 水溶液環境の試験結果を示す。図9.5と図9.6に示したS-N線図は K_t により異なってい

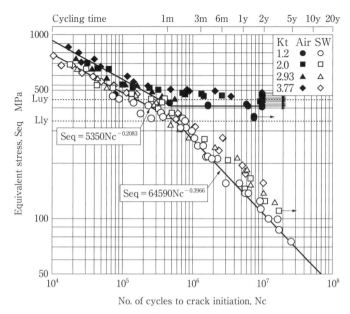

図9.9 海水中試験のSeq-Nc線図

る。このようにK_tによって異なるS-N線図は，MIL-HDBK-5手法による等価応力S_{eq}を用いると，**図9.9**に示すように一つのS_{eq}-N_c関係[1), 3)]に集約することができる。この図によって，腐食疲労における環境の相違やき裂発生の特徴を表すことができる。ここに，S_{eq}は，応力範囲ΔSと最大応力S_{max}から定数nを用いて，(9.6)式から計算される。

$$S_{eq} = \Delta S^n \cdot S_{max}^{1-n} \quad \cdots\cdots\cdots\cdots\cdots\cdots\cdots\cdots\cdots\cdots\cdots\cdots\cdots\cdots\cdots\cdots \quad (9.6)$$

nは，鋼材の場合，0.6487が適合する。

大気中および海水中S_{eq}-N_c関係は，2本に折れ曲がっている。大気中試験の疲労限度は，ほぼ上降伏点に相当する等価応力L_{uy}に一致している。また，海水腐食疲労のS_{eq}-N_c関係は，下降伏点に相当する等価応力L_{ly}で折れ曲がっている。$S_{eq} > L_{ly}$では，大気中と海水中の傾斜がほぼ等しく，$S_{eq} < L_{ly}$では傾斜が急となっている。これらのS_{eq}-N_c関係は，疲労き裂の発生を特徴づけている。すなわち，$S_{eq} > L_{ly}$では，疲労き裂は表面の加工傷から発生しており，海水中では加工傷が腐食ピットに成長するため大気中より短寿命である。$S_{eq} < L_{ly}$での疲労き裂の発生は，腐食ピットから生じている。K_tの相違に対して，寿命のばらつきは比較的小さいが，K_tの小さい方が短寿命となる傾向に

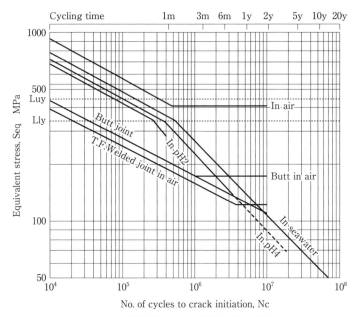

図 9.10　等価応力とき裂発生寿命の関係

ある。

希硫酸環境を含めた腐食疲労試験結果[4]を，図9.10にS_{eq}-N_c関係として示す。希硫酸pH4やpH2環境では，海水環境より短寿命となる。$S_{eq}<L_{ly}$における腐食ピットからのき裂発生寿命も，S_{eq}-N_c関係の傾斜が海水環境より大きい。これら希硫酸環境では，腐食ピットの形成と成長が海水環境より厳しいためである。図9.10には，大気中試験の突合せ継手[5]と横すみ肉継手[6]も表示している。これらの傾斜が母材とほぼ等しいのは，疲労き裂が溶接止端から発生し，止端の切欠き形状が腐食ピットに相当しているためと見られる。

9.2.3　溶接継手の海水腐食疲労

溶接継手は，溶着金属と母材のいわゆる異種金属の接合部であるから，両金属の電位差によって腐食しやすい箇所である。さらに，余盛止端に存在するアンダカットや不連続な形状は，腐食ピットと同様に応力集中源となる。溶接継手の疲労寿命は，素材に比べて，き裂進展過程で費やされる割合が高い。そのため，大気中と海水中の試験結果を破断寿命で比較すれば，腐食疲労では大気中よりも短寿命となる。き裂発生寿命を基準にすれば，マグ突合

せ継手の海水中腐食疲労寿命は，大気中と変わらないという結果[5]も得られている。また，余盛止端部には降伏点に達する残留応力が存在する。降伏点を超える負荷状態下では無負荷状態下に比べて，腐食速度が1.4倍程度高い[7]ため，溶接止端部で腐食が進行しやすい。このような要因が重なって，溶接継手の腐食疲労寿命は，大気中の疲労寿命より低下する。

海洋構造物では，溶接接手の腐食疲労強度の向上が欠かせない。ティグ処理や低水素系すみ肉用溶接棒による化粧溶接により，止端部の応力集中係数を低下させ，疲労強度を向上させることが大気中疲労試験で認められている。これらの手法効果は，SM41Bの十字すみ肉溶接継手の海水中試験[8]でも同様である。図9.11に見られるように，ティグ処理を行った継手の疲労強度は，母材と同程度まで改善されている。化粧溶接によっても，かなりの疲労強度改善が認められる。また，HT60およびHT80のT形溶接継手試験片を用いた海水中曲げ疲労試験において，溶存酸素の低下や適切な電気防食により，腐食疲労寿命を大気中試験の寿命まで改善できるという報告[9]がある。

日本造船研究協会[10]では，バラストタンクの腐食疲労に関し，K32A鋼材の突合せ継手と角回し溶接について，温度，塗装および電気防食が海水腐食疲労強度に及ぼす影響について検討している。そして，以下のような結果を得ている。(a) 海水温度25，40，60℃に対する腐食疲労強度は，母材では40℃までは温度上昇とともに低下するがそれ以上の温度では飽和し，突合せ溶接継手と角回し溶接継手では海水温度の影響が見られなかった。これは，

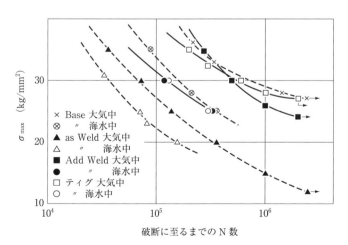

図9.11 十字すみ肉溶接継手の腐食疲労 S-N 線図

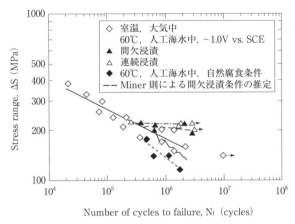

図9.12　突合せ継手の電気防食効果

溶接継手が母材のような均一材ではなく，多くの腐食要因があるため，温度の影響が敏感に表れなかったことであろう．(b) 塗装を母材に施した腐食疲労では，低応力長寿命域の試験の場合に改善され，膜厚が200μm以上で効果が大きい．疲労き裂は，塗装下の母材に発生した腐食ピットから発生する．突合せおよび角回し溶接継手に塗装した試験片の軸方向疲労試験において，高応力下の負荷では塗膜の効果はなかった．その原因は，き裂が止端の応力集中部に発生し，塗膜が破壊されてから腐食の影響が及ぶことにある．(c) 電気防食下の腐食疲労が，連続浸漬と間欠浸漬で行われた．間欠浸漬は，バラストタンクへの海水の注入と排出（積荷の航行間隔）を模擬したものであり，連続浸漬と湿度100％で45～50℃の空気中試験を2週間間隔で繰返す試験である．連続浸漬及び間欠浸漬の両試験とも，**図9.12**に見られるように，疲労寿命に改善が見られる．特に，低応力域では，母材および突合せ継手とも，長寿命域で大気中試験と同程度の寿命を有している．

9.3　腐食疲労き裂進展速度の影響因子

K32A鋼材の大気中および海水中のき裂進展特性[11]，すなわち疲労き裂進展速度da/dNと応力拡大係数範囲ΔKとの関係を**図9.13**に示す．両者とも，Paris則によく適合している．

海水中のき裂進展速度は，大気中の進展速度より2～3倍早い．これは，

9.3 腐食疲労き裂進展速度の影響因子　213

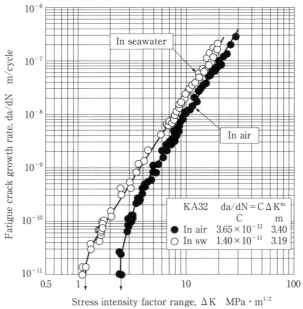

図 9.13　K32A の疲労き裂進展特性

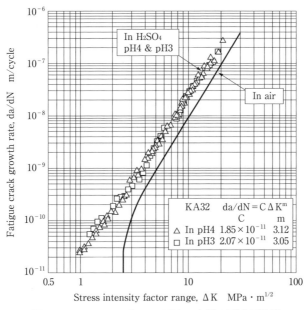

図 9.14　pH4 および pH3 環境の疲労き裂進展特性

き裂先端が腐食溶解されるためである。$\Delta K > 7\mathrm{MPa \cdot m^{1/2}}$の海水中試験には，周波数0.17Hzと1Hzの実験点があるが，周波数がき裂進展特性に及ぼす影響は極めて小さい。

一方，pH4およびpH3環境でのき裂進展特性[4]は，図9.14に見られるように，pHによる差がほとんどなく，さらに海水環境ともほとんど変わらない。き裂進展に及ぼす環境の影響として，遠藤・駒井[12]は，「き裂内のO_2不足，Cl^-の濃縮，金属イオンの加水分解によるpHの低下（中性溶液でもpH3くらい）により，き裂先端がアノードに，外部がカソードとして作用し，き裂進展が促進される」と述べている。このことは，図9.13および図9.14の結果をよく表している。なお，pH4やpH3において下限界応力拡大係数範囲ΔK_{th}が見られないのは，低応力範囲のき裂進展に及ぼす環境の影響であり，負荷速度や腐食溶解に応力腐食割れが関与している。

9.4 腐食疲労防止法

腐食疲労を防止するには，構造物を防食することにある。防食法には，材料の選択と設計応力の低下，表面を腐食環境から遮断する，腐食環境を制御する，さらに，電気化学的な腐食制御を施すなど，材料や構造物の使用条件に合わせて適用する必要がある。防食は，構造物の維持管理にとって重要である。

9.4.1 材料の選択と設計応力の低下

船舶や橋梁などの大型鋼構造物に使用する材料は，安価で大量という点から，鉄鋼材料に限定されるといえる。このため，防食法も限定されたものとなる。また，腐食疲労は局所的に生じるので，腐食環境や腐食速度に応じて応力集中部の設計応力を低下させるとともに，複合した防食技術を採用することが必要である。船舶では，予め腐食代を設けているほか，腐食が大きくなると，部材を交換する保守管理が行われている。

9.4.2 材料表面を腐食環境から遮断

メッキや塗装により表面を腐食環境から保護する手法が一般に採用されている。構造物の一部分には，FRPやチタンなどで表面を覆うライニング手

法も施工されている.

9.4.3 腐食環境の制御

窒素ガスや炭酸ガスでタンク内を充填し防錆する.また,腐食抑制剤(インヒビター)を添加し,腐食を抑制する.腐食抑制剤には,金属表面を不動態化させるものと,金属表面に付着して腐食性物質と金属表面の接触を防ぐものがある.

9.4.4 電気防食

海水環境では,電気防食(通常は陰極防食)が行われているほか,マグネシュウム合金,アルミニウム合金,亜鉛合金が犠牲陽極として防食に使用されている.電気防食や犠牲陽極方式では,構造物が一様腐食(均一腐食)となる防食設計が重要である.

参考文献

1) 小林, 田中, 後藤, 松岡, 本橋:造船用鋼板切欠き材の腐食疲労強度, 日本造船学会論文集, Vol.182, pp.751-761, 1997.
2) 岡田, 服部, 北川, 富士, 岡本:腐食疲労き裂進展に及ぼす応力比,繰返し速度の影響, 第3回シンポジウム前刷集, 鉄鋼の環境強度部会, 日本鉄鋼協会, pp.188-203, 1987.
3) 小林, 田中, 後藤, 丹羽:造船用鋼の長寿命域海水腐食疲労, 日本造船学会講演論文集, Vol.2, pp.163-164, 2003.
4) 小林, 田中, 後藤, 松岡:ばら積石炭船倉内の腐食を模擬した希硫酸環境における造船用鋼の腐食および腐食疲労, 日本造船学会論文集, Vol.185, pp.221-232, 1999.
5) 小林, 田中, 後藤, 松岡, 本橋:造船用鋼突合せ溶接継手の人工海水中疲労強度, 溶接学会論文集, Vol.16, No.3, pp.382-387, 1998.
6) 松岡, 藤井:鋼溶接継手の疲労き裂発生寿命の一評価法, 日本造船学会論文集, Vol.178, pp.513-522, 1995.
7) 小林:造船用鋼の長寿命腐食疲労強度信頼性に関する研究, 茨城大学大学院理工学研究科博士論文, 1999.
8) 石黒, 轟, 半沢, 横田:溶接継手の腐食疲労強度に及ぼす止端形状改良の効果, 鉄と鋼, Vol.163, No.11, S757, 1997.
9) 大内, 征矢, 江原, 山田:溶接継手の低温海水中腐食疲労特性におよぼす溶存酸素・電気防食の影響, 鉄と鋼, Vol.172, No.12, S1204, 1986.
10) ㈳日本造船研究協会:バラストタンクの腐食疲労に関する研究成果報告書(SR220研究部会), 1996.
11) 小林, 田中, 後藤, 松岡, 本橋:人工海水中における造船用鋼板の長寿命腐食疲労強度の検討, 日本造船学会論文集, Vol.183, pp.383-390, 1998.
12) 遠藤, 駒井:金属に腐食疲労と強度設計, 養賢堂, p.22, 1982.

第10章
疲労耐久性改善法

　損傷は負荷が抵抗を上回ることによって発生するため，損傷が発生しにくい構造とするためには，負荷を下げる，抵抗を上げる，またはその両者を実現する必要がある。溶接継手の疲労についていえば，負荷は継手に生じる応力範囲やひずみ範囲とその繰返し数であり，抵抗は継手の疲労強度であるととらえることができる。したがって，疲労耐久性を改善するには，継手に生じる応力範囲や繰返し数を減少させることや，継手の疲労強度を何らかの手法で改善することが必要となる。

　継手に生じる応力範囲や繰返し数を減少させるためには，外力そのものの大きさや載荷回数を減じることが直接的であるが，構造物に求められる機能の面から，ほとんどの場合，実現は困難である。そのため，部材の追加や断面の増加，構造ディテールの改良などによって，継手に生じる応力やひずみを下げることが有効となる。適用できる手法は構造物の種類や特性によって異なるため，それぞれの部材の機能が十分に確保できることを前提として適切な手法を選択する必要がある。

　一方，溶接継手の疲労強度を向上させる手法には様々なものが提案され，実用化されている。溶接継手の疲労強度を低下させる支配的な要因は，溶接部に生じる応力集中と引張残留応力である。そのため疲労強度を向上させるためには，応力集中または引張残留応力を低減する手法が有効である。

　応力集中を低減させるためには，溶接止端部の形状を滑らかにする手法が用いられる。溶接止端部近傍に発生する応力が，溶接止端部の形状によってどのように変化するかを解析的に調べた例を図10.1に示すが，溶接ままの場合と比較して，形状を滑らかにした場合には著しい応力集中の低下が見られることがわかる。なお，応力集中を減じることは負荷（局部応力）の低減であるととらえる考え方もあるが，設計レベルでその低減量を定量的にとら

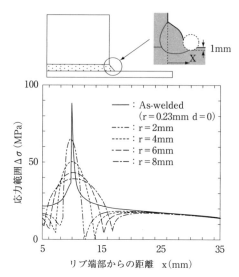

図10.1 処理部半径による板表面の応力分布の変化

えることは困難であることから，ここでは疲労強度向上技術として取り扱う。残留応力を低減させる方法には，何らかの手法によって溶接部に圧縮残留応力を導入し，発生している引張残留応力をうち消す方法と，継手を再度加熱することによってことによって引張残留応力を低減させる方法がある。

応力集中を低減させる方法は，同時にひずみ集中も緩和することができるため，低サイクル疲労強度の改善にも効果的であるのに対し，残留応力を低減させる方法では，高塑性ひずみの繰り返しによってその効果が消失するため，低サイクル疲労強度の改善は期待できない。また，いずれの方法とも，溶接止端部から疲労き裂が発生する場合に効果があるものであり，溶接ルートから発生する疲労き裂に対する強度向上効果は期待できない場合が多い。適用にあたってはそれぞれの手法の限界に留意した上で，適切な手法を選択する必要がある。

なお，想定を超えるようなきずや製作誤差を有する継手においては，それらを除去すれば疲労強度は向上する。ここではそのような補修による疲労強度の向上については対象外とし，健全な溶接継手の疲労耐久性改善について述べる。

10.1　溶接継手の疲労強度改善方法と効果

10.1.1　グラインダによる止端仕上げ

　グラインダ仕上げは，溶接止端あるいは溶接部全体をグラインダで研削して形状を滑らかにすることにより止端部の局部的な応力集中を低減させ，かつ疲労き裂の起点となるアンダカット等の溶接きずを除去することで溶接継手の疲労強度を向上させる方法である。

　グラインダ仕上げに用いる器具としては，図10.2に示すようにバーグラインダとディスクグラインダがある。ディスクグラインダの方がバーグラインダよりも効率がよく，短時間で広い範囲を仕上げることができるが，溶接線方向にきずがつきやすく，それが疲労破壊の起点となることもある。そのため，最終仕上げにはバーグラインダを用いるのがよいとされている。

　グラインダ仕上げを行った溶接止端の例を図10.3に示す。溶接まま状態の継手に比べ止端部の形状が滑らかになっていることがわかる。

　T字すみ肉溶接継手試験体を用いて，グラインダ仕上げの効果を疲労試験により検討した結果の例[1]を図10.4に示す。グラインダ仕上げを行った試験体では，溶接ままの継手に比べて，JSSC疲労設計指針の疲労強度等級で

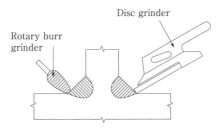

図 10.2　グラインダの種類

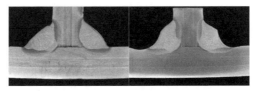

(a) 溶接まま　　(b) グラインダ

図 10.3　グラインダによる形状変化

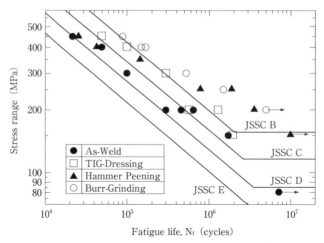

図 10.4　疲労試験結果の例

2 等級以上の強度向上効果が確認できる。

　グラインダ処理によって溶接止端からの疲労き裂の発生は抑制できるが，すみ肉溶接の場合にはルート部に高い応力集中が生じ，ルート破壊を引き起こす恐れがあるので注意が必要である[2]。また，疲労き裂の起点は溶接止端部であるため，溶接余盛部だけをグラインダで処理し，止端部を未処理とした場合には，疲労強度改善効果は期待できない[3]。

10.1.2　ティグ処理

　ティグ（TIG）とは Tungsten Inert Gas の略であり，不活性ガス（inert gas，主にはアルゴンガス）中でタングステン電極と母材との間にアークを発生させ，そのアーク熱を利用する技術をいう。タングステン電極とは別に溶加棒を用意して溶接を行うものをティグ溶接といい，溶加棒を用いずに母材を再溶融するのみのものをティグ処理またはティグドレッシングという。疲労強度向上のためにはティグ処理が用いられ，溶接止端部を再溶融し，滑らかにすることにより，応力集中が緩和され，疲労強度が向上する。

　ティグ処理の施工状況を図10.5に，処理前後の溶接止端の例を図10.6に示す[4]。溶接止端形状が滑らかになっていることがわかる。また，ティグ処理を行った場合の疲労強度の向上の例[1]を図10.4に示す。グラインダ処理と同程度の強度改善が見られる。

10.1 溶接継手の疲労強度改善方法と効果　221

図 10.5　施工の様子

（a）溶接まま　　　　　　　（b）ティグ処理後

図 10.6　止端形状の変化

10.1.3　ピーニング処理

　ピーン（peen）とは金槌の丸い方の頭で打ってなめらかにするの意であり，ピーニング処理とは材料表面を何らかの手法でたたく処理をいう。疲労強度を改善するためには，たたかれた箇所に塑性域が形成されるほどの強さで，かつ局所的にたたくことが必要となる。これにより，たたかれた箇所は塑性変形によって拡がろうとするが，周辺は弾性体であるためその変形を拘束し，結果として，たたかれた箇所に圧縮の残留応力が生じることになる。

　溶接部近傍では非常に高い引張残留応力が生じており，これが継手の疲労強度を低下させる原因となっている。したがって，溶接部にピーニング処理を施せば，引張残留応力をうち消すだけではなく，圧縮残留応力を導入することができるため，疲労強度が改善する。また，ピーニング処理は，疲労強度改善のほか，耐摩耗性の向上，耐応力腐食割れ特性の向上，放熱性の向

上，流体抵抗の減少等の効果があることから，ばね，歯車，コネクティングロッド，クランクシャフトといった自動車部品から，ジェットエンジン，翼，ランディングギアなどの航空機部品，化学プラントの圧力容器等，様々な分野で幅広く利用されている。

鋼材表面をたたく手法には様々なものがあり，それによって呼称も異なる。主なものをあげると次の通りである。

(1) ハンマピーニング

ハンマピーニングは水圧や油圧などを動力として先端が高速で振動するハンマによって金属表面をたたく方法である。ハンマにはチッピングハンマやリベットハンマが用いられる。ハンマピーニングの施工の様子を図10.7に示す[4]。ハンマの軸が1秒間に25～100回程度振動して金属表面を打撃する。ハンマピーニングは必要となる装置がハンマのみであり，施工が容易にできる反面，その品質が作業者の技量によるところも大きい。

(2) ニードルピーニング

ニードルピーニングは，スラグ除去などに用いられるニードルスケーラを用いて金属表面をたたくことによってピーニングを行うものである。図10.8に示すように[4]，ニードルスケーラの先端には直径3～4mm程度の細い金属棒が10本以上備わっており，これが高速で振動することで金属表面を打撃する。ハンマピーニングよりも広範囲を処理したい場合に有利であるとさ

図10.7　ハンマピーニング

図 10.8　ニードルスケーラー

れている。

(3) ショットピーニング

　ショットとは鉄あるいは非鉄金属の小球を指し，無数のショットを高速で金属表面に投射し，衝突させることによってピーニングを行う工法をショットピーニングという。図10.9にショットピーニングのイメージを示す。ショットを投射するための駆動力には空気圧や機械力が用いられる。駆動力として超音波振動を利用したものは超音波ショットピーニングと呼ばれる。

　ショットピーニングは専用の機械が必要であることや，打ち付けたショットの飛散防止対策が必要であることから，工場内など，比較的管理が容易な箇所で施工されることが多く，屋外の現場などで実施するには工夫を要する。

　なお，ショットピーニングと類似のものにブラスト処理がある。ブラスト処理は塗装前の金属表面の下地処理などを目的としたものであり，ピーニングとは目的が異なるが，ほぼ同一の工法であることから，ブラスト処理によっても疲労強度が改善されるという報告もある[5]。

(4) 超音波ピーニング

　超音波ピーニングはウクライナのパトン溶接研究所を中心に研究開発が進

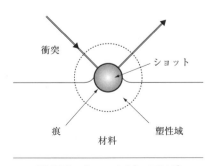

図 10.9　ショットピーニング

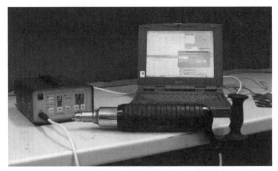

図 10.10　超音波ピーニング装置

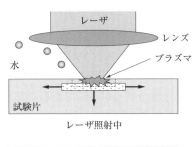

図 10.11　レーザピーニング

められた技術である[6]。**図10.10**に超音波ピーニング装置の例を示す[7]。超音波ピーニングは，振動子としてセラミック圧電素子を用い，その超音波振動を振動変換子で打撃子に伝えることによってピーニングを行う工法である。振動周波数は20～30kHzとされており，非常に高速に表面を打撃することが可能である。

　振動子に磁歪子を用いてパワーを高め，圧縮残留応力の導入の他，溶接止端形状の改善による応力集中低減や，高エネルギーでの打撃で生じる表面改質による疲労強度向上を期待する手法は，特に超音波衝撃処理（UIT，HIFIT）といって区別される。

(5)　レーザピーニング

　レーザピーニングは，水中でパルスレーザを照射したときに発生する高圧

プラズマの衝撃作用を利用したピーニング技術である。水中でエネルギーの大きなパルスレーザを照射すると，材料の表層がアブレーション（材料の表面が蒸発，侵食によって分解する現象）され，表面に高圧の金属プラズマが発生するが，水の慣性でプラズマの膨張が妨げられ，プラズマの圧力は空気中の10～100倍の数GPaに達する。この圧力によって衝撃波が発生し，材料中を伝播する（図10.11）[8]。材料の表層部は，衝撃波の動的な応力によって塑性変形を受けるため，周囲の弾性拘束によって圧縮残留応力が形成される。

上記の他にも，高圧ジェット水を被加工体に噴霧するウォータージェットピーニングや，その際に生じるキャビテーション気泡崩壊時の衝撃圧を用いるキャビテーションピーニングなどがあり，活発な研究開発が行われている。

ピーニングによる疲労強度改善効果は，ピーニング手法によって異なるが，その一例として，ショットピーニングを施した溶接継手の疲労強度改善効果を**図10.12**に示す[9]。ピーニング処理による疲労強度改善は，圧縮残留応力の導入によるものであるため，応力比によって効果が異なり，低応力比の場合により大きな効果が得られることがわかる。また，応力範囲が大きい場合には，圧縮残留応力導入の効果が薄れるため疲労強度の改善効果は小さ

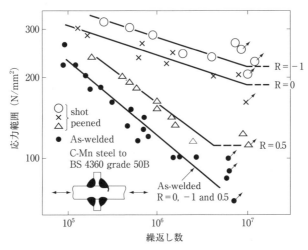

図 10.12　疲労強度に及ぼすショットピーニングと応力比の影響

くなるのに対し，低応力域では著しい改善効果が見られ，結果として，S-N線の傾きが溶接ままの場合よりも緩やかになる．

ピーニングは局所的な打撃を繰り返すことから，処理後の金属表面には打撃痕が残り凹凸が生じる．大きな凹凸や，鋭利な形状のものが残されると，それを起点にして疲労き裂が発生することがあるため注意が必要である．

ピーニング処理は溶接残留応力の導入を目的としたものであるから，想定している圧縮残留応力が確実に導入されていることを何らかの方法で確認する必要がある．残留応力を直接計測するのは手間と時間がかかるため，ピーニング処理条件（時間，強さ，周波数など）と導入される圧縮残留応力の大きさとの関係を別途求めておき，ピーニング処理条件を管理して施工するのが一般的と考えられる．

処理方法によっても異なるが，ピーニング処理によって圧縮残留応力が導入されるのは表層から深さ0.1mm〜0.2mm程度までと比較的浅い．腐食によりこの部位が消失した場合，疲労強度の向上効果も小さくなることが考えられるため，処理部の防錆に留意する必要がある．

10.1.4 低変態温度溶接材料

低変態温度溶接材料は物質・材料研究機構で開発されたものであり，溶接金属の変態特性を利用し，変態膨張により圧縮の残留応力場を形成し，疲労強度の向上を実現するものである．低変態温度溶接材料を用いて溶接を行うのみでよく，後工程を必要としないことから，効率のよい手法として期待される．

無拘束の状態における冷却過程での溶接材料のひずみ量の変化を図10.13(a) に示す[10]．破線は母材SM570Q鋼の，実線は従来型溶接材料の変態特性を示している．これらの材料では，変態開始温度（Ms点）が500℃程度であり，変態終了後の温度低下に伴い収縮ひずみを生ずる．これに対して，一点鎖線は低変態温度溶接材料の変態特性を示しており，約200℃程度で変態を開始し，室温付近で終了している．ひずみを拘束した場合に生じる冷却過程での応力の変化を図10.13(b) に示す．一般の材料では変態によって膨張が生じる温度が高く，その後は収縮のみであることから，変態開始から室温までの材料の収縮により図中の破線及び実線に示されるように引張残留応力が導入される．これに対して，低変態温度溶接材料は約200℃程度で変態を

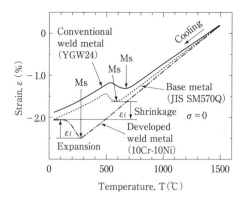

(a) 無拘束時のひずみ変化

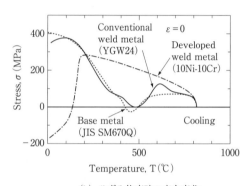

(b) ひずみ拘束時の応力変化

図 10.13 冷却過程におけるひずみと応力の変化 14[6)]

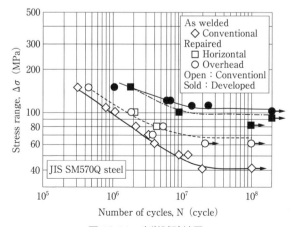

図 10.14 疲労試験結果

開始し，室温付近で終了し，溶接金属が膨張した直後に使用温度に達するため，一点破線に示されたように圧縮の残留応力が生じる。

SM570Q でできた面外ガセット継手に疲労き裂を導入し，それをガウジングで除去した後，従来型の溶接材料と低変態温度溶接材料で溶接補修を行い，その後の疲労寿命を比較した例を図10.14に示す[10]。ここで，補修溶接を施した補修試験片の破断までの繰返し数は，補修後の繰返し数を示している。図から明らかなように，従来型の溶接材料を用いて補修溶接を施したものは，非補修の試験片に比べて，疲労強度が若干増加しているのみであるが，低変態温度溶接材料により補修したものは疲労強度が大幅に向上している。

10.1.5　高周波誘導加熱による表面処理工法

高周波誘導加熱は表面処理（改質）法の一種であり，高周波電流の流れるコイルの中に置かれた導電体が，電磁誘導作用によって導電体に生じる渦電流損による発熱と，ヒステリシス損によって導電体に生じる発熱により急速に加熱される現象を利用している。高周波電流を使用するため，電流の表皮作用と近接効果により，導電体の表面層だけを加熱することができる。高周波誘導加熱を施すことにより，引張残留応力を低減できるとともに，結晶粒を微細化することにより，処理部の疲労強度を向上させる効果がある。

高周波誘導加熱は熱処理（高周波焼入・焼戻）により金属表面を硬化することができ，耐摩耗性と機械的性質（特に疲労耐久性）を高めることを目的として，自動車・オートバイのエンジン部品や足周り部品，ベアリング，ネジ，工作機械用部品等の摺動部に適用されている。また，原子力設備等では，予防保全の観点から，既に多用されている技術である。

10.1.6　溶接後熱処理

溶接後熱処理は，溶接構造物を昇温して溶接部にクリープ変形を生じさせることにより，溶接残留応力の原因となっている固有ひずみを低減し，熱処理後に残存する残留応力を低減しようとするものである。PWHT（Postweld Heat Treatment），応力除去焼なまし，応力焼鈍ともよばれる。構造物が比較的小規模である場合には，構造物全体を熱処理炉に入れ，所定の温度履歴を与えることで処理が行われ，ボイラや圧力容器などで多用される。炉に入

らない大型の構造物に対しては，溶接継手付近のみを加熱する局部溶接後熱処理が用いられる。

10.2 ディテールの改良による疲労耐久性向上

溶接継手は一般に板や部材の交差部に用いられるが，交差部の形状によって溶接継手に生じる応力集中の程度は大きく異なる。そのため，交差部の構造ディテールを工夫し，溶接部に生じる応力を低減することにより疲労耐久性を改善することが可能である。

簡単な例として，2本の桁の交差部をとりあげる。図10.15は2本の桁の交差部を示したものであり，大きな方の桁のウェブにスリットを設け，交差桁の下フランジを貫通させて，そこに溶接を施す例である。図10.16 (a)に示すように長円形のスリットとし，その直線部に沿って下フランジと溶接すると，溶接の端部が応力集中の高い箇所に位置することになるため，疲労

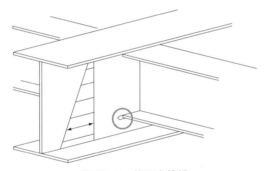

図 10.15　桁の交差部

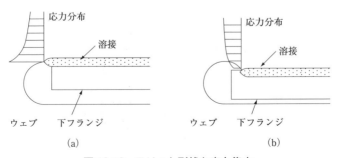

図 10.16　スリット形状と応力集中

強度は低くなる。それに対し，図10.16 (b) に示すように，スリット孔の上側の曲線部を延長し，その途中に溶接をおけば，溶接端部が応力集中の小さなところに位置することになり，図10.16 (a) と比較して疲労強度は大幅に上昇する。このように，わずかな工夫を加えるだけでも，疲労耐久性を改善することができる。

　もう一つの例として，鋼橋の主桁と横桁との交差部に生じた疲労損傷をとりあげる[11]。鋼橋の主桁と横桁の交差部において，図10.17，10.18に示すような疲労き裂が発生している。この疲労き裂の原因は，床版のたわみや，隣り合う主桁のたわみ差に伴う横桁の変形である。この疲労き裂を発生しないようにするための構造ディテールが有限要素解析や模型実験によって検討され，図10.19に示すような改善策が提案されている。新しいディテールで

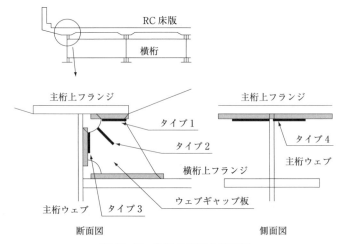

図 10.17　鋼橋の疲労き裂の例

図 10.18　タイプ１の疲労き裂

10.2 ディテールの改良による疲労耐久性向上 231

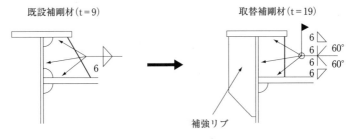

図 10.19 改善構造ディテール

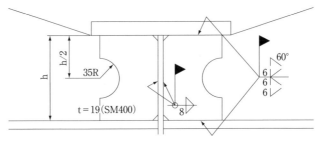

図 10.20 半円孔の設置

は，ウェブギャップ板を9mmから19mmに増厚し，き裂の発生点となるスカラップを設けず，溶接は3辺ともに部分溶込み溶接としている。さらに外桁については外桁外面に板厚19mmの補強リブを取り付ける構造としている。このような構造とすることで溶接部に生じる応力を減少させ，疲労寿命も延ばすことができると考えられた。しかし，その後の追跡調査の結果，数は少ないものの，補修から数年が経過した実橋において疲労き裂が再発している部位が発見された。再発した疲労き裂はウェブギャップ板下側の横桁上フランジとの溶接部に発生していた。そのため，追加の対策として，図10.20に示すように，ウェブギャップ板に半円孔を設けることが検討された。実橋での応力計測の結果，半円孔を設けることにより，図10.21に示すように溶接部の応力をさらに低減できることが確認された。

この事例で示したように，板厚や溶接方法をわずかに変更するのみで，疲労耐久性は大きく向上する。構造ディテールの決定にあたっては，疲労損傷の発生が懸念される溶接部を見極め，そこに発生する応力集中が十分に小さくなるような板組，溶接方法，板厚などを採用する必要がある。構造ディテールの変更によって着目する箇所の局部応力が低減できても，それによっ

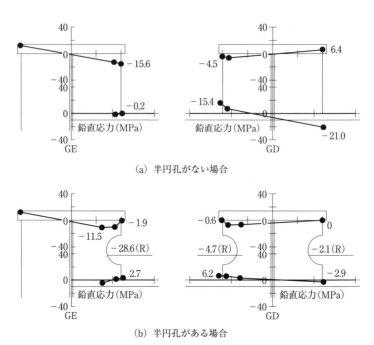

(a) 半円孔がない場合

(b) 半円孔がある場合

図 10.21 半円孔による応力低減効果

て他の部位の応力が増加し，そこが新たな疲労上の弱点となることもある．したがって，どの位置の局部応力に着目すべきかを慎重に判断することが大切である．

応力を低減しようとする場合に，板厚の増加などによって剛性を付与することは有効である．それとは逆に，上記の半円孔の例のように，剛性を低下させることによって応力を緩和することもできる．応力集中が発生する原因をよく見極めて，それを除去するために最も効果的な手法を選択することが大切である．

10.3　高疲労強度鋼

鋼材の静的強度が上昇しても溶接部の疲労強度は増加しないため，溶接継手の疲労強度の向上は，主に設計面や施工面から検討がなされてきたが，最近，鋼材面からの改善が試みられ，一部で実用化されている．き裂の起点となる箇所は溶接部であり，鋼材そのものの特性を変えても疲労き裂の発生を

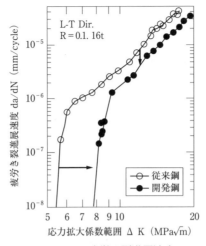

図 10.22 疲労き裂進展速度

防止できるわけではないが，溶接継手の疲労寿命はき裂進展寿命が大部分を占めていることや，溶接部から発生した疲労き裂は母材中を進展するケースも多いことなどから，鋼材の疲労き裂進展速度を低減させることによっても，部材の全寿命を長くすることが可能と考えられている。

鋼板の疲労き裂の進展を抑制するためのアイデアとしては，板の表面に微細な粒径のフェライト相が生じるようにしたもの，フェライトとマルテンサイトの二相鋼としたもの，TMCP技術により結晶粒の細粒化をはかったもの，フェライトとベイナイトの混合組織としたものなどが提案されている[12]。

一例として，フェライト，ベイナイトの混合組織とした鋼材の疲労き裂進展速度を図10.22に示す。この鋼材は通常鋼に比較して約半分の疲労き裂進展速度となるとともに，下限界応力拡大係数範囲も増加することが示されている。さらに，この鋼材を用いて製作した部材の疲労試験が行われ，通常鋼の場合と比較して疲労強度が向上できることが報告されている。図10.23はその一例であり[13]，疲労寿命で約2倍の延伸がはかられている。本鋼の強度は490～570MPaクラスであり，すでに船舶を中心に実用化されている。ただし，構造物の使用条件や構造部位によっては，その効果の程度が異なることもあるため[14]，注意が必要である。

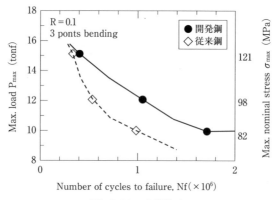

図 10.23 疲労強度

参考文献

1) 三木,穴見,谷,杉本:溶接止端部改良による疲労強度向上法,溶接学会論文集,Vol.17, No.1, pp.111-119, 1999.
2) 平山,森,猪俣:面外ガセット溶接継手の疲労強度に対するグラインダ仕上げの方法の影響,鋼構造論文集,Vol.12, No.45, pp.111-121, 2005.
3) 森,猪股,平山:グラインダ仕上げ方法が面外ガセット溶接継手の疲労強度に及ぼす影響,鋼構造論文集,Vol.42, pp.55-62, 2004.
4) Haagensen, P. J. and Maddox, S. J.:IIW Recommendations on Post Weld Improvement of Steel and Aluminum Structures, IIW Comission XIII, XIII-1815-00, 2006.
5) 山田,小塩,鳥居,白,佐々木,山田:面外ガセット溶接継手の曲げ疲労強度に及ぼすショットブラストの影響,構造工学論文集,Vol.54A, pp.522-529, 2008.
6) 岩村:超音波ピーニング (UP) システムの提案－溶接継手の疲れ強さの向上,溶接技術,No.2005-3, pp.128-133, 2005.
7) Integrity Testing Laboratory Inc. 社ホームページ,http://www.itlinc.com/pdf/Sed511-2006%20Auto.pdf.
8) 佐野,他:レーザを利用した原子炉の水中メンテナンス技術,溶接技術,No.2005-5, pp.78-82, 2005.
9) Maddox, S. J.:Improving the fatigue strength of welded joints by peeing, Metal construction, Vol.17, No.4, pp.220-224, 1985.
10) 鈴木,太田,前田:低変態温度溶接材料を用いた角回溶接継手の補修による疲労強度向上,溶接学会論文集,Vol.21, No.1, pp.62-67, 2003.
11) 阪神高速道路公団,阪神高速道路管理技術センター:阪神高速道路における鋼橋の疲労対策,2002.
12) 誉田,有持:溶接構造物の長寿命化に寄与しうる鋼材とその利用技術－疲労の観点から－,溶接学会論文集,Vol.24, No.1, pp.133-138, 2006.
13) 誉田,有持,廣田,渡邉,多田,福井,北田,山本,高,矢島:鋼材組織による溶接構造物の疲労寿命改善,日本造船学会論文集,No.194, pp.193-200, 2003.

14) 徳力, 森, 誉田, 西尾：FCA 鋼の疲労き裂進展速度と切欠き材疲労強度, 鋼構造論文集, Vol.18, No.69, pp.9-16, 2011.

第11章
疲労モニタリング

　周知のように様々な鋼構造物に疲労損傷（疲労き裂）の発生事例が多数報告されている。このような疲労き裂を未然に防止するためには適切な方法で疲労設計することは勿論であるが，構造物の使用状況に応じて適切な時期に点検を行うことにより疲労き裂を初期段階で検出して適切な処置を施す，つまり維持管理も疲労に対する安全性を確保する上では重要な役割を果たす。

　ここでは，疲労損傷を対象とした維持管理を行う上で有用となる疲労き裂を検出する方法やそのためのセンサ，そして疲労寿命を予測して点検時期や補修時期を判断するためのセンサを紹介する。

　なお，疲労の検出には材料自体に蓄積された疲労損傷（材料劣化，き裂損傷）そのものを検出する直接的な方法と，材料が受けた疲労損傷の程度（線形累積損傷則による疲労損傷度）を求める間接的な方法がある。前者は，実際に発生した疲労損傷を検出する手段であり，ここでは「直接法」[1]と称することにする。一方，後者は疲労損傷の蓄積度（材料に生じる応力振幅の大きさとその繰返し回数）を検出する手段であり，「間接法」[1]と呼ぶことにする。

11.1　直接法（疲労損傷の検出）

　ここでは，疲労現象における初期状態からマクロクラック（現状の非破壊検査で検出可能なき裂）発生までの材料の強度変化を「材料劣化」とし，マクロクラックの発生をもって「き裂損傷」とする。

11.1.1　材料劣化
　部材の材料劣化の把握には結晶構造における転位の変化を捉えることが重

要である．これにはバルクハイゼンノイズ（外部から磁界をかけると磁壁が動いて小さな電気パルスが発生する）が適しているとされているが，実用化には至っていない[2]．

11.1.2 き裂損傷

鋼橋の点検などでは通常目視点検が行われるが，その際に塗膜割れとそれに伴う錆汁が疲労き裂の存在を示すことが知られている．図11.1にその例を示す[3]．

非破壊検査としては，放射線透過試験（Radiographic Test；RT），超音波探傷試験（Ultrasonic Test；UT），渦流探傷試験（Eddy current Test；ET），浸透探傷試験（Penetrant Test；PT），磁粉探傷試験（Magnetic Test；MT）などの方法がある[2]．

(1) 放射線透過試験（RT）

古くから用いられている代表的な非破壊検査法の一つであり，人体に有害なため安全性の点で他の方法に比べて不利であるが，非接触で計測できることや，多種類の材料に適用可能であることから，計測例が多く，計測精度に優れている．

(2) 超音波探傷試験（UT）

超音波の利用には波の反射や透過に着目する方法と，減衰や速度変化といった媒質に着目する方法があり，きずの検査には前者が，物性の検査には後者が用いられている．超音波探傷では，センサを対象物に接触させる接触検査が多用されているが，電磁超音波やレーザを用いた非接触法も開発されている．

図 11.1 疲労き裂と錆汁

(3) 渦流探傷試験（ET）

電磁誘導現象を利用して金属表面に渦電流を発生させ，この電流分布の変化を検出することによって，きずの検出を行うものであり，非磁性金属材料に適用されることが多い。

(4) 浸透探傷試験（PT）

表面に開口しているきずに，適切に調整された液体を浸透させ，これを表面に吸いだすことによって，きずの視認を容易にする方法であり，視認には自然光や紫外線が用いられる。取扱いが比較的容易であるため作業現場における簡易な検査法として適用されることが多いが，詳細な計測には不向きである。

(5) 磁粉探傷試験（MT）

検査対象部を磁化すると，きずの場所で磁束が外部に漏れ出す現象を利用し，これに磁性粉末を付着させて，きずの視認を容易にする方法であり，浸透探傷試験と同様詳細な計測には不向きであるが，漏洩磁束を検出する高感度センサが開発され，計測精度の向上が図られている。

近年，スマートペイントと呼ばれる技術が開発されており，塗料に赤色染料を内包するマイクロカプセルを混合し，それをき裂監視部分に塗布する方法である。これは塗布部でのき裂発生・進展に伴って塗膜にもき裂が発生・進展し，それによってマイクロカプセルが破壊することで染料が表面に出てき裂の観察が容易になっているものである。この技術は1990年ごろから米国で実用化の研究が行われており，国内でも実験的な研究が行われている。図11.2にスマートペイントの発色例を示す[3)4)]。

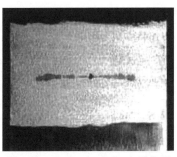

図11.2　スマートペイント発色例

11.2 間接法（疲労損傷度の検出）

11.2.1 ひずみゲージによる応力計測

従来から行われている最も一般的な方法である。ひずみゲージ（機械的な寸法の微小な変化（ひずみ）を電気信号として検出するセンサ）を評価部位に貼付し，動的に連続計測してデータを集積する。計測した時刻歴波形データを頻度解析し，応力の頻度分布を求め，評価対象の疲労S-N線図について線形累積損傷則（修正マイナー則）にしたがって疲労損傷度を算出する。その際，応力の頻度解析法としてはレインフロー法が推奨される。

その他，応力の時刻歴データを採取しなくても直接頻度分布のみ求めることができるヒストグラムレコーダ等を利用することもできる。

11.2.2 犠牲試験片（疲労センサ）

犠牲試験片とは，構造物で疲労損傷が発生すると思われる箇所に予め貼付し，構造物本体に先駆けて損傷させる試験片のことである。犠牲試験片の損傷の程度から構造物本体の疲労損傷度を推定することもできるので疲労セン

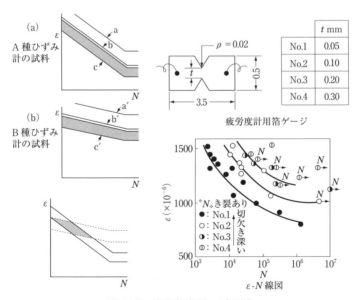

図11.3　応力頻度ゲージの例

サとも称される。

疲労センサは，国内では1969年に「応力頻度ゲージ」と称して開発研究されたのが最初であろう。そのシステムを図11.3に示す[5]。当時，国内ではまだ破壊力学は黎明期であったせいもあり，そのアイデアは金属の疲労き裂の進展特性を応用するのではなく，切欠きを有する金属試験片の疲労破断寿命特性を使うものであった。海外では1979年にはCrack Growth Gageと称して航空機向けに開発されたという報告がある。その模式図を図11.4に示す[6]。これは，金属の疲労き裂進展特性を利用しているが，航空機機体に発生した実際のき裂を間接的にモニタリングするために使われたものである。

その後，国内では1986年，図11.5に示すようなクラックゲージ型疲労センサが試作された[7]が，これ以降の開発ではいずれも金属の疲労き裂進展特性を利用したものになっており，犠牲試験片[8]（図11.6），疲労損傷度モニタリングセンサ[9]（図11.7），Sacrificial Test Piece[10]（図11.8），Crack First[11]

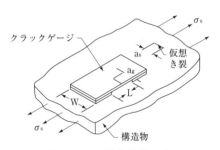

図11.4 き裂進展ゲージ

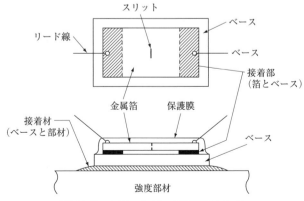

図11.5 クラックゲージ型疲労センサ

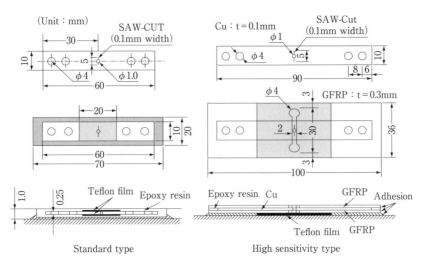

図 11.6　犠牲試験片

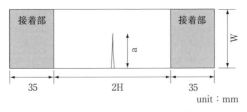

図 11.7　疲労損傷度モニタリングセンサ

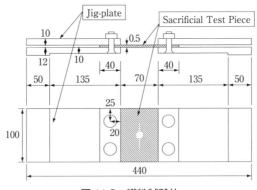

図 11.8　犠牲試験片

(**図11.9**)，小型高感度疲労センサ[12]（**図11.10**）などが開発されている。
　センサ材料の疲労き裂進展特性（da/dN-ΔK関係）とセンサ内のき裂の

11.2 間接法（疲労損傷度の検出）　243

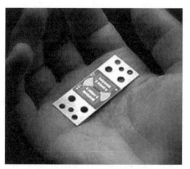

図 11.9　CrackFirst

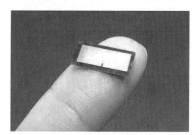

図 11.10　小型高感度疲労センサ

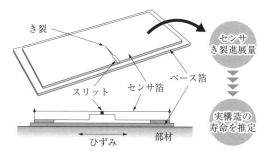

図 11.11　疲労センサの基本構造

応力拡大係数が明らかとなれば，センサ内のき裂進展量から構造部材のセンサ位置が受けた累積疲労損傷度を求めることができる[9), 13)]。これが，センサ内のき裂進展量で疲労損傷を間接的にモニタリングできる所以である。また，センサ内のき裂進展量と構造部材の疲労強度を直接比較しようとするものも少なくない。

　以下に，溶接構造に対する実用化が進んでいる小型高感度疲労センサについて，その原理を簡単に紹介する[14)]。疲労センサの基本構造を図11.11に示

す．人工ノッチを有するセンサ箔とベース箔が2枚重ねとなっており，センサ箔の両端がベース箔に接合された構造となっている．箔の接合には微小抵抗溶接が用いられる．なお，材質はセンサ箔が純ニッケルであり，ベース箔が高Ni不変鋼インバーである．一定の大きさ以上の負荷を繰返し受けると，このセンサ箔の人工ノッチを起点として疲労き裂が進展する特性を有している．疲労損傷度評価フローを図11.12に示す．疲労センサは繰返し応力を受ける構造部材の溶接線近傍の表面に貼付し，センサ箔では繰返しひずみを増幅させることにより，溶接部が疲労損傷するよりも短期間でセンサ箔上にき裂が形成され，センサのき裂進展を促進する仕組みとなっている．疲労センサのS-N線図（両対数表示）と溶接部のS-N線図（両対数表示）の傾きが同じであるとすれば，両者の関係から対象部材の疲労損傷度を推定できる．また，疲労センサは負荷条件が同じであればセンサのき裂進展長さと繰返し数は比例関係にあるので，き裂進展量と構造部材の疲労損傷度の関係も線形となる．このセンサは，既に道路橋[15]，鉄道車両[16]，船舶[17]などの疲労モニタリングに適用されている．その一例を図11.13に示す．

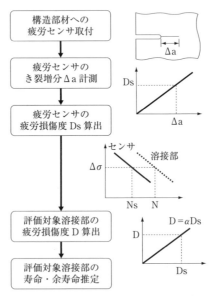

図11.12　疲労センサによる疲労損傷度評価フロー

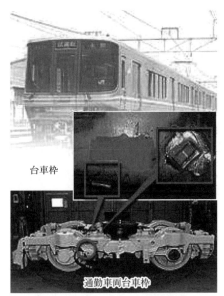

図 11.13　鉄道車両への適用事例

11.3　将来展望

　鋼構造物の維持管理の方法としては，従来中心であった事後保全（き裂検出）から可能な限り予防保全（き裂発生寿命予測）への転換を計り，将来の巨大化する保守費用の削減に役立てることが重要である．

　本章で紹介した種々のモニタリング方法について，現状ではそれぞれの特徴を活かした使い方を考えていくことが必要であるが，将来的には，単に有用であることに留まらず，取扱いが容易でかつ低コストのセンサの開発および評価手法の構築が望まれる．

参考文献

1) 仁瓶，他：機械・構造物の余寿命予測法の開発研究（第1報：損傷検出法と余寿命予測法について），日本材料学会第18回疲労シンポジウム前刷集，p.77, 1988.
2) 橋本：磁気特性を用いた非破壊検査による溶接構造部材の疲労損傷度評価方法に関する研究，大阪大学学位論文，2005.
3) 森：疲労センサー，橋梁と基礎，pp.145-146, 2005.
4) 高橋，他：疲労き裂検出用塗料の試作と性能評価，日本造船学会誌，No.871, pp.70-73,

2002.
5) 中村，他：応力頻度ゲージに関する研究（第1報），日本機械学会関西支部第233回講演会講演論文集，p.50, 1969.
6) J.A.Ori, et al：Single-Edge-Cracked Crack Growth Gage，ASTM STP677, p.533, 1979.
7) 仁瓶，他：機械・構造物の余寿命予測法の開発研究（第2報：クラックゲージ型疲労センサーの試作），日本材料学会第19回疲労シンポジウム前刷集，p.266, 1990.
8) 藤本，他：構造物の疲労損傷予知のための犠牲試験片の開発，日本造船学会論文集 Vol.182, pp.705-713, 1997.
9) 公門，他：亀裂を有する極薄ステンレス鋼板を用いた疲労損傷度モニタリングセンサーの開発，土木学会論文集 No.738, pp.245-255, 2003.
10) 崎野，金，堀川：薄鋼板による疲労損傷パラメータ推定法の提案，構造工学論文集，Vol.51A, 2005-3, pp.1005-1013, 2005.
11) Y-H Zhang, et al：A review of fatigue monitoring methods for welded joints, TWI report No.747, 2002.
12) 仁瓶，他：既存船の疲労損傷度推定に関する研究−疲労センサーの開発−，関西造船協会講演論文集，p.189, 2000.
13) 森，公門，小高，成本，阿部：疲労損傷度モニタリングセンサーの高感度化，土木学会論文集，No.766, pp.357-362, 2004.
14) 小林，二瓶：疲労センサによる溶接構造物の疲労寿命診断，溶接学会誌 Vol.76, pp.221-225, 2007.
15) 川口，他：疲労センサーによる余寿命診断と応力頻度計測による手法との比較，土木学会第58回年次学術講演会前刷集，2003.
16) 小林，他：小型疲労センサーの開発と実機適用，日本機械学会第2回評価・診断に関するシンポジウム講演論文集，2003.
17) 孝岡，他：疲労センサを用いた船体構造の疲労寿命推定精度の向上について，日本船舶海洋工学会論文集 Vol.9, pp.183-190, 2009.

第12章
溶接構造の疲労照査

　溶接鋼構造物の疲労設計あるいは疲労照査は，その構造物に期待する供用期間（設計供用期間）内に構造物に作用すると考えられる力により対象とする部位に生じる応力変動とその部位の疲労強度を比較することにより行われる．応力については，簡単な弾性論や梁理論などから求められる公称応力を用いることが多い．また，公称応力を求めることが困難な場合には，12.9節に示すホットスポット応力や12.10節で示す有効切欠き応力が用いられることもある．ここでは，主として橋梁を例として，溶接構造の疲労照査法を示す．

12.1　疲労照査の基本的な考え方

　道路橋を例として，公称応力をベースとした疲労照査の手順を示すと以下のようになる（**図12.1**参照）．

(イ)　交通車両をモデル化した疲労照査用の荷重（疲労設計荷重）と設計で考慮する期間内の疲労設計荷重の頻度を設定する．

(ロ)　疲労設計荷重が橋上を走行することにより照査対象部（溶接継手部）に生じる応力変動波形を求める．既設構造物であれば，直接応力変動波形を測定することも可能である．

(ハ)　(ロ)で求めた応力変動波形を分解し，応力変動波形がどのような大きさの繰返し応力（応力範囲）からなっているかを求める．応力変動波形の分解にはレインフロー法を用いるのが一般的であり，日本鋼構造協会の「鋼構造物の疲労設計指針・同解説」[1]（以後，JSSC指針と呼ぶ）や国際溶接学会の「Recommendations for Fatigue Design of Welded Joints and Components」[2]（以後，IIW指針と呼ぶ）などの疲労設計基準類でもこれ

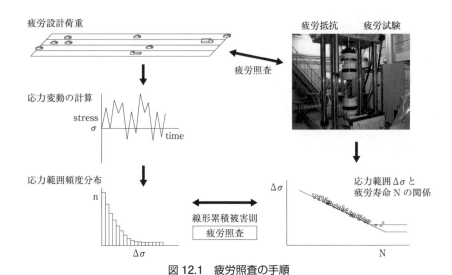

図 12.1　疲労照査の手順

を用いることを基本としている。

(ニ)　(イ)で設定した設計で考慮する期間内の疲労設計荷重の頻度を(ハ)で求めた各応力範囲の頻度とする。この各応力範囲の頻度を表したものを応力範囲頻度分布と呼ぶ。既設橋梁で応力測定を行うことにより応力範囲頻度分布を求める場合には，応力範囲の数が多くなるため，適当な刻み幅で各応力範囲をグループ分けする。その際の応力範囲の刻み幅は，応力範囲のグループ数が20以上となるようにするのがよい[1]。

(ホ)　対象とする溶接継手部の疲労強度を一定振幅の繰返し応力試験（疲労試験）などにより求める。疲労強度は繰返し応力の変動幅（応力範囲 $\Delta\sigma$）と破断あるいは所定の寸法のき裂が生じるまでの応力繰り返し数（疲労寿命N）の関係として表される。JSSC指針では，各継手の疲労強度を強度等級A〜Iの9つ，IIW指針ではFAT160〜FAT36の14の $\Delta\sigma-N$ 関係（疲労設計曲線）で与えている。

(ヘ)　(ニ)の応力範囲頻度分布と(ホ)の $\Delta\sigma-N$ 関係を比較することにより疲労に対する安全性の照査を行う。この比較は線形累積被害則あるいはマイナー則と呼ばれる方法を用いて行う。

以上のように，疲労設計・照査の鍵は，疲労荷重とそれにより生じる応力変動（応力範囲頻度分布）の求め方，一定振幅応力下での $\Delta\sigma-N$ 関係（疲

労強度），そして変動振幅応力下での寿命推定法にある．12.2～12.7節では，我が国の代表的な疲労設計基準であるJSSC指針と日本道路協会の「鋼道路橋の疲労設計指針」[3]を例として公称応力をベースとした疲労照査法について述べる．

12.2 疲労設計荷重

疲労設計荷重は，その走行により生じる応力変動が疲労に及ぼす影響と想定される実際の車両交通による応力変動が及ぼす影響の両者ができるだけ同じとなるように設定するのがよい．また，これが交通条件（大型車混入率）や着目部材の応力の影響線によってできるだけ変化しないように留意すべきである．**図12.2**に代表的な車両モデルを示す．

以上のような考え方に基づき，3軸トラックや旧道路橋示方書で用いられていたT-20荷重などが疲労設計荷重として提案されている[4]．しかし，橋梁の設計・照査に新たに設計荷重を加えることは設計者に混乱を与えるとも考えられる．現在の設計荷重の中では，床版の設計に用いられているB活荷重・T荷重（**図12.3**）が車両をモデル化したという意味で最も適していると考えられる．このような単軸のT荷重を疲労設計荷重として用いる場合，単軸の荷重により生じる応力の変動波形および変動幅は同じ重量であったとしても多軸の車両によるものとは異なること，またその程度は着目部の応力の影響線の形状や長さにより異なることに注意しなければならない．さらに，交通量が比較的多い橋梁については，橋上に複数の車両が同時に載ることによる応力の増分も考慮する必要がある．「鋼道路橋の疲労設計指針」では，

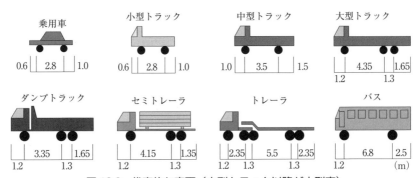

図 12.2　代表的な車両（中型トラック以降が大型車）

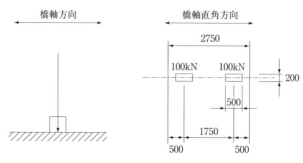

図12.3 T荷重

前者についてT荷重補正係数,後者については同時載荷係数で考慮している。また,「鋼道路橋の疲労設計指針」では最大級の応力変動が生じるような荷重の走行を想定して応力計算を行うこととしているため,T荷重の重量を割増す必要もある。T荷重補正係数はこの割増しも考慮した係数である。具体的には,次のように疲労設計荷重の重量が与えられている。

$$\text{疲労設計荷重重量} = (200kN) \times \gamma_T \times (1 + i_f) \cdots\cdots\cdots\cdots (12.1)$$

$\gamma_T (= \gamma_{T1} \times \gamma_{T2})$:活荷重補正係数

γ_{T1}:T荷重補正係数　　（ただし,$2.0 \leq \gamma_{T1} \leq 3.0$）

γ_{T2}:同時載荷係数

i_f:疲労設計用衝撃係数（原則として断面設計に用いる衝撃係数の1/2）

同時載荷係数は,連続ばりのように正負交番する影響線形状を有する部材に対しては$\gamma_{T2} = 1.0$,単純ばりのように正負交番しない影響線形状を有する部材については**表12.1**に示す値を用いることとされている。これは,基線長Lが長いほど,また大型車交通量が多いほど,大型車の同時載荷の可能性が高くなるためである。また,交番する影響線については,同時載荷により応力の値が相殺されるため,同時載荷係数を1.0としている。代表的な影響線の形状を**図12.4**に示す。

表12.1 同時載荷係数（鋼道路橋の疲労設計指針）

日大型車交通量／車線	支間長 L	
	～ 40m	40m ～
～ 2500	1.0	1.0
2500 ～	1.0	1.1

L：着目支間の支間長（m）

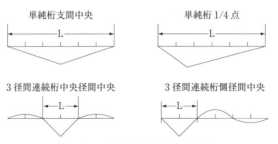

図12.4 代表的な影響線の形状

　疲労は応力変動の大きさだけではなく，繰返し数にも依存するため，疲労設計荷重の走行頻度も設定する必要がある．乗用車などの小型車により生じる応力変動はダンプトラックなどの大型車に比べて小さいため，「鋼道路橋の疲労設計指針」では疲労設計荷重の頻度を大型車（図12.2参照）の交通量を基準として設定することとしている．ただし，最大級の応力が生じるような重車両を想定して疲労設計荷重（T荷重）の重量を補正しているため，その頻度を大型車の交通量そのままとすれば，疲労照査は過度に安全となる．これを考慮するために頻度補正係数（標準的には0.03）が設けられている．

12.3　応力と応力変動の計算方法

　橋梁の断面設計では，着目する部材に最も不利な応力が生じるように荷重の載荷位置を設定している．疲労は，長い期間に徐々に進行する現象であり，断面設計で想定しているような最大の応力ではなく，通常の車両の走行により生じる応力の変動幅とその頻度に依存する．そのため，「鋼道路橋の疲労設計指針」では通常の車両走行位置を考え，疲労設計荷重（T荷重）を各車線中央で橋軸方向に移動させて応力変動を計算することとしている．

　供用中の自動車荷重によって橋梁に生じる実応力は，一般に格子解析に基づく設計計算応力よりも小さい．このような現象を考慮し，「鋼道路橋の疲労設計指針」では設計計算応力値を補正すること（構造解析係数 γ_a）により過度に安全側の設計とならないように配慮されている．構造解析係数の具体的な数値としては，コンクリート系床版を有するプレートガーダー橋について，0.8が与えられている．今後は，実応力を再現しうる立体FEM解析を設計に用いるなど，構造解析係数を用いる必要のない設計法へと移行するべ

きであろう。

12.4 応力範囲頻度分布の求め方

応力変動波形を分解して応力範囲頻度分布を求めるために用いる計数法として，以下の方法が*JSSC*指針では推奨されている。なお，この方法による応力範囲計数結果は，貯水池法やレンジペア法によるものとほぼ一致する。*JSSC*指針で推奨される方法は，以下の通りである。図12.5 (a) に示すように，引き続き現れる4つの応力の極値 σ_1, σ_2, σ_3, σ_4 が，

$$\sigma_1 \leqq \sigma_3 \leqq \sigma_2 \leqq \sigma_4 \quad \text{あるいは} \quad \sigma_1 \geqq \sigma_3 \geqq \sigma_2 \geqq \sigma_4 \quad \cdots\cdots\cdots\cdots (12.2)$$

の条件を満たす場合に $|\sigma_2 - \sigma_3|$ を応力範囲として計数し，σ_2 と σ_3 を応力変動波形より削除する。このような計数を続けると，図12.5 (b) に示すような漸増・漸減する変動振幅応力が残ることもあるが，その場合には最大の極大値と最小の極小値の差，2番目の極大値と極小値の差，……，を応力範囲として計数すればよい。

図12.6 (a) に示す応力変動波形を例として応力範囲の計数手順を示す。ただし，応力変動波形の極値 $\sigma_A \sim \sigma_I$ の大きさは，以下の通りとする。単位は N/mm^2 である。

$\sigma_A = 0$ 　　$\sigma_B = 20$ 　　$\sigma_C = -40$ 　　$\sigma_D = 8$ 　　$\sigma_E = -48$

$\sigma_F = 32$ 　　$\sigma_G = 8$ 　　$\sigma_H = 60$ 　　$\sigma_I = 0$

① σ_A, σ_B, σ_C, σ_D は，(12.2) 式の条件を満たさないため，次へ進む。
② σ_B, σ_C, σ_D, σ_E は，(12.2) 式の条件を満たす。したがって，応力範囲 $|\sigma_C - \sigma_D| = |(-40) - 8| = 48$ を計数する。σ_C と σ_D を応力変動波

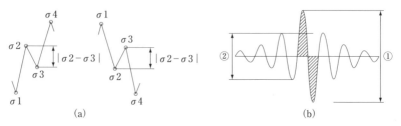

図 12.5　応力範囲の計数法

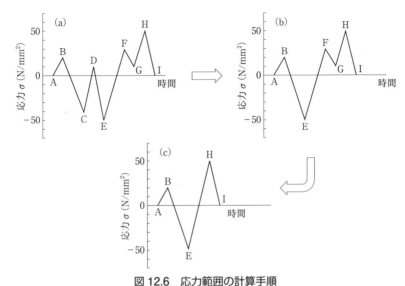

図 12.6 応力範囲の計算手順

形から削除する。これにより図12.6 (b) に示す応力変動波形となる。

③ σ_A, σ_B, σ_E, σ_Fは，(12.2) 式の条件を満たさないため，次へ進む。

④ σ_B, σ_E, σ_F, σ_Gは，(12.2) 式の条件を満たさないため，次へ進む。

⑤ σ_E, σ_F, σ_G, σ_Hは，(12.2) 式の条件を満たす。したがって，応力範囲 $|\sigma_F - \sigma_G| = |32 - 8| = 24$ を計数する。σ_Fとσ_Gを応力変動波形から削除する。これにより図12.6 (c) に示す応力変動波形となる。

⑥ 図12.6 (c) の応力変動は，漸増・漸減波である。代数的に大きい順番に並べると，$\sigma_H = 60$, $\sigma_B = 20$, $\sigma_A = 0$, $\sigma_I = 0$, $\sigma_E = -48$となる。よって，この漸増・漸減波から2つの応力範囲 $|\sigma_H - \sigma_E| = |60 - (-48)| = 108$, $|\sigma_B - \sigma_A| = |20 - 0| = 20$ が求められる。

以上のように，図12.6 (a) に示す応力変動波形は4つの応力範囲 $\Delta\sigma_1 = 108 N/\text{mm}^2$, $\Delta\sigma_2 = 48 N/\text{mm}^2$, $\Delta\sigma_3 = 24 N/\text{mm}^2$, $\Delta\sigma_4 = 20 N/\text{mm}^2$ からなっている。

12.5　溶接継手の$\Delta\sigma - N$関係

6章で述べたように，疲労寿命はき裂が発生するまでの寿命（き裂発生寿

命）と，そのき裂が進展して破断に至るまでの寿命（き裂進展寿命）とに分けられる。き裂発生寿命はき裂発生部に生じる実際の応力あるいはひずみの変動幅，そしてき裂進展寿命はき裂が進展する断面での応力の変動幅に依存すると考えられる。しがって，溶接継手の$\Delta\sigma-N$関係はき裂発生部の応力集中係数とき裂が進展する断面での応力分布に支配されることになる。これら2つのパラメータについては，継手形式の影響が最もが大きいと考えられる。そのため，各疲労設計基準類では継手形式ごとに$\Delta\sigma-N$関係が示されている。例えば，JSSC指針では，図6.2に示したように9つの$\Delta\sigma-N$関係を用意しており，それらを強度等級A～Iの継手に対応する$\Delta\sigma-N$関係としている。6章と繰り返しになるが，いくつかの形式の継手に対して与えられている強度等級を**図12.7**に示す。

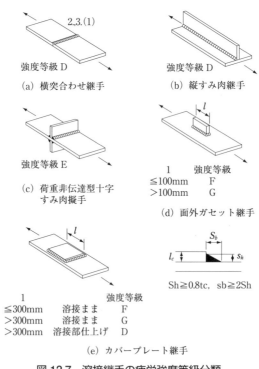

図 12.7 溶接継手の疲労強度等級分類

12.6 変動振幅を受ける溶接継手の疲労照査方法

12.6.1 線形累積被害則

設計で考慮する期間内の応力範囲頻度分布の内，ある応力範囲レベルを$\Delta\sigma_i$，その頻度をn_iとおき，$\Delta\sigma_i$のみが一定振幅で繰返されたときの疲労寿命をN_iとする（**図12.8**参照）。$\Delta\sigma_i$がn_i回繰返されたときの疲労損傷比D_iを（n_i/N_i）とおき，その合計D（累積疲労損傷比）

$$D = \Sigma D_i = \Sigma (n_i/N_i) \quad\quad\quad (12.3)$$

が1となったときに疲労破壊が生じるとする。これが線形累積被害則と呼ばれる変動振幅応力を受ける鋼構造部材の疲労評価方法である。「鋼道路橋の疲労設計指針」では，式 (12.3) から計算されるDが1以下であれば，設計で考慮する期間内の疲労に対する安全性が確保されたとみなすこととしている。

初めて式 (12.3) が提案されたのはPalmgrenよってであり，その後Minerによって実験的に式 (12.3) の有用性が確認された。そのため，式 (12.3) はPalmgren-Minerの方法，あるいは単にMinerの方法，Miner則とも呼ばれている。その際，N_iは一定振幅応力試験で得られた$\Delta\sigma - N$関係から求めることとされていた。すなわち，一定振幅応力下の応力範囲の打切り限界$\Delta\sigma_{ce}$（疲労限度に相当）以下の$\Delta\sigma_i$に対するN_iは無限大とされていた。しかし，累積疲労損傷比がある程度大きくなれば，$\Delta\sigma_i$が$\Delta\sigma_{ce}$よりも小さ

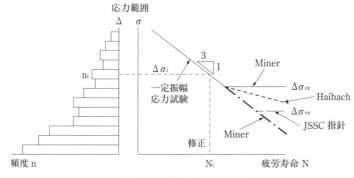

図12.8 線形累積被害則

くても疲労損傷の進行に寄与するようになる．これは，疲労損傷が進行するにしたがって疲労き裂は大きくなり，それに伴って小さい応力範囲によっても疲労き裂が進展するようになることからも明らかである．したがって，Minerの方法では危険側（長寿命側）の評価を与えることになる．このような$\Delta\sigma_{ce}$以下の応力範囲の効果を考慮する方法に修正Minerの方法やHaibachの方法がある．

修正Minerの方法では，疲労限度以下の応力範囲に対する疲労寿命N_iを∞とするのではなく，図12.8に示すように疲労限度以上の$\Delta\sigma - N$関係を疲労限度以下の領域にも同じ傾きで延ばしてN_iを求め，式 (12.3) から累積疲労損傷比を求める．この方法では一般に安全側（短寿命側）すぎる結果が得られるとされている．Haibachの方法では，疲労限度以下で$\Delta\sigma - N$関係の傾きを$-1/m$（一般に溶接継手は，m = 3）から$-1/(2m-1)$と緩やかにし，N_iを求める．

JSSC指針や「鋼道路橋の疲労設計指針」では，疲労損傷に寄与しない応力範囲の限界値を疲労限度よりも低く設定することにより疲労寿命を評価することとしている．この限界値は変動振幅応力下の疲労き裂進展解析の結果に基づいて設定されており[5]，その値は疲労限度のおよそ46%である．なお，これらの指針では修正Minerの方法を用いてもよいとされている．

以上のように，いずれの方法も (12.3) 式に基づいて，累積疲労損傷比の評価あるいは疲労寿命評価を行うものであり，各方法の違いはN_iの求め方，すなわち基準とする$\Delta\sigma - N$関係だけである．なお，欧州系の基準類ではHaibachの方法，米国系の基準類では修正Minerの方法が用いられることが多いようである．

12.6.2 等価応力範囲

前項で示したように$\Delta\sigma - N$関係は一般に，

$$\Delta\sigma^3 \cdot N = C \quad (C：継手の強度等級にとって決まる定数) \quad \cdots\cdots (12.4)$$

で表される．これを式 (12.3) に代入すれば，累積疲労損傷比 D は式 (12.5) で表される．

$$D = \Sigma(\Delta\sigma_i^3 \cdot n_i)/C \quad \cdots\cdots (12.5)$$

式(12.5)は，累積疲労損傷比が$\Sigma(\Delta\sigma_i^3 \cdot n_i)$と$C$の比で与えられることを意味しており，$\Sigma(\Delta\sigma_i^3 \cdot n_i)$は累積疲労損傷度あるいは単に疲労損傷度と呼ばれることもある。

ある大きさの応力範囲$\Delta\sigma_e$がΣn_i回(変動振幅応力と同じ回数)繰返したときの疲労損傷度は，同様に，$(\Delta\sigma_e^3 \cdot \Sigma n_i)$で与えられる。これが$\Sigma(\Delta\sigma_i^3 \cdot n_i)$と等しい場合に，$\Delta\sigma_e$を等価応力範囲と呼んでいる。

$$\Delta\sigma_e = \{\Sigma(\Delta\sigma_i^3 \cdot n_i)/\Sigma n_i\}^{1/3} \quad\cdots\cdots (12.6)$$

以上の式の展開からわかるように(12.6)式から$\Delta\sigma_e$を求め，それを式(12.4)の$\Delta\sigma-N$関係に代入することにより，対象とする変動振幅応力下の疲労寿命を直接求めることができる。そのため，等価応力範囲$\Delta\sigma_e$は変動振幅応力下の疲労寿命を求めるためのパラメータとして用いられることが多い。

ところで，式(12.6)では，応力範囲の打ち切り限界(疲労限度)は考慮されておらず，すべての応力範囲レベルでこの関係が成り立つとしている。したがって，修正Minerの方法を用いて疲労寿命を評価することは，式(12.6)の等価応力範囲を用いて評価することとまったく等価である。Minerの方法やJSSC指針の方法では，疲労限度あるいは打ち切り限界応力範囲以下の応力範囲は疲労損傷に寄与しないとしているので，それらの応力範囲を無視して$\Delta\sigma_e$を計算しなければ，基準とする$\Delta\sigma-N$関係から直接疲労寿命を計算することはできない。Haibachの方法では，疲労限度を境として，$\Delta\sigma-N$関係が異なるため，等価応力範囲が疲労限度以上となる場合と以下となる場合とで異なる式から等価応力範囲を求めなければならない。

$$\Delta\sigma_1 = \sqrt[m]{\frac{(\Delta\sigma_i^m \cdot n_i) + \Delta\sigma_{ce}^{-m+1}(\Sigma\Delta\sigma_j^{2m-1} \cdot n_j)}{\Sigma n_i + \Sigma n_j}} \quad \Delta\sigma_e = \geq \Delta\sigma_{ce}\text{(疲労限界)}$$

$$\Delta\sigma_e = \sqrt[2m-1]{\frac{\Delta\sigma_{ce}^{m-1}(\Sigma\Delta\sigma_i^m \cdot n_j) + (\Sigma\Delta\sigma_j^{2m-1} \cdot n_j)}{\Sigma n_i + \Sigma n_j}} \quad \Delta\sigma_e = \geq \Delta\sigma_{ce}\text{(疲労限界)}$$

$$\cdots\cdots (12.7)$$

以上のように，疲労限度や限界応力範囲以下の応力範囲成分を除去することや疲労限度を境として応力範囲成分の取り扱いを変えることは煩雑である

ため,式(12.6)から求められる値を等価応力範囲として用いるのが一般である。混同されていることも少なくないため,十分に注意願いたい。また,式(12.6)から求められる等価応力範囲を用い,修正Minerの方法以外の方法で疲労寿命を評価する場合には,寿命評価方法だけではなく応力範囲頻度分布によっても等価応力範囲と疲労寿命の関係が異なることにも注意願いたい。

12.7 疲労照査の例

以下の条件で「鋼道路橋疲労設計指針」にしたがって疲労照査を行った例を示す。

- 照査対象部:2車線鋼I桁橋の主桁下フランジとウェブの首溶接部
- 疲労強度等級:D(縦方向すみ肉溶接),板厚と平均応力の補正必要なし
- 第1車線の疲労設計荷重により生じる応力変動:**図12.9**(a)(図12.6(a)と同じ)
- 第2車線の疲労設計荷重により生じる応力変動:図12.9(b)
- 設計で考慮する期間:100年
- 1車線当りの日大型車交通量:1000台/日
- 頻度補正係数:0.03

<設計で考慮する期間内の応力範囲頻度分布>
第1車線の疲労設計荷重による応力変動波形を計数することにより,以下

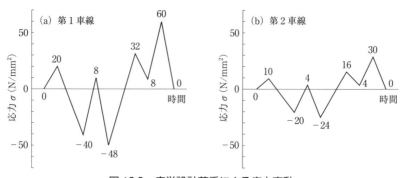

図12.9 疲労設計荷重による応力変動

の4つの応力範囲が得られる。

$\Delta \sigma_{11} = 108 N/mm^2$, $\Delta \sigma_{12} = 48 N/mm^2$, $\Delta \sigma_{13} = 24 N/mm^2$, $\Delta \sigma_{14} = 20 N/mm^2$

同様に，第2車線の疲労設計荷重による応力変動波形より，以下の4つの応力範囲が得られる。

$\Delta \sigma_{21} = 54 N/mm^2$, $\Delta \sigma_{22} = 24 N/mm^2$, $\Delta \sigma_{23} = 12 N/mm^2$, $\Delta \sigma_{24} = 10 N/mm^2$

これらの応力範囲の頻度（n_{11}, n_{12}, n_{13}, n_{14}, n_{21}, n_{22}, n_{23}, n_{24}）はすべて，

$1000/日 \times 365日/年 \times 100年 \times 0.03 = 1.095 \times 10^6$

である。

＜疲労設計曲線より求められる各応力範囲に対応する応力繰返し数 N_{ij}＞

強度等級Dの変動振幅応力に対する応力範囲の打切り限界は$39 N/mm^2$である。$\Delta \sigma_{13} = 24 N/mm^2$，$\Delta \sigma_{14} = 20 N/mm^2$，$\Delta \sigma_{22} = 24 N/mm^2$，$\Delta \sigma_{23} = 12 N/mm^2$，$\Delta \sigma_{24} = 10 N/mm^2$はこれよりも小さいので，累積疲労損傷比の計算にこれらの応力範囲を含める必要はないため，ここではN_{13}，N_{14}，N_{22}，N_{23}，N_{24}は計算しない。

強度等級Dの疲労設計曲線は，次式で与えられる。

$\Delta \sigma^3 \cdot N = 100^3 \cdot 2 \times 10^6$

したがって，$\Delta \sigma_{11} = 108 N/mm^2$に対応する応力繰返し数$N_{11}$は，

$N_{11} = (100^3 \cdot 2 \times 10^6)/108^3 = 1.588 \times 10^6$

となる。同様に，$\Delta \sigma_{12} = 48 N/mm^2$と$\Delta \sigma_{21} = 54 N/mm^2$に対応する応力繰返し数は，

$N_{12} = (100^3 \cdot 2 \times 106)/48^3 = 1.808 \times 10^7$
$N_{21} = (100^3 \cdot 2 \times 106)/54^3 = 1.270 \times 10^7$

となる。

＜累積疲労損傷比の計算＞
第1車線の疲労設計荷重による疲労損傷比 $D1$

$$D1 = n_{11}/N_{11} + n_{12}/N_{12}$$
$$= (1.095 \times 10^6)/(1.588 \times 10^6) + (1.095 \times 10^6)/(1.808 \times 10^7)$$
$$= 0.750$$

第2車線の疲労設計荷重による疲労損傷比 $D2$

$$D2 = n_{21}/N_{21} = (1.095 \times 10^6)/(1.270 \times 10^7)$$
$$= 0.086$$

設計で考慮する期間内の累積疲労損傷比は，以下のようになる。

$$D = D1 + D2 = 0.750 + 0.086 = 0.836 < 1.0$$

よって，設計供用期間中の疲労に対する安全性が確認されたことになる。

12.8 その他の構造物の疲労照査

前項までは，道路橋を例として疲労照査の方法を示した。疲労設計荷重については対象とする構造物ごとに異なるが，疲労強度および照査法については同じ方法が用いられる。例えば，鉄道橋については「鉄道構造物等設計標準・同解説　鋼・合成構造物」[6]，クレーンについては JIS B 8821-2004「クレーン構造部分の計算基準」[7]，鉄道車両車軸については JIS E 4207「鉄道車両 − 台車 − 台車枠設計通則」[8] に構造物独自の疲労設計荷重が示されている。

応力の計算方法，応力範囲頻度分布の求め方，設計 $\Delta\sigma - N$ 関係，疲労照査法については，いずれの構造物においても共通と考えてよい。

12.9 ホットスポット応力を用いた疲労照査

構造が複雑になると公称応力の定義や計算が難しくなる場合も多い。このような場合の疲労照査に用いられるのが，ホットスポット応力である。

継手形式によっては，図12.10に示すように，継手全体に広く応力集中が生じる。これを構造的応力集中と呼ぶ。また，疲労き裂の起点となる溶接止

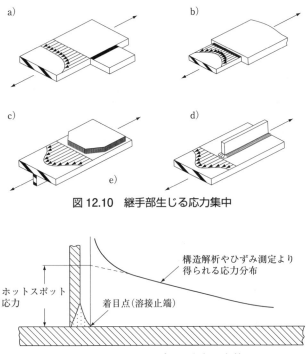

図 12.10 継手部生じる応力集中

図 12.11 ホットスポット応力の定義

端部に着目すると，図12.11に示すように，構造的応力集中に加えて，溶接止端部の近傍では溶接ビードによる局部的な応力集中が生じる。ホットスポット応力の定義は「構造物あるいは構造部材の全体的な形状によって決まる疲労き裂発生位置（溶接止端）での応力であり，溶接形状やその止端形状などの局部的な形状による応力の乱れは考慮しない」とされている。したがって，ホットスポット応力は溶接止端部からき裂が発生する場合に適用でき，溶接ルート部や母材からの疲労き裂などが生じる場合には適用範囲外となる。

　一般にホットスポット応力の理論解を求めることはできない。そのため，ホットスポット応力は，ホットスポット近傍の適切な位置に設けた参照点での応力から求めることになる。参照点の応力は，実構造やモデル試験体を対象としたひずみ計測や有限要素解析などにより求めるのが一般的である。船舶，海洋構造物など一部の構造物については構造的応力集中を求めるための簡易式が示されている[9),10)]ので，適用範囲に注意した上でそれらを利用することも考えられる。

参照点の数,位置や算出法には**表12.2**示すように1点代表法,2点外挿法,3点外挿法などがある[13)-18)]。1点代表法は一つの参照点での応力をそのままホットスポット応力とする方法,2点外挿法は2つの参照点での応力から溶接止端位置に線形外挿してホットスポット応力とするもの,3点外挿法は3つの参照点の応力から2次式で外挿してホットスポット応力とするものである。この中でも2点法が最もよく用いられ,JSSC指針やIIW指針では,参照点を溶接止端位置から0.4t,1.0t(tは板厚)離れた位置としている。

継手形状によっては,2点外挿法ではホットスポット応力を適切に求めることができないものもある。例えば,着目する溶接部近傍に他の板が取り付けられていて,2つの参照点を見出すことができない場合や,継手形状や応力状態が複雑で構造的応力集中が位置によって大きく異なる場合などである。前者の場合には1点代表法,後者の場合には3点外挿法を用いることが考えられる。また,**図12.12**に示す溶接止端b)のように板の側面にある溶接止端に対しては,板厚が定義できないことから,参照点位置を決定できない。このような場合,IIW指針では溶接止端位置から4mm,8mm,12mm離れた3点の応力から二次式で外挿してホットスポット応力を算出することと

表12.2 ホットスポット応力を求めるための評価点

ホットスポット応力の算出法		参照点の溶接止端からの距離
1点代表法	仁瓶[13)]	0.3t
	川野[14)]	5mm
2点外挿法	Niemi (IIW)	0.4t, 1.0t
	田村[16)]	0.5t, 1.0t
	SR202B[17)]	0.5t, 1.0t
	Huther[18)]	0.4t, 2.0t
3点外挿法	IIW[2)]	0.4t, 0.9t, 1.4t

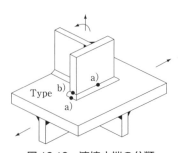

図12.12 溶接止端の分類

している。溶接止端を仕上げた継手については，疲労き裂が生じると予想される位置から0.4tおよび1.0t（tは板厚）離れた点を参照点とすることが考えられる。

有限要素解析からホットスポット応力を求めるには，溶接ビードもモデル化するのがよい。溶接止端から0.4t，1.0t（tは板厚）の点の応力を正確に求めるためには，使用する要素の寸法を十分に小さくする必要がある。2次要素を用いる場合には0.4tの大きさの要素を用いれば十分な精度でホットスポット応力を求められるとの検討結果が示されている[11]が，1次要素で解析を行う際にはこれよりもさらに小さい要素を用いる必要がある。要素の形状は正方形または立方体に近いものが望ましい。要素の積分点の応力から表面での応力（例えば表面上の節点の節点応力）を求める手法はコードによって異なり，応力勾配が急な場合には大きな違いが生じることがあるので注意が必要である。

モデル化の煩雑さなどから，シェル要素を用いて3次元解析を行う場合がある。シェル要素による解析では溶接ビードの形状をモデル化することがで

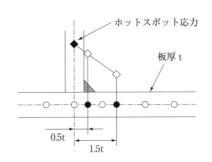

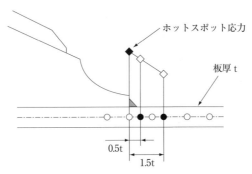

図12.13　シェル要素を用いた場合のホットスポットの求め方の例

きないため，その解析結果を基にホットスポット応力を求める際には，モデル化の方法，要素分割，応力外挿位置などについて別途十分に検討する必要がある．特定の構造物の溶接継手については，シェル要素を用いた解析によってホットスポット応力を求める手法が示されているものもあり，例えば国際船級協会連合[10]では図12.13のように応力外挿点が定められている．

疲労設計曲線としては，一般に荷重非伝達型あるいは荷重伝達型の十字継手の強度等級に対するものが用いられる．これは，ホットスポット応力が接合部の構造による応力集中のみを考慮し，溶接ビード形状による応力集中は考慮していないことによる．滑らかな止端を有する継手や止端仕上げをした継手に対しては，それに該当する荷重非伝達型十字継手または荷重伝達型十字継手の疲労設計曲線を用いることが考えられる．ホットスポット応力範囲を用いた疲労照査の方法は，公称応力を用いた照査と同じである．

12.10　有効切欠き応力を用いた疲労照査

IIW指針には，JSSC指針のような公称応力やホットスポット応力を用いた疲労強度評価法に加えて，有効切欠き応力を用いた疲労強度評価法も示されている．有効切欠き応力は，溶接止端あるいは溶接ルートの局部的な形状も考慮して弾性計算から求められるき裂発生点での応力である．具体的には，溶接止端あるいは溶接ルート先端の形状のばらつきと，高い応力集中のために局部的な塑性変形が生じることを考慮し，それらの位置に半径1mmの円形切欠きの存在を仮定して求められる最大の応力である．その際の疲労強度等級FATは225（200万回疲労強度$225N/mm^2$）とされている．すなわち，有効切欠き応力を求めることができれば，継手形式や疲労破壊起点（溶接止端と溶接ルート）によらず，一つの疲労強度曲線で疲労強度評価が可能とされている．また，複雑な構造部についても有効切欠き応力を求めることができれば，容易に疲労強度評価が行えることになる．

有効切欠き応力概念のように，応力集中係数を利用した疲労強度評価法は，切欠き材を対象に古くから行われていた[12]．そこでは，主として疲労限度を対象としており，応力集中係数Ktに加えて，切欠き係数βと切欠き感度係数qというパラメータを用いて，以下の式から平滑材の疲労限度を基に切欠き材の疲労限を求めようとしている．

$\beta = (平滑材の疲労限)/(切欠き材の疲労限)$
$q = (\beta - 1)/(K_t - 1)$

qは切欠き底の曲率半径 ρ に依存し，ρ が比較的大きい場合（例えば，3mm以上）にはほぼ1.0となり，小さい場合には ρ に比例して小さくなるとされている。有効切欠き応力概念は，Radajによって提唱されたものであり[19]，疲労き裂発生点である溶接止端あるいは溶接ルート先端に曲率半径1mmの円形切欠きを設置したこと，切欠き感度係数を1.0としたこと，そして有限寿命域にも拡張したことに特徴がある。

IIW指針では，以下のような場合には，有効切欠き応力を用いた疲労照査はできないとしている。

(a) 溶接止端あるいは溶接ルート以外が疲労き裂の起点となる場合。
(b) 考慮すべき応力成分が溶接線あるいはルートギャップと平行となる場合。
(c) 板厚が5mm未満の場合

溶接止端を仕上げた継手については，実際の形状を反映した解析から有効切欠き応力を求める。

有限要素法によって溶接ルートの有効切欠き応力を求める場合には，円孔の周が溶接ルート先端と一致するように設置するとされている。要素の大きさに関する規定も設けられている。すなわち，通常のひずみ一定要素（一次要素）を用いる場合には円孔の曲率半径の1/6以下，高次要素を用いる場合には1/4以下とされている。溶接ルートを対象とした場合の要素分割の例を**図12.14**に示す。

既に述べたように，疲労寿命は，疲労き裂が発生するまでの寿命（き裂発生寿命）とそのき裂が進展して破壊に至るまでの寿命（き裂進展寿命）に分けられる。き裂発生寿命はき裂が発生する位置での応力の大きさ（応力集中），き裂進展寿命はき裂が進展する断面での応力の大きさ

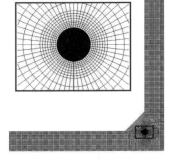

図12.14 要素分割図の例

と分布に依存するものと考えられる．一般に溶接継手が疲労破壊する場合の疲労寿命の大半はき裂進展寿命からなることが知られている．したがって，き裂発生部の応力集中を対象とする有効切欠き応力から疲労寿命を求めることには検討の余地があるとも考えられる．

参考文献

1) 日本鋼構造協会編：鋼構造物の疲労設計指針・同解説（2012年改定版），技報堂出版，2012.
2) A. Hobbacher：Recommendations for Fatigue Design of Welded Joints and Components. The Welding Research Council, WRC Bulletin 520, 2009.
3) 日本道路協会：鋼道路橋の疲労設計指針，丸善，2002.
4) Miki,C., Goto,Y., Yoshida,H. and Mori,T.：Computer Simulation Studies on the Fatigue Load and Fatigue Design of Highway Bridges, 土木学会論文集，No.356, pp.37-46, 1985.4.
5) 三木，坂野：疲労亀裂進展解析による疲労設計曲線の検討，構造工学論文集，Vol.36A, pp.409-416, 1990.
6) 鉄道総合技術研究所：鉄道構造物等設計標準・同解説　鋼・合成構造物，丸善，2009.
7) 日本工業規格，JIS B 8821-2004, クレーン構造部分の計算基準，(2004).
8) JIS E 4207-2004,：鉄道車両－台車－台車枠設計通則，2004.
9) Wordsworth A.C. and Smedley G.P.：Stress Concentration at unstiffened tubular joints, European Offshore Steels Research Seminar, Cambridge, 1978.
10) IACS（International Association of Classification Societies）：Common Structural Rules for Bulk Carriers, 2008.
11) Doerk, O., Fricke W. and Weissenborn C.：Comparison of different calculation methods for structural stresses at welded joints, International Journal of Fatigue, Vol.25, 2003.
12) 河本，他：金属の疲れと設計，コロナ社，1972.
13) 仁瓶，稲村，公江：溶接構造の統一的な疲労強度評価法に関する研究，日本造船学会論文集，Vol.179,1996.
14) 川野，他：疲労強度精査におけるreference 応力に関する一考察，西部造船会会報，83, 207/213, 1992
15) Niemi,E.：IIS/IIW-1221-93, The International Institute of Welding. 1995
16) 田村：溶接継手の構造的応力集中の解析に関する簡易手法の提案，溶接学会論文集，Vol.2, No.2, 1988.
17) 日本造船研究協会第202研究部会：海洋構造物の疲労設計法及び溶接部の品質に関する研究，1991.
18) M. Huther and J. Henry：Recommendations for hot spot stress definition in welded joints, IIW doc. XIII-1416-91, 1991.
19) Radaj, D., Sonsino, C.M. and Fricke, W.：Fatigue Assessment of Welded Joints by Local Approaches, Woodhead Publishing, 2006（2nd edition）.

第13章
疲労き裂進展解析を用いた寿命評価

疲労寿命Nは，部材に疲労き裂が発生するまでに要する繰返し回数（疲労き裂発生寿命：Nc）と疲労き裂が進展して部材が破断するまでに要する繰返し回数（疲労き裂進展寿命：Np）の和で表すことができる。溶接継手の止端部に生じるアンダカットや継手内部に残留するブローホールなどの溶接欠陥が疲労き裂の発生起点となる場合には，Nに占めるNcの割合は比較的小さいため，Nの大半がNpで費やされる。溶接継手のルート部については，一般にその先端がき裂状であり応力集中が高いため，Ncは止端部の場合に比べて非常に短くなる。そのため，NとNpは同程度となる。以上のように，Nの大半がNpで費やされる継手に対して，疲労き裂進展解析でNpを推定することは，継手のNを安全側に推定する有効な手段となる。本章では，7章で示した破壊力学の手法を用いて疲労き裂進展寿命を求める方法について述べる。

13.1　疲労き裂進展解析の基本的考え方

7.5節で述べたように，疲労き裂進展速度da/dNは，式（7.45）に示すように応力拡大係数範囲$\varDelta K$，あるいは式（7.48）に示すように有効応力拡大係数範囲$\varDelta K_{eff}$と強い相関を有する。ここで，aはき裂長さ，Nは負荷サイクル数である。このため，$\varDelta K$あるいは$\varDelta K_{eff}$をda/dNを律するパラメータとして採用する試みがなされ，Paris則（式（7.45）），Elber則（式（7.48））などの各種のき裂進展則が提案された。

これらのき裂進展則によりda/dNを$\varDelta K$あるいは$\varDelta K_{eff}$の関数として

$$da/dN = f(\varDelta K) \quad \text{or} \quad da/dN = f^{\,\prime}(\varDelta K_{eff}) \cdots\cdots\cdots\cdots\cdots (13.1)$$

と表し，ΔK あるいは ΔK_{eff} がき裂長 a の関数であることを考慮すれば，き裂が初期長さ a_0 から最終長さ a_f まで進展するのに要する繰返し数 N を次式で計算できる．

$$N = \int_{a_0}^{a_f} \frac{1}{f(\Delta K)} da, \quad \text{or} \quad N = \int_{a_0}^{a_f} \frac{1}{f'(\Delta K_{eff})} da \quad \cdots\cdots\cdots (13.2)$$

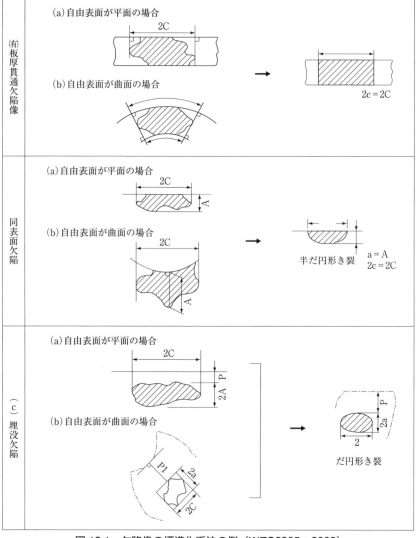

図 13.1 欠陥像の標準化手法の例（WES2805：2008）

13.2 初期き裂寸法，限界き裂寸法

式 (13.2) を用いてき裂進展寿命を推定する際には，初期き裂寸法 a_0 と限界き裂寸法 a_f を設定する必要がある。

非破壊検査で欠陥が検出され，それがき裂状のものでないことが確認できない場合には，それをき裂とみなす。対象欠陥としては，割れ，融合不良，溶込み不良，アンダカット，スラグ巻込み，ブローホールなどが該当する。実際の解析では，応力拡大係数の計算を容易にするために，実欠陥を，繰返し荷重の変動分に対応する主応力面上の内部貫通き裂，片側貫通き裂，楕円形埋没き裂，半楕円形表面き裂，1/4 楕円形表面き裂のいずれかに置換える標準化が行われる。欠陥像の標準化手法は，溶接構造物の疲労設計で広く用いられている，WES 2805[1]，BS7910[2]，JSSC 疲労設計指針[3] などの各種疲労設計コードで定められたものに従う。標準化手法の例として，**図13.1**および**図13.2**に，WES 2805 が定める標準化手順と欠陥像の主応力作用面への投影方法を示す。

非破壊検査で欠陥が検出されないときは，製造時検査での検出限界に相当するき裂寸法や，解析対象継手の S-N 線図から逆算される仮想初期き裂サイズなどが初期き裂寸法として用いられる。

限界き裂は，繰返し荷重により疲労き裂が進展し，ぜい性破壊，延性破

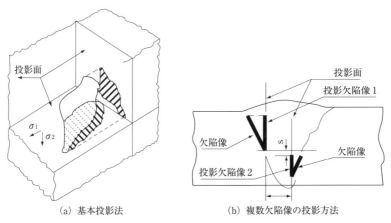

(a) 基本投影法　　　　　　　　(b) 複数欠陥像の投影方法

図 13.2　欠陥像の主応力作用面への投影 (WES2805：2008)

壊，部材の全断面降伏，き裂の板厚貫通のいずれかの破壊モードに移行するときのき裂寸法として扱われることが多い。

13.3 疲労き裂進展寿命評価

13.3.1 進展解析の基礎データ

　以下に，基本的な溶接継手である，すみ肉溶接継手および角回し溶接継手（面外ガセット溶接継手）について，き裂が板厚を貫通するまでの寿命を，ΔKあるいはΔK_{eff}を基本パラメータとして推定する手法を述べる。

　溶接継手に発生したき裂の進展解析の実施にあたっては，以下の基礎データを準備する。

・継手形状：継手分類，主板厚，付加板厚，付加板長さ，溶接脚長
・溶接条件：溶接方法，溶接順序，パス数，入熱
・外力条件：膜応力，曲げ応力，平均応力，応力範囲
・初期き裂寸法：き裂長さ，き裂深さ

13.3.2 応力拡大係数，等価応力拡大係数範囲

　式 (13.2) の積分は，現在のき裂長aに対応するΔKあるいはΔK_{eff}を式 (13.1) に代入して，適当な応力繰返し数ごとのき裂進展量の計算を繰返して行う。溶接継手の疲労き裂進展寿命を計算するためには，溶接止端あるいは溶接ルートから発生したき裂の応力拡大係数を求めることが必要である。

　溶接止端部に発生したき裂の応力拡大係数は，継手の主板・付加板の厚さ，溶接脚長，構造的な応力集中等の影響を受けるため，これらを考慮しなければならない。構造的応力集中がない場合の，溶接止端部に存在する表面き裂の外力による応力拡大係数は，各種疲労設計基準が提供する推定式により評価することができる。構造応力集中がある場合は，応力拡大係数の推定に用いる応力の値を決めることが問題になる。実用計算では，たとえば，継手のホットスポット応力σ_{hss}を推定式の応力として使用することなどが便宜的に行われる。しかし，今日でもσ_{hss}の評価方法については議論が残されており，どのようにσ_{hss}を評価すれば精度よく応力拡大係数が計算できるかについては十分に解明されていない。したがって，厳密には，表面き裂を有する三次元実構造モデルに直接実働荷重を負荷して数値破壊力学解析を実施す

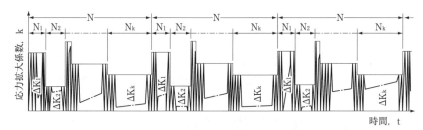

図13.3 変動応力パターンの例

るなどの方法で応力拡大係数を計算し，これと推定式の計算結果を比較して応力拡大係数の推定精度を検証する必要がある。

溶接継手の疲労き裂進展寿命を評価する場合に，残留応力の影響を無視することは出来ない。残留応力場中の疲労き裂の応力拡大係数は，7.1.4項で述べたように重ね合わせの原理を用いて評価できるが，そのためには，種々の継手形状および溶接条件に対して残留応力分布残留応力の分布を推定しなければならない。その推定には，松岡[4]が提案した固有応力法に基づく推定方法などを利用することができる。

溶接止端部に存在する表面き裂の応力拡大係数を評価する場合は，表面き裂のき裂面に任意の分布応力が作用した場合の応力拡大係数を計算する必要がある。この計算には，白鳥ら[5]の開発した影響係数法を用いることができる。

変動荷重下では，各負荷サイクルで逐次ΔKを計算する方法のほかに，以下に示す等価応力拡大係数範囲ΔK_{eq}をΔKに代えて用いることも行われる。負荷サイクル数Nで構成されるブロック荷重が繰返し反復される図13.3のような変動応力を考える。各ブロックのステップ数をkとし，各ステップでの応力拡大係数範囲と負荷サイクル数が$(\Delta K_1, N_1)$，$(\Delta K_2, N_2)$，…，$(\Delta K_k, N_k)$である場合，ΔK_{eq}は次式で与えられる。

$$\Delta K_{eq} = \left(\frac{\sum_{i=1}^{k} \Delta K_i^m N_i}{\sum_{i=1}^{k} N_i} \right)^{1/m} \quad \cdots\cdots\cdots\cdots\cdots\cdots\cdots\cdots\cdots \quad (13.3)$$

13.3.3 応力拡大係数範囲をパラメータとする手法

WES 2805，BS7910，JSSC疲労設計指針などの各種設計コードでは，ΔKを基本パラメタとするParis則（式（7.45））または修正Paris則（式（7.46））が用いられる場合が多い。これらの設計コードでは，式（7.45）や式（7.46）

の材料定数（とくに比例定数CまたはC'，および下限界応力拡大係数範囲 ΔK_{th}）が平均応力，残留応力，荷重変動など各種因子の影響を強く影響を受けることを考慮して，高い引張り残留応力場中の疲労き裂進展試験結果から材料定数を同定し，安全側の寿命評価が得られるよう配慮されている。

13.3.4　有効応力拡大係数範囲をパラメータとする手法

　前項で述べたΔKを基本パラメタとするき裂進展解析では，平均応力，残留応力，荷重変動の影響で生じるき裂進展の遅延を考慮することが難しい。このため，溶接構造物の疲労寿命推定においては，常に強い引張り残留応力の存在を仮定し，過大荷重による遅延の影響を無視して進展寿命を評価する。このため，寿命推定で過度に安全側の評価がなされ，構造物の経済性が損なわれる可能性がある。

　この欠点を克服するために，ΔKに比べて平均応力，残留応力，荷重変動の影響を考慮することが容易な有効応力拡大係数範囲ΔK_{eff}（式（7.47））を基本パラメタとする，Elber則（式（7.48））または修正Elber則（式（7.50））に基づくき裂進展解析が行われることがある。

　き裂進展速度を評価するためには，式（7.48）のDとn，あるいは式（7.50）のD'，nおよびΔK_{th}を定めなければならない。7.3節（2）項によれば，da/dN-ΔK_{eff}関係は，き裂が完全に開口した状態，すなわち式（7.47）のUが1の場合にはda/dN-ΔK関係と一致する。よって，da/dN-ΔK_{eff}関係の材料定数は，$U=1$の条件で得られた溶接継手のき裂進展試験結果を，式（7.48）あるいは式（7.50）に回帰して同定することができる。そのような例として，太田ら[6]が造船用鋼材の溶接継手について同定したき裂進展速度式がある。

　ΔK_{eff}を基本パラメタとする解析では，式（7.47）の開口比Uを適切に評価する必要がある。Uは，応力比Rに強く依存し，Elber[7]が提唱した式（7.49）をはじめ，Kumar[8]の論文に示されるように多数の関係式が提案されている。平均応力が作用する場合，あるいは溶接残留応力の考慮が必要な場合は，解析対象での適用実績があるU-R関係を使用して進展解析を実施する必要がある。

　変動荷重下では，7.5節で述べたように，ΔK_{eff}が荷重履歴により複雑に変動し，かつ場合によっては$\Delta K_{eff,th}$が消失する。ΔK_{eff}の変化については，理想的にはFASTRAN[9]，FLARP[10]などの専用ソフトウェアによりΔK_{eff}の変

化を逐次計算することが望まれるが，これが不可能な場合は，7.5節で紹介した菊川ら[11]の最大応力拡大係数レンジペア法などの簡略法の適用を検討するとよい．ただし，その適用にあたっては，類似構造損傷事例の事後解析等により，適用手法の解析対象構造での有効性を十分確認しておく必要がある．

造船分野で用いられる「嵐モデル荷重」[12]など，簡略法の有効性が失われる変動荷重パターンに対しては，実働変動荷重下でき裂開閉口計測試験を実施してΔK_{eff}の簡易推定式を個別に準備するなどの対策をとることが望ましい．実働変動荷重下でのき裂開閉口計測例として，日本造船研究協会第245研究部会 (SR245)[13]が実施した，嵐モデル荷重下の貫通き裂試験片のK_{max}-K_{op}関係を図13.4に示す．SR245では，K_{op}とK_{max}の間に，図13.4に示す線形関係の上限線，下限線を定め，さらにこの上下限のK_{max}-K_{op}関係と，直線の傾きが上下限線と等しく進展速度が上下限の平均になるK_{max}-K_{op}関係の3通りを設定し，これらのK_{max}-K_{op}関係が常に保持されると近似して，修正Elber則によるき裂進展解析を行っている．そして，VLCCビルジホッパーナックル大型構造模型の疲労試験結果と概ね一致するき裂進展解析結果を得ている．

上記のいずれの手段もとれない場合は，式 (7.47) で常に$U = 1$とすれば，溶接残留応力の影響を最大限に見込んだ，安全側の寿命評価をすることがで

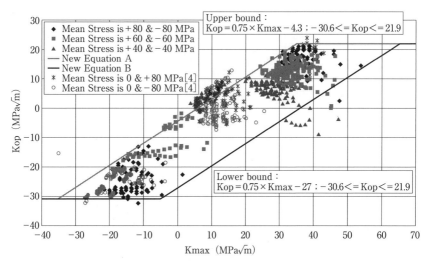

図13.4 「嵐モデル」荷重下のKopの計測例

きる。

13.4 疲労寿命解析ソフトの活用

表13.1に，き裂進展解析に使用できる代表的な解析プログラムとその特徴を示す。

ABAQUS, MARCなどの汎用非線形FEコードは，破壊力学パラメータ（応力拡大係数，J積分など）の計算に使用できる。これらのプログラムでは，き裂開口変位基準による疲労き裂進展解析も可能である。

表 13.1 き裂進展解析に使用できる代表的な解析プログラム

(a) 汎用非線形有限要素法商用コード

プログラム名	解析機能
ABAQUS Msc. Marc ANSYS その他	き裂先端の特異応力場の解析 応力拡大係数の解析 疲労き裂進展解析（き裂開口変位規準など）

(b) 疲労解析専用商用コード

プログラム名（開発元）	解析機能
MSC. Fatigue (MSC Software Inc.)	汎用FEMの結果を用いて疲労強度評価を行うポスト処理型 200種以上の材料データベース Paris則に基づく線形破壊力学によるき裂進展寿命評価 ε-N曲線によるき裂発生寿命解析
ZENCRACK (Zentech Inc.)	汎用非線形有限要素法商用コードと組合せて使用 三次元き裂まわり特異FEメッシュの自動生成，破壊力学パラメタの自動計算 き裂の進展に応じたFEメッシュの自動更新 Paris則に基づく表面き裂進展速度・進展経路計算
FASTRAN-II (NASA)	Elber則に基づく貫通き裂進展寿命評価 剛完全塑性体を仮定したき裂結合モデルにより開閉口応力を推定 応力比効果，荷重変動によるき裂進展の加速遅延を考慮可能

(c) 研究用プログラム（日本国内）

プログラム名（開発元）	解析機能
SCAN （横浜国立大学）	影響係数法による表面き裂の応力拡大係数計算 Paris則に基づく表面き裂進展寿命評価
CP-System （横浜国立大学）	Paris則・Elber則に基づく貫通き裂進展寿命評価 $\Delta K_{II}=0$クライテリアによる進展経路計算 き裂の進展に応じたFEメッシュの自動更新 応力拡大係数は，有限要素解と解析解との重ね合わせ法で算出 溶接残留応力の影響を考慮可能。
FLARP （九州大学）	RPG規準に基づく貫通・表面き裂進展寿命計算 弾性完全塑性体を仮定したき裂結合モデルにより開閉口挙動を計算 等価応力分布を用いて表面き裂の進展挙動を計算 応力比効果，荷重変動によるき裂進展の加速遅延を考慮可能，微小き裂と長いき裂を統一的に解析可能，進展計算で下限界を考慮必要がない，無き裂状態からの疲労き裂発生を取扱い可能

疲労専用プログラムは，疲労問題の取り扱いに特化されている。ZENCRACKは汎用非線形FEコードと組み合わせて使用され，通常では膨大な解析工数が必要な三次元き裂の破壊力学解析を，ほぼ完全に自動化できるソフトウェアとされている。MSC. Fatigueは，汎用FEMの応力解析結果を取り込んで疲労強度を算出するポスト処理型の疲労強度評価プログラムである。これら疲労専用プログラムにおけるき裂進展解析は，Paris則を基礎としており，進展の加速遅延現象などは正確に考慮することはできない。

FASTRANは，7.5節で述べたNewman[14]のき裂結合力モデルで開閉口挙動を逐次計算し，Elber則によって貫通き裂の進展寿命を計算できる。FASTRANは変動荷重下の進展の加速遅延現象を考慮することができ，主として航空機業界での安全性照査に広く用いられている。

SCANは，白鳥ら[15]の影響係数法を用いて，任意応力分布下の表面き裂の応力拡大係数を計算するプログラムであり，SCANは，残留応力や構造応力集中が応力拡大係数に与える影響を評価する際に利用することができる。

CP-SystemはParis則または$Elber$則に基づく貫通き裂進展解析プログラムである。このプログラムは，き裂の進展経路の推定に特徴があり，残留応力の影響を考慮しつつき裂進展経路の変化が逐次計算される。毛利ら[16]や大川ら[17]は，船体における縦通材を模擬した試験体の疲労き裂進展試験のシミュレーションを行い，船体縦通材の疲労き裂進展挙動が，荷重条件，構造詳細形状，溶接残留応力分布に大きく依存することや，構造詳細設計によりき裂進展経路を制御できる可能性を示した。

FLARPは，豊貞ら[10]の完全弾塑性体を仮定したき裂結合モデルとRPG規準に基づく貫通・表面き裂進展寿命計算プログラムであり，応力比効果，荷重変動によるき裂進展の加速遅延を考慮できる，微小き裂と長いき裂を統一的に解析できる，進展計算で下限界を考慮する必要がない，無き裂状態からの疲労き裂発生を取扱えるといった特徴をもつ。豊貞ら[18]や永田ら[19]は，FLARPを用いて，角回し溶接継手部や面内ガセット継手部からの疲労き裂発生，進展を推定し，疲労試験との比較により，FLARPの溶接継手疲労損傷解析に対する有効性を示している。

13.5 ケーススタディ

　ここでは，多主桁橋の横桁が接合された主桁ウェブから生じる疲労き裂を対象として行った進展解析結果[20]を紹介する。

　3主桁2径間連続プレートガーダー橋の主桁と横桁の交差部の疲労き裂を対象とする。具体的には，横桁フランジを貫通させるために主桁ウェブに設けられたスカラップ部から生じたき裂を対象とする（図13.5参照）。このき裂の進展を市販のソフトウェアであるZENCRACKを用いて解析する。このソフトは，き裂を有する有限要素モデルの作成，そのき裂先端の応力拡大係数の算出，き裂の進展速度や進展方向の算出，き裂進展後の有限要素モデルの再構築といった一連の作業を自動的に行うことができる。ここでは，FE解析ソフトMARCを用い，き裂を含まない有限要素モデルを作成する。次に，初期き裂の位置やサイズ，形状などのデータを入力し，ZENCRACKにより解析モデルに初期き裂を導入する。このモデルを用いて有限要素解析を行い，き裂の進展量や進展方向などを評価する。応力拡大係数の算出にはエネルギー法（仮想き裂進展法）を，き裂進展方向の判断には最大主応力説，疲労き裂進展則には以下の式を用いた。

$$da/dN = 1.5 \times 10^{-11} (\Delta K)^{2.75} \quad\quad\quad (13.4)$$

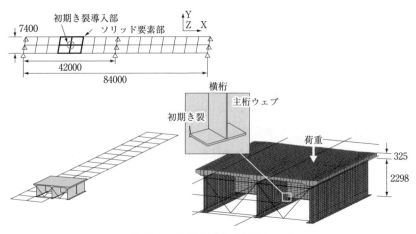

図13.5　解析モデル（単位：mm）

da/dN:m/cycle, ΔK:MPa$\sqrt{m}$

図13.5に解析モデルを示す．初期き裂を導入する箇所周辺はソリッド要素で，その他の部材は計算量軽減のため梁要素でモデル化している．初期き裂の長さは55mmであり，スカラップ端部に鉛直上向きに導入した．荷重載荷位置は図13.5中に示すとおりであり，その大きさは200kNとしている．鋼材のヤング係数は2.0×10^5MPa，ポアソン比は0.3，鋼材とコンクリートのヤング係数比は7である．

図13.6に解析により得られたき裂進展経路を示す．き裂は単に鉛直方向ではなく，水平方向へ徐々に向きを変えながら進展している．このようなき裂進展経路は，実橋（例えば，山添橋の主桁ウェブ[21]）において観察された

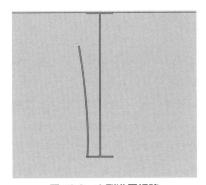

図 13.6 き裂進展経路

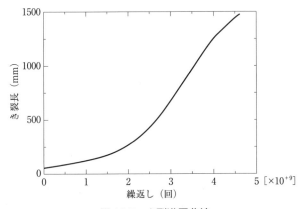

図 13.7 き裂進展曲線

278   第13章 疲労き裂進展解析を用いた寿命評価

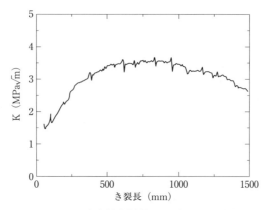

図 13.8　応力拡大係数とき裂長さの関係

ものと近い。図13.7にき裂進展曲線を示す。き裂の進展はき裂長さが600mm程度までは，き裂が長くなるにしたがって速くなっているが，それを超えるとほぼ一定となり，その後遅くなっている。図13.8にき裂先端の応力拡大係数K_Iとき裂長さの関係を示す。応力拡大係数は単調に増加するのではなく，あるき裂長さでピークをむかえ，その後は一定となり，そして徐々に減少している。そのため，図13.7に示した進展曲線が得られたものと考えられる。このような挙動となる原因は，き裂が長くなっても横桁貫通部より下側の主桁断面で力を受け持つことができるため，中立軸位置がほとんど変化せず，応力拡大係数が曲げ応力分布に影響されるためと考えられる。

参考文献

1) 日本溶接協会規格 WES2805：溶接継手のぜい性破壊発生及び疲労き裂進展に対する欠陥の評価方法，2007.
2) BS7910：Guide to methods for assessing the acceptability of flaws in metallic structures, 2005.
3) 鋼構造協会疲労設計指針改定小委員会：鋼構造物の疲労設計指針・同解説（2012年改訂版），技報堂出版，2012.
4) 松岡：溶接製殻構造物の残留応力に関する一解法，造船学会論文集，No. 153, pp.210-217, 1983.
5) 白鳥，三好，谷川：任意分布力を受ける表面き裂の応力拡大係数の解析，機会学会論文集（A編），Vol.51, No.467, pp.1828-1835, 1985.
6) Ohta,A., Soya,I., Nishijima,S. and Kosuge,M.：Statistical Evaluation of Fatigue crack

Propagation Properties Including Threshold Stress Intensity Factor, Engineering Fracture Mechanics, Vol.24, Issue 6, pp.789-802, 1986.

7) Elber, W.: The significance of Fatigue Crack Closure, ASTM STP486, pp.209-220, 1971.
8) Kumar, R.: Review on Crack Closure for Constant Amplitude Loading in Fatigue, Engineering Fracture Mechanics, Vol. 42, No. 2, pp.389-400, 1992.
9) Newman, J.C.: FASTRAN II, NASA Tech., Memo. 104159, 1992.
10) 豊貞雅宏, 丹羽俊男: 鋼構造物の疲労寿命予測, 共立出版, 2001.
11) 菊川, 城野, 近藤, 三上: ランダムを含む定常変動荷重下のき裂開閉口挙動とき裂進展速度の推定法: 第1報, 平均荷重の影響ならびに波形カウント法の検討, 機械学会論文集 (A編), Vol.48, No.436, pp.1496-1504, 1982.
12) 冨田康光, 河辺寛, 福岡哲二, 田所誠次郎: 波浪荷重の統計的性質と疲労強度評価のための波浪荷重のシミュレーション法 (その1), 日本造船学会論文集, No.170, pp.631-644, 1991.
13) 日本造船研究協会: 第245研究部会平成14年度報告書, 2003.
14) Newman, J.C.: A Crack Closure Model for Predicting Fatigue Crack Growth under Aircraft Spectrum Loading, NASA Technical Memorandum, 81941, 1981.
15) 白鳥, 三好, 谷川: 任意分布力を受ける表面き裂の応力拡大係数の解析: 第2報, 平板中の半だ円表面き裂に対する影響係数の解析とその応用, 機械学会論文集 (A編), Vol.52, No.474, pp.390-398, 1986.
16) 毛利, 角, 川村, 松田: 疲労き裂伝播経路予測のシステム化と疲労試験による検証, 日本造船学会論文集, No.194, pp.185-192, 2003.
17) 大川, 角: 変動振幅荷重を受ける構造体の疲労き裂伝播シミュレーション: -き裂開閉口モデルを結合した自動き裂伝播解析システムの開発-, 日本船舶海洋工学会論文集, Vol. 4, pp.269-276, 2006.
18) M. Toyosada, K. Gotoh and T. Niwa: Fatigue life assessment for welded structures without initial defects: an algorithm for predicting fatigue crack growth from a sound site, International Journal of Fatigue, Vol.26, No.9, pp.993-1002, 2004.
19) 永田, 末田, 後藤, 豊貞: 面内ガセット溶接継手の疲労き裂成長シミュレーション, 日本船舶海洋工学会論文集, Vol. 2, pp.361-367, 2005.
20) 舘石, 谷, 判治: 鋼プレートガーダー橋の疲労き裂進展シミュレーション, 鋼構造年次論文報告集, Vol.16, pp.453-458, 2008.
21) 山本, 西田: 名阪山添橋の損傷と緊急対応・保全対策について, 平成20年度近畿地方整備局研究発表会資料, 防災・保全部門, No.24, 2008.

索　引

記号・数字

Δσ-N関係	129
$2×10^6$ 回疲労強度	69, 95
2軸応力	151
200万回疲労強度	77

欧　文

Coffin-Manson則	118
Gerber線図	98
Haibachの方法	256
HAZ	25, 80, 200
IIW指針	138, 247
J積分	169, 274
Miner則	155, 255
Minerの方法	255
ODA	122
Palmgren-Miner則	116
P-S-N曲線	73
P-S-N線図	74
RPG基準	175
S-N曲線	62, 67, 68, 73
S-N線図	11, 67, 68, 90, 120, 206, 207, 211 240
Stage I	171
Stage II	171
TMCP鋼	20
T荷重補正係数	250
T形継手	90
T継手	34

和　文

あ

アンダカット	24, 27, 29, 136, 146, 219

い

板厚効果	94, 137, 138
板継溶接	17
一定振幅荷重	183
入り込み	61

う

ウォータージェットピーニング	225

え

エネルギー解放率	155, 165
エネルギー法	276

お

応力拡大係数	155, 158, 163, 170, 196, 269, 270, 276
応力拡大係数範囲	64, 170, 267
応力勾配	82, 84, 87, 92
応力集中	15, 39, 51, 65, 82, 89, 136, 217
応力集中係数	51, 82, 83, 84
応力焼鈍	228
応力範囲	43, 64, 67, 68, 217
応力範囲頻度分布	248, 252
応力比	67, 141, 177, 225
応力振幅	67, 68, 110
オーバラップ	27, 28, 29
おくれ遅延	184

か

開口比	173
開先	35, 36
開先角度	35
回転変形	33
回転曲げ疲れ試験	72
回転曲げ疲労試験	69
開閉口挙動	172, 275
拡散性水素量	16, 18, 21
下限応力	67
下限界応力拡大係数範囲	171
加工硬化	71, 104, 167
加工ひずみ	104
重ね継手	35
荷重伝達型十字継手	92
荷重非伝達型十字継手	92
荷重履歴	183
過大荷重	184
角継手	35
角変形	33
角溶接	17
渦流探傷試験	239

き

機械加工	101, 103
ギガサイクル疲労	122
犠牲試験片	240
キャビテーションピーニング	225
境界条件	58, 59
境界要素法	56
強度等級	132, 248, 254, 259
曲率半径	39, 83, 137
切欠き	82, 264
切欠き感受性	76, 77, 103
切欠き係数	84, 85
き裂開閉口	141, 178, 273
き裂進展解析	155, 267
き裂進展寿命	129, 233, 254, 269, 270
き裂進展速度	170, 181, 272
き裂発生寿命	129, 210, 253
金属組織	40

く

組合せ応力	105
グラインダ仕上げ	219
グラインダ処理	220
クリープ	193, 200
繰返し硬化	70, 119
繰返し軟化	71, 119

け

継手効率	15
形状係数	51
限界き裂寸法	269

こ

高温疲労	193
高温疲労試験	69
鋼材	19, 40
高サイクル疲労	43, 69, 70, 117
高周波焼入れ	100, 105
高周波誘導加熱	228
公称応力	92, 247
拘束応力	143
拘束度	21
高疲労強度鋼	232
降伏点	104

さ

| 最小主応力 | 50 |
| 最小せん断応力 | 50 |

最大応力	87, 89
最大主応力	50
最大せん断応力	50
最大高さ粗さ	103
作業効率	18
サブマージアーク溶接	16, 17, 24, 33
差分法	56
算術平均粗さ	103
残留応力	15, 31, 39, 41, 99, 103, 141, 163, 217, 228
溶接残留応力	31, 41

し

シールドガス溶接	18
シェークダウン	142
シェルマーク	62
シェル要素	58, 263
軸荷重	69
軸荷重試験	91
軸荷重疲労試験	69, 95
指数分布	111
止端曲率半径	140
止端仕上げ	140
止端破壊	148
止端部	39
磁粉探傷試験	27, 239
十字継手	35, 90
十字すみ肉溶接継手	37
修正 Goodmans 線図	98, 99
修正 Miner の方法	256
修正マイナー則	117
主応力	150
純断面応力	52
上限応力	67, 70
初期き裂寸法	269
ショットピーニング	100, 104, 223
じん性	26, 78
心線	22
浸透探傷試験	27, 239

す

水素割れ	26
垂直応力	44, 45
ステアケース法	74, 75
ストライエーション	62, 63, 171, 195
ストライエーション間隔	64
すべり帯	61
すみ肉溶接	17, 24, 26
スラグ巻込み	27, 30
寸法効果	92

せ

ぜい性破壊	15
線形累積損傷則	196, 240
線形累積被害則	248, 255
せん断応力	44, 45, 49, 61
せん断弾性係数	48
せん断ひずみ	44, 48

そ

総断面応力	52
塑性ひずみ	113
塑性変形	32
ソリッドワイヤ	18, 23

た

第Ⅰ段階	61
第Ⅱ段階	62
耐久限度	69
対数正規分布	111, 112
多軸疲労試験	69

多段多重荷重	110
縦収縮	32
縦ひずみ	44
炭酸ガス半自動溶接	18
炭素当量	20

ち

遅延効果	186
中立軸	54
中立面	54
超音波探傷試験	27, 238
超音波ピーニング	223
超音波疲労試験	69, 124
超高サイクル疲労試験	70
超長寿命疲労	69, 122

つ

突合せ継手	34
突き出し	61

て

ティグ処理	220
ティグドレッシング	40, 220
低サイクル疲労	43, 67, 69, 117, 218
ディスクグラインダ	136
低変態温度溶接材料	226
低変態点温度溶接材料	31
ディンプル	172

と

等価応力範囲	256, 257
同時載荷係数	250
溶込み不良	27, 30

に

ニードルピーニング	222

ね

ねじり疲労	66
ねじり疲労試験	69
熱影響部	25
熱処理	31, 228

の

のど厚	147
のど断面	147

は

バーグラインダ	136, 219
ハイバッハの方法	117
はり要素	58
バルクハイゼンノイズ	238
ハンマピーニング	32, 222

ひ

ピーク法	112
ビーチマーク	62, 64
ピーニング	32, 137, 143, 226
ピーニング処理	221
微小き裂	173
ヒステリシスループ	113, 117
ヒステリシスループ（HP）法	114
ひずみ時効	104
ひずみ範囲	43, 217
ビッカース硬さ	76
ピット	27
引張強度	75, 104
非破壊検査	27, 238
被覆アーク溶接	16, 22, 33
被覆材	22
表面粗さ	72, 73, 101, 103
表面き裂	161
開き角	137
疲労強度	39, 67, 75, 129, 217
疲労強度減少係数	85

疲労強度等級 ……………………… 36, 258
疲労き裂進展解析 ………………… 267, 274
疲労き裂進展下限界値 …………………… 196
疲労き裂進展挙動 ………………………… 275
疲労き裂進展寿命 ………………… 267, 270
疲労き裂進展速度
　……… 63, 64, 141, 170, 196, 212, 233, 267
疲労き裂進展特性 ………………… 213, 242
疲労き裂発生寿命 ………………………… 267
疲労限度 …… 69, 74, 75, 76, 77, 93, 97, 257
疲労試験 …………………………………… 69
疲労照査 …………………………………… 247
疲労設計荷重 ……………………… 247, 249
疲労設計曲線 ……………………………… 259
疲労センサ ………………………………… 240
疲労損傷度 ………………………… 240, 257
疲労損傷比 ………………………… 116, 255
疲労破壊じん性 …………………………… 172
頻度解析 …………………………………… 240
頻度分布 …………………………… 111, 115, 252

ふ

腐食疲労試験 ……………………………… 69
フュージョンライン ……………………… 25
ブラスト処理 ……………………………… 223
フラックス ………………………… 18, 24
フラックス入りワイヤ …………… 18, 23, 24
フランク角 ………………………………… 39
ブローホール ……………………… 27, 30
プロビット法 ……………………… 74, 75

へ

平均応力 ………………………… 67, 97, 99, 141
平板曲げ疲労試験 ………………………… 69
平面応力 …………………………………… 49

平面保持の仮定 …………………………… 55
ベータ分布 ………………………………… 112
変動荷重 …………………………………… 183
変動荷重疲労試験 ………………………… 70
変動振幅応力 ……………………… 110, 115

ほ

ポアソン比 ………………………………… 48
放射線透過試験 …………………… 27, 238
ホットスポット応力 ……………… 92, 260
ボルト接合 ………………………………… 15
ボンド部 …………………………………… 25

ま

マイナー則 ………………………… 116, 240, 248
マグ溶接 …………………………… 16, 18, 23
曲げ試験 …………………………………… 91
マルテンサイト組織 ……………………… 78

み

ミーゼス …………………………… 107, 109
ミグ溶接 …………………………………… 18

め

面外ガセット溶接継手 …………………… 39
面内ガセット溶接継手 …………………… 38

も

モードⅠ …………………………… 156, 157
モードⅡ …………………………… 156, 158
モードⅢ …………………………… 156, 158

や

焼入れ ……………………………………… 78
焼なまし …………………………………… 78
焼ならし …………………………………… 78
焼戻し ……………………………………… 78
ヤング率 …………………………………… 48

ゆ

有限要素法	56, 58
有効応力拡大係数範囲	172, 267, 272
有効切欠き応力	139, 264
融合不良	27, 30

よ

溶接きず	27, 143, 219
疲労強度等級	36, 254
溶接金属部	25, 31
溶接継手形式	41
溶接欠陥	15, 16, 18, 27, 41
溶接後熱処理	32, 228
溶接サイズ	147
溶接材料	22, 40, 226
溶接止端	136, 217, 262, 264
溶接止端部	39
溶接入熱	26
溶接変形	32, 41
溶接法	40
溶接ルート	218, 264
溶接ワイヤ	18, 24
溶接割れ感受性	21
横収縮	32
横突合せ溶接継手	37

ら

ランダム荷重	110, 155

り

リベット接合	15
粒界破壊	195
領域A	171, 177
領域B	172, 177
領域C	172, 177
臨界脚長	148

る

累積損傷則	116
累積疲労損傷度	257
累積疲労損傷比	155, 255, 256
$\sqrt{area}$	122
ルート破壊	147, 148

れ

冷間加工	104
レイリー分布	111
レインフロー法	113, 240, 247
レーザピーニング	224
レンジペア法	115
レンジ法	113

わ

ワイブル分布	111
割れ	21, 27, 28

『溶接構造の疲労』

定価はカバーに表示してあります。

2015年12月25日　初版第1刷発行

編　者	一般社団法人溶接学会 溶接疲労強度研究委員会	
発行者	久木田　裕	
発行所	産報出版株式会社	

〒101-0025　東京都千代田区神田佐久間町1丁目11番地
TEL03-3258-6411／FAX03-3258-6430
ホームページ　http://www.sanpo-pub.co.jp/

印刷・製本　株式会社精興社

©Japan Welding Society,2015　ISBN978-4-88318-046-2

万一，乱丁，落丁等がございました場合は，発行所でお取り替えいたします。